高等职业教育“十四五”规划教材

动物寄生虫病防治技术

胡　辉　向书涵　张传师　主　编
刘晓琴　李中波　杨　甜　副主编

中国农业大学出版社
·北京·

内容简介

本教材分为12个项目，主要内容包括动物寄生虫病防治基础知识、寄生虫病防治技术的有关单项知识（如人兽共患寄生虫病、吸虫病、绦虫病、线虫病、棘头虫病、蜱螨及昆虫病、鞭毛虫病、梨形虫病、孢子虫病、纤毛虫病等的诊断与防治技术）、课堂实验和综合实训。

本教材以高技能人才培养为目标，以专业教学标准为基本依据，紧密对接行业标准、职业标准和岗位规范。全书内容丰富，图文并茂，重点突出，配套建设有在线课程，可作为畜牧兽医、动物医学、动物防疫与检疫、宠物养护与驯导等专业的教学用书，也可作为基层兽医工作者、动物防疫与检疫人员的培训用书和实用参考书。

图书在版编目(CIP)数据

动物寄生虫病防治技术 / 胡辉，向书涵，张传师主编. -- 北京 ：中国农业大学出版社，2025. 1.
ISBN 978-7-5655-3360-0

Ⅰ. S855. 9

中国国家版本馆 CIP 数据核字第 202405PP00 号

书　名　动物寄生虫病防治技术
作　者　胡　辉　向书涵　张传师　主编

策划编辑　张　玉　　　　责任编辑　陈睿赜
封面设计　中通世奥图文设计中心
出版发行　中国农业大学出版社
社　　址　北京市海淀区圆明园西路2号　　　　邮政编码　100193
电　　话　发行部 010-62733489，1190　　　　读者服务部 010-62732336
　　　　　编辑部 010-62732617，2618　　　　出　版　部 010-62733440
网　　址　http://www.caupress.cn　　　　**E-mail** cbsszs@cau.edu.cn
经　　销　新华书店
印　　刷　北京溢漾印刷有限公司
版　　次　2025年5月第1版　　2025年5月第1次印刷
规　　格　185mm×260mm　　16开本　　15.25印张　　368千字
定　　价　45.00元

图书如有质量问题本社发行部负责调换

编审人员

主　编　胡　辉　向书涵　张传师

副主编　刘晓琴　李中波　杨　甜

参　编　（按姓氏拼音排序）

白　玲　怀化职业技术学院

郭青春　怀化职业技术学院

侯强红　怀化职业技术学院

胡　辉　怀化职业技术学院

李中波　怀化职业技术学院

刘晓琴　怀化职业技术学院

罗世民　怀化职业技术学院

彭永红　唐人神集团怀化湘大骆驼饲料有限公司

苏五珍　怀化职业技术学院

文　敏　湖南联澳生物科技有限公司

向书涵　常德职业技术学院

杨　甜　怀化职业技术学院

杨　旭　怀化职业技术学院

尹　灿　怀化职业技术学院

张传师　重庆三峡职业学院

周玉林　怀化职业技术学院

主　审　胡　艳　中国农业科学院家禽研究所

前　言

党的二十大报告提出“深化教育领域综合改革，加强教材建设和管理”，体现了对教材建设的高度重视。《动物寄生虫病防治技术》是在《国家职业教育改革实施方案》《全国大中小学教材建设规划(2019—2022年)》《“十四五”职业教育规划教材建设实施方案》等文件精神的指导下编写的。本教材以职业岗位为目标，以职业标准为指导，以职业技能为内容，以教学模块为结构，以最新技术为视野，以培养学生的职业能力为核心，以“双师型”教师为主导，坚持适度、够用、实用及符合学生认知规律和同质化原则设计教学内容。将动物寄生虫病的发生、流行与防治，动物常见吸虫病、绦虫病、线虫病、棘头虫病、蜘蛛昆虫病、原虫病防治的知识和技能列出，进行归类和教学设计，明确学生通过学习应达到的识记、理解和应用等方面的基本要求，为实现课程的教学目标和提高学生学习的效果奠定良好的基础。按照针对性、应用性、时代性和动态性的原则建立课程内容增删机制，及时淘汰不实用的内容，适时吸纳新理论、新知识、新技术，合理安排课程内容。

“动物寄生虫病防治技术”是一门实践性极强的课程，它讲授各种动物寄生虫的基本知识、诊断方法、具体治疗方案、综合防治措施，是畜牧兽医、动物医学、动物防疫与检疫、宠物养护与驯导等专业技术课的主干课程。本课程的教学目的是通过教师授课、学生听课、实验实训及到动物医院与养殖场实践操作等教学环节，使学生掌握动物寄生虫病防治技术中有关单项技术(如吸虫病诊治技术、绦虫病诊治技术、线虫病诊治技术、蜱螨与昆虫病诊治技术、鞭毛虫病诊治技术、梨形虫病诊治技术、孢子虫病诊治技术、纤毛虫病诊治技术等)的合理应用与操作，具备从事动物寄生虫病诊疗与防治的基本技能和处理有关实际问题的能力。

本教材由胡辉、向书涵、张传师主编，怀化职业技术学院动物科技学院部分教师、常德职业技术学院教师、重庆三峡职业学院教师及企业专家参编，中国农业科学院家禽研究所正高级研究员胡艳主审。在此向为本书的出版付出辛勤劳动的各位编审人员一并表示感谢！同时向参考文献中的作者表示诚挚的谢意。

因编写时间仓促，书中如有不当之处，敬请指出，以便我们在修订再版时不断完善。

编　者

2024年3月

目 录

项目一 动物寄生虫病防治技术基础知识

◆ **参考学时** 6学时。

◆ **知识目标**

1. 了解人类认识寄生虫病的历史及防治寄生虫病的成就。
2. 掌握寄生生活、寄生虫和宿主的概念,寄生虫和宿主的类型、寄生虫生活史的类型。
3. 明确寄生虫和宿主的相互作用,寄生虫完成其生活史的条件及影响因素等。
4. 了解寄生虫对动物与人类的危害,理解在寄生虫病防治工作中我们面临的形势和任务。
5. 了解寄生虫的分类和命名规则。

◆ **能力目标**

掌握寄生虫和宿主的相互作用、寄生虫生活史的条件及其影响因素等基本知识,为寄生虫病的防治奠定基础。

任务一 概述

一、动物寄生虫病防治技术研究历史与现状

我国对寄生虫病的认识和防治有着悠久的历史,《黄帝内经》中已有蛔虫病的病症记载。公元6世纪,北魏农学家贾思勰所著《齐民要术》中,就记载过治疗马、牛等动物疥癣的方法,并已认识到该病的传染性。9世纪,唐朝李石著《司牧安骥集》中有医治马浑睛虫的歌诀。公元14世纪明朝赵浚著《新编集成马医方》中已有关于蜱的记载。明朝喻本元、喻本亨合著的《元亨疗马集》中,对于浑睛虫、蜱和疥癣的症状和治疗等有着详尽的记载。

1676年荷兰人 Antony van Leeuwenhoek 发明了显微镜，放大了300倍，观察到了多种原生动物。林奈(1758年)首次将每一种动物或植物，按其相互关系之密切程度，分别组成不同的分类阶元，并制定一个双名制的命名规则(简称双名制命名法)。至此，形成近代寄生虫学的框架。19世纪中叶德国人 Leuckart 发现了肝片吸虫的生活史，这是人类首次探知吸虫的生活史，以此为基础，危害几亿人的血吸虫病才得以控制。同时代一位比利时学者揭开了绦虫生活史的秘密，为绦虫病的防治奠定了基础。1879年英国学者 Manson 发现了丝虫病，随后他还发现了班氏丝虫的传播者蚊子。1893年美国学者 Smith 和 Kilborne 发现双芽巴贝斯虫病的传播媒介为蜱，这是人类历史上第一次揭示出"虫媒病"，这为阐明疟原虫病和黄热病等传染机制奠定了基础。1897年，英国科学家 Ross 因发现疟原虫通过疟蚊传入人体的途径，揭示了鸟疟原虫生活史和人疟原虫生活史，获得第二届(1902年)诺贝尔医学或生理学奖。

近代科学的发展常常以多学科的交叉渗透为特征，于是在寄生虫学中出现了寄生虫的生态学、生理学、细胞学、生物化学、免疫学等多分支学科。电子显微镜的发明给寄生虫的形态学和分类学以新的巨大推动，可以探知寄生虫的显微结构。许多现代物理学和化学的新技术都被广泛应用到寄生虫研究的各个领域之中。寄生虫的研究已经度过对寄生虫的客观描述和实验寄生虫学阶段，步入免疫寄生虫学与生化-分子寄生虫学的领域。2002年，英国科学家悉尼·布雷内、约翰·苏尔斯顿、美国科学家罗伯特·霍维茨选择秀丽隐杆线虫作为新颖的实验生物模型，找到了对细胞每一个分裂和分化过程进行跟踪的细胞图谱，在器官发育及细胞程序性死亡的基因调节方面做出突出贡献，因此共同获得诺贝尔医学或生理学奖。

新中国成立后，我国在寄生虫病的研究和防治方面已取得了显著的进展。寄生虫学工作者在区系分类基本明确的基础上，对多种危害严重的寄生虫病的生活史和流行病学进行了研究，首次阐明了某些寄生虫的生活史，提供了某些寄生虫病的地理分布、季节动态、传播方式、媒介与中间宿主的生物学特征以及感染途径等，为疾病的防治提供了科学依据，使一些流行广泛、危害严重的动物寄生虫病和人兽共患病得到控制，如日本分体吸虫病、猪囊尾蚴(猪囊虫)病、利什曼原虫病、猪姜片吸虫病、猪冠尾线虫病、肝片吸虫病、伊氏锥虫病、螨病和梨形虫病等。对其中一些疾病都已研制成功或广泛应用了敏感、特异性强、应用简便的免疫诊断方法。新型低毒、高效的抗原虫药、抗绦虫药、抗线虫药和杀蜱螨药都有研制和生产，已基本步入国际先进行列。

近代分子生物学技术已经进入我国寄生虫研究领域，核酸探针、基因重组技术已被用于锥虫病、利什曼原虫病和旋毛虫病等的病原鉴定、实验研究和疫苗研制当中。

但是，我国寄生虫病的研究水平与先进国家相比还有较大差距，存在着不少急需填补的空白。因此，必须加速人才培养，提高科研水平，并使一些先进成果尽快应用于生产实际，为保证现代养殖业的快速发展和人类健康事业做出贡献。

二、动物寄生虫病防治技术成就

在1949年以后，我国动物寄生虫学的发展和寄生虫病的研究与防治取得了长足进步。在20世纪50—60年代，在寄生虫的区系分类方面做了大量工作。据不完全估计，共发现扁形动物门吸虫纲复殖吸虫20科58属209种，绦虫纲圆叶目绦虫6科34属80种，绦虫纲假叶目绦虫1科2属3种；线形动物门线虫纲线虫7目21科93属285种；棘头动物门棘头虫纲棘头虫2目3科3属4种；原生动物门鞭毛虫纲鞭毛虫4目10科11属115种，梨形虫纲梨形虫目梨形虫 2 科 2 属 15 种，纤毛虫纲纤毛虫 1 目 1 科 1 种；节肢动物门蛛形纲蜱螨目动物 8 科 18 属 81 种，昆虫纲昆虫 4 目 17 科 39 属 115 种，五口虫纲舌形虫目动物 1 科 1 属 1 种。其中有近百种为发现于我国的新种。

在区系分类基本明确的基础上，对若干种危害严重的寄生虫病的生活史与流行病学进行了调查研究。例如对原虫病中的猪弓形虫病、反刍兽肉孢子虫病、家禽球虫病与住白细胞虫病、家畜梨形虫病，蠕虫病中的耕牛血吸虫病、反刍兽绦虫病、猪绦虫病、猪肾虫病、反刍兽消化道线虫与肺线虫病、猪旋毛虫病、马(羊)脑脊髓丝虫病，外寄生虫中的蜱、螨和马(牛、羊)的蝇蛆病等都做了大量深入细致的工作，或首次阐明了寄生虫的生活史，或提供了疾病的详细的地理分布情况、季节动态、传播方式、媒介与中间宿主的生物学特征以及感染途径等，为防治工作提供了科学依据。疟原虫、血吸虫、利什曼原虫等重要寄生虫生活史的发现挽救了成千上万人的生命。

对于广泛或严重流行的弓形虫病、梨形虫病、伊氏锥虫病、血吸虫病、猪囊虫(囊尾蚴)病和旋毛虫病等，研制成功或广泛应用了敏感性高、特异性强并且简便的免疫学诊断方法。新型低毒高效的抗原虫药、抗绦虫药、抗线虫药和杀蜱螨药等都有研制和生产，已基本上步入国际先进行列。高效、广谱抗寄生虫药物的开发和科学应用，使得因寄生虫病引起大批家畜死亡的现象得到了有效控制。牛环形泰勒虫裂殖体胶冻细胞苗已在流行区广泛应用，收到了良好的预防效果。弓形虫疫苗和旋毛虫疫苗已基本上研制成功。血吸虫病、反刍兽消化道线虫病、梨形虫病、反刍兽绦虫病和羊螨病等一些流行广泛的寄生虫病已经建立了诊断、治疗和预防三结合的综合防治样板或模式，并已在疫区推广或正在推广，都取得了良好的效益。

三、动物寄生虫病的危害性

当前，寄生虫病仍是危害人、畜健康的重要疾病。在世界范围内，特别是在热带和亚热带地区，寄生虫所引起的疾病一直是普遍存在的公共卫生问题。1975 年联合国开发计划署/世界银行/世界卫生组织热带病特别规划(UNDP/World Bank/WHO Special Program for Research and Training in Tropical Diseases，TDR)联合倡议要求重点防治的主要热带病有：疟疾、血吸虫病、丝虫病(包括淋巴丝虫病和盘尾丝虫病)、利什曼原虫病、锥虫病(包括非洲锥虫病和美洲锥虫病)和麻风。除麻风外，其余的都是寄生虫病。根据疾病的负担和流行现状，2000 年在此基础上又增加了结核病和登革热，统称 10 大热带病。另外，隐孢子虫病、肺孢子虫病、弓形虫病和粪类圆线虫病已成为重要的感染人的动物源性疾病，同时也严重危害畜禽。在我国，猪囊虫(囊尾蚴)病、旋毛虫病、消化道线虫病、螨病等依然广泛存在或呈地方性流行。同时，必须正视我国的畜禽寄生虫病的防治水平仍然较低，防治动物寄生虫病必将是畜牧兽医的重要任务之一，防治人畜共患的寄生虫病也将是人类保健事业的重要课题。因此，认识寄生虫病的危害具有重要意义。

(一)动物寄生虫病给养殖业造成巨大经济损失

1. 引起动物大批死亡

在动物寄生虫病中，有些可以在某些地区广泛流行，引起大批动物急性发病和死亡，如牛、骆驼伊氏锥虫病，牛、马梨形虫病，牛、羊泰勒虫病，鸡、兔球虫病，猪弓形虫病，禽住白细胞虫病等；有些虽然呈慢性型经过，但在感染强度较大时也可引起动物大批发病和死亡，如牛、羊肝片吸虫病，牛、羊阔盘吸虫病和东毕吸虫病，猪姜片吸虫病，禽棘口吸虫病和绦虫病，猪、鸡蛔虫病，牛、羊、猪肺线虫病，牛、羊消化道线虫病，猪、牛、羊、兔螨病等。鸡患球虫病时，常致雏鸡发病，其死亡率高达80%～100%。我国西北部牧区绵羊的线虫病也可引起羊的死亡率达50%。

2. 降低动物的生产性能

动物寄生虫病虽然多呈慢性型经过，甚至不出现临床症状，但可以显著降低动物的生产性能。研究数据显示：牛患肝片吸虫病时，产奶量下降25%～40%，肉牛增重减少12%；牛皮蝇幼虫病可使产奶量下降10%～25%，皮革损失10%～15%；羊混合感染多种蠕虫可使产毛量下降20%～40%，增重减少10%～25%，而螨病可使羊毛损失50%～100%；蛋鸡患蛔虫病，可使产蛋下降5%～20%；仔猪感染蛔虫后其增重情况比健康猪下降30%，严重者发育停滞形成“僵猪”甚至死亡。

3. 影响动物生长发育和繁殖

幼龄动物最易感染寄生虫，患畜生长发育受阻；种用动物感染寄生虫后，由于营养不良，雌性动物常出现发情异常，影响配种率和受胎率，受孕动物易流产和早产，分娩后幼年动物生命力弱，母乳分泌不足，造成幼龄动物成活率下降，雄性动物配种能力降低；某些寄生虫还侵害动物生殖系统，直接降低繁殖能力，如牛胎毛滴虫病等。

4. 造成动物产品的废弃

按照卫生检验法规的规定，有些寄生虫病的肉品及脏器不能利用，甚至要完全废弃。除直接损失外，还有饲养期间的经济损失。墨西哥1980年因猪囊尾蚴病废弃大量猪肉，损失约4 300万亿美元，相当于养猪业投资的68.5%；我国某省1983年仅猪囊尾蚴一项造成猪肉损失1 000余万元。皮蝇蛆、蠕形螨会造成牛羊皮张穿孔而致皮张质量降低，细颈囊尾蚴可造成猪肝脏废弃，肝片吸虫可致牛羊肝脏废弃。

5. 临床诊断及用药的困难

许多寄生虫病的临床症状与某些传染病非常相似，如蛔虫性肺炎易与病原微生物引起的呼吸道疾病相混淆；球虫造成的腹泻易与病毒性、细菌性腹泻相混淆。由于习惯思维的影响，临床上出现呼吸道症状就认为是细菌、病毒感染；出现腹泻症状就立即选用抗菌止泻药物，往往造成误诊或治疗不及时。

6. 传播疾病

寄生虫除了自身是病原体外，它还传播其他疾病和为其他疾病侵入畜禽打开门户，为其他寄生虫、细菌、病毒感染创造条件。如蚊子传播流行性乙型脑炎、蜱传播牛羊焦虫病、猪后圆线虫侵入猪体时带入猪流感病毒等。

（二）动物寄生虫病对人类社会的危害

根据世界卫生组织（WHO）报告，全球每年发病人数最多的寄生虫病为疟疾，此外，血吸虫、淋巴丝虫、利什曼原虫、盘尾丝虫、锥虫的感染人数也很多。每年因这些寄生虫病而死亡的人数巨大。此外，肠道寄生虫感染也十分严重，特别是在亚洲、非洲和拉丁美洲的农业地区，而且其后遗症给患者在经济上、精神上造成的损失无法估量。机会致病寄生虫的感染已成为艾滋病病人的主要死亡原因。

发展中国家由于经济和生活条件相对落后，寄生虫病的流行情况比发达国家较严重。但在经济发达国家，寄生虫病也是一个重要的公共卫生问题，如感染阴道毛滴虫的人数在美国和英国很多；蓝氏贾第鞭毛虫的感染在苏联曾特别严重。而一些机会致病寄生虫，如弓形虫、肺孢子虫、隐孢子虫等已成为艾滋病患者死亡的主要原因。长期使用免疫抑制剂，也导致机会致病寄生虫的感染。此外，一些未引起注意的寄生虫病，如异尖线虫病等在一些经济发达的国家也开始出现流行的迹象。

人兽共患寄生虫病（parasitic zoonoses）是指在人和脊椎动物之间自然传播的寄生虫病。在目前世界上存在的百余种人兽共患寄生虫病中，中国有 90 多种。世界卫生组织专家委员会公布的重要的人兽共患寄生虫病有 69 种，其中最重要的有 23 种，中国分别存在 59 种和 21 种。在这 21 种最重要的人兽共患寄生虫病中，弓形虫病、华支睾吸虫病、姜片吸虫病、并殖吸虫病、日本分体吸虫病、棘球蚴病、牛带绦虫病、猪带绦虫病和囊尾蚴病、旋毛虫病等在中国分布较广，流行也较严重，对人类的健康危害很大甚至引起死亡。

人类离不开动物性食品，但很多肉类、水产品等食物可能携带寄生虫病原体。由于不良饮食习惯，造成病原体进入人体，引起食源性寄生虫病。调查显示，近年来，食源性寄生虫病在城镇居民特别是沿海经济发达地区的感染人数呈上升趋势。多数食源性寄生虫病防治难度大，并严重危害人体健康，甚至危及生命。总之，防治动物寄生虫病，不只是单纯在动物保健上，而且在人类保健和公共卫生上，都具有极其重要的意义。

四、动物寄生虫病防治技术研究范畴

动物寄生虫病防治技术是研究寄生于家畜、家禽、伴侣动物、经济动物以及鱼类的各种寄生虫及其引起疾病的科学。它包含寄生虫和寄生虫病两部分内容，前者研究寄生虫的种类、形态构造、生理、生活史、地理分布及其在动物分类学中的地位。后者研究由寄生虫感染所引起的疾病，即研究侵袭动物机体的各种寄生虫的致病作用，由其引起疾病的流行病学、症状、病理变化、免疫、诊断方法，以及在正确诊断的基础上施行防治的卫生保障措施等问题。通常，又把动物寄生虫病分为动物蠕虫病、动物蜘蛛昆虫病和动物原虫病三大类。做好寄生虫病防治工作，必须对寄生虫的基础知识有较全面的了解，特别是掌握寄生虫生活史、流行病学的规律，才有可能正确研究寄生虫病，从而拟定出切实有效的综合性防治措施。

任务二　寄生虫与宿主

一、寄生生活

自然界中生物种类繁多，其生活方式及生物间相互关系十分复杂。有些生物适应自由生活，而有些生物彼此间发生了某种相互关系，需共同生活。自然界中生物间的共生关系主要有以下几种类型。

（1）互利共生　指两种生物体共同生活在一起，双方互相依赖，缺一不可，共同获益而互不损害。如反刍动物与其瘤胃中的纤毛虫，前者为后者提供适宜温度、不易遭到外界环境因素影响的良好生存环境，又依靠后者分解木质纤维，帮助消化和获得营养。还有普遍存在的动物与某些细菌或真菌的结合关系，白蚁与其肠道内鞭毛虫之间的关系均属于此类。

(2)偏利共生　两种生物在其共生生活中一方受益，另一方不受益也不受害。偏利共生又称为共栖。如大海中的鲨鱼和吸附于体表的鲫鱼，后者以鲨鱼的废弃物为食，而对鲨鱼并不造成危害。

(3)寄生生活　指两个生物体之间的一种特殊生活方式，其中一个生物体生活在另一个生物体的体表或体内，从中吸取营养物质并对其造成损害。在这一共生关系中一方获得利益，另一方则受到损害，后者为前者提供营养物质和居住场所，这种生活关系称寄生。其中营寄生生活的动物(动物性寄生物)，我们称之为寄生虫，被寄生虫寄生的动物称为宿主。如猪蛔虫生活在猪的小肠内，以小肠内已经消化或半消化的食物为营养，影响猪的健康。猪蛔虫就是寄生虫，其生活方式为寄生生活，猪则是它的宿主。

二、寄生虫与宿主的类型

(一)寄生虫的类型

1. 按寄生虫的寄生时间长短来分

(1)暂时性寄生虫　在整个生存期内，只短时间侵袭宿主、解除饥饿、获得营养的寄生虫。如侵袭人畜的雌蚊。

(2)固定性寄生虫　必须有一定的发育期在宿主体内或体表完成的寄生虫。它又可分为永久性寄生虫和周期性寄生虫。前者指在宿主体内或体表度过一生的寄生虫，如旋毛虫、螨虫；后者指一生中只有一个或几个发育阶段在宿主体内或体表完成的寄生虫，如蛔虫、片形吸虫等。

2. 按寄生虫的寄生部位来分

(1)外寄生虫　指寄生于宿主体表或与体表直接相通的腔、窦内的寄生虫，如蜱、螨、羊鼻蝇蚴等。

(2)内寄生虫　凡寄生于宿主体内(组织、细胞、器官和体腔)的寄生虫都称为内寄生虫，如球虫、消化道线虫。

3. 按寄生虫的发育过程来分

(1)同宿主寄生虫　寄生虫的整个发育过程中只需一个宿主的寄生虫，又称单宿主寄生虫，如蛔虫。

(2)异宿主寄生虫　寄生虫整个发育过程需要更换两个或两个以上宿主的寄生虫，又称多宿主寄生虫，如姜片吸虫、弓形虫等。

4. 按寄生虫寄生的宿主范围来分

(1)专一宿主的寄生虫　有些寄生虫只寄生于一种特定的宿主，对宿主有严格的选择性，如猪蛔虫只感染猪。

(2)非专一宿主的寄生虫　有些寄生虫能寄生于多种宿主，如旋毛虫可以寄生于猪、犬、猫等多种宿主。

5. 按寄生虫对宿主的依赖性来分

(1)专性寄生虫　寄生虫在其生活过程中必须有寄生生活阶段，否则其生活史不能完成，如吸虫、绦虫等。

(2)兼性寄生虫　既可营自由生活，又可营寄生生活的寄生虫，如粪类圆线虫(成虫)既可寄生于宿主肠道内，也可以在土壤中营自由生活。

(二)宿主的类型

(1)终末宿主　寄生虫成虫期寄生的宿主或是在其有性繁殖阶段寄生的宿主，也称为真正宿主。寄生虫能在其体内发育到性成熟阶段，进行有性繁殖。如人是猪带绦虫的终末宿主。

(2)中间宿主　寄生虫幼虫时期寄生的宿主或是在其无性繁殖阶段寄生的宿主。如钉螺是血吸虫的中间宿主。

(3)补充宿主　某些寄生虫在其幼虫发育阶段需要2个中间宿主，其中第二个中间宿主称为补充宿主。如华支睾吸虫的补充宿主是多种淡水鱼和虾。

(4)贮藏宿主　有些寄生虫的虫卵或幼虫可进入某些动物体内，在其体内不繁殖也不发育，但保持生命力和感染力，这些动物称为贮藏宿主，也称为转续宿主或转运宿主。如蚯蚓可成为猪、鸡蛔虫的贮藏宿主。

(5)保虫宿主　在兽医学上，是指某些种的寄生虫有多种终末宿主时，把那些不常被寄生的动物称为保虫宿主；在医学上，某些种寄生虫既可寄生于人也可寄生于动物时，通常把动物称为保虫宿主。

(6)带虫宿主　指患寄生虫病治愈后或处于隐性感染阶段的动物，虽不表现临床症状但体内仍有一定数量的虫体感染，这种宿主称为带虫宿主，也称为带虫者，称这种状态为带虫现象。带虫者不断地向周围环境撒播病原，是重要的传染源。带虫动物健康状况下降时可导致疾病复发。

(7)传播媒介　通常指在脊椎动物间传播寄生虫病的一类动物，多指吸血的节肢动物，如蚊子在人之间传播疟原虫，蜱在牛之间传播梨形虫等。

(8)超寄生宿主　有些寄生虫可成为其他寄生虫的宿主。如蚊子是疟原虫的超寄生宿主。

三、寄生虫与宿主的相互作用

(一)寄生虫对宿主的作用

寄生虫在宿主的细胞、组织或腔道内寄生，对宿主机体造成一系列的损伤，这不仅见于成虫，也见于移行中的幼虫。寄生虫对宿主的作用是多方面的，主要表现如下。

1. 夺取营养

寄生虫在宿主体内生长、发育和繁殖所需的物质均来源于宿主机体，其夺取的营养物除蛋白质、糖类和脂类外，还有维生素、矿物质和微量元素。寄生的虫体数量愈多，被夺取的营养也愈多。如蛔虫、绦虫等在肠道内寄生，夺取大量养料，并影响肠道吸收功能，引起宿主营养不良，生长发育受阻；钩虫附于肠壁吸取大量血液而导致宿主贫血。

2. 机械性损伤

(1)固着　寄生虫利用其固着器官(吸盘、顶突、小钩、叶冠、齿、吻突等)固着于宿主的寄生部位，造成组织器官损伤、出血和炎症等。

(2)移行　各种寄生虫都有其固定的寄生部位，寄生虫从进入宿主到寄生部位的过程称为移行。寄生虫在移行过程中破坏了所经组织器官的完整性，对其造成损伤。如猪蛔虫的幼虫需经肝脏和肺脏的移行，造成蛔虫性肝炎和蛔虫性肺炎。

(3)压迫　某些寄生虫体积较大，压迫宿主器官，造成组织萎缩和功能障碍，如寄生于肝脏、肺脏等的棘球蚴直径可达 5～10 cm。还有些寄生虫虽然体积不大，但因压迫重要器官而造成严重疾病，如脑包虫(多头蚴)可致宿主严重的神经症状。

(4)阻塞　寄生于消化道、呼吸道及其附属腺体(肝脏、胰腺等)的寄生虫，常因大量寄生造成这些器官阻塞，发生严重疾病，如蛔虫引起的肠阻塞和胆道阻塞。

(5)破坏　细胞内寄生的原虫，在繁殖过程中大量破坏宿主机体的组织细胞而引起严重疾病，如寄生于红细胞的梨形虫破坏大量红细胞而造成溶血性贫血；寄生于肠上皮细胞的球虫导致宿主严重的血痢及消化吸收障碍。

3. 毒性作用和免疫损伤

寄生虫的分泌物、排泄物和死亡虫体的分解物对宿主均有毒性作用，这是寄生虫危害宿主方式中最重要的一个类型。例如枭形科吸虫可分泌消化酶于宿主的组织上，使组织变性溶解为营养液，作为其食物来源；阔节裂头绦虫的分泌物和排泄物可影响宿主的造血功能而引起贫血。另外，寄生虫的代谢产物和死亡虫体的分解物又都具有抗原性，可使宿主致敏，引起局部或全身变态反应。如血吸虫卵内毛蚴分泌物引起周围组织发生免疫病理变化——虫卵肉芽肿，这是血吸虫病最基本的病变，也是主要致病因素。

4. 继发感染

(1)接种病原微生物　某些昆虫叮咬动物时同时接种了病原微生物，这也是昆虫的传播媒介作用。如某些蚊子传播乙型脑炎，某些跳蚤传播鼠疫，鸡异刺线虫是火鸡组织滴虫的传播者，猪后圆线虫常带入病原微生物，猪感染后圆线虫病时易伴发气喘病、巴氏杆菌病、流感或猪瘟等。

(2)激活病原微生物　某些寄生虫的侵入可激活宿主体内处于潜伏状态的病原微生物和条件性致病菌而协同发病，如仔猪感染食道口线虫后可激活副伤寒杆菌，引起急性副伤寒。寄生虫的感染为病原微生物的侵入打开门户，为其他寄生虫、细菌、病毒的感染创造条件，引起并发症。如移行期的猪蛔虫幼虫为猪支原体进入肺脏创造条件而继发气喘病；寄生虫感染也降低了宿主抵抗力，促进传染病发生，或使传染病病情加重，如犬感染蛔虫、钩虫和绦虫时，比健康犬更易发生犬瘟热。

(二)宿主对寄生虫的影响

宿主受到寄生虫的影响后，可发生不同程度的病变，出现不同的临床表现，或为无症状感染，或在幼畜表现为生长迟缓或发育停滞等。但不论是哪一种情况，宿主都以一种回答性反应(免疫应答)影响寄生虫。寄生虫及其产物对宿主均为异物，能引起宿主一系列反应，也就是宿主的防御功能，它的主要表现就是免疫。宿主对寄生虫的免疫表现为免疫系统识别和清除寄生虫的反应，其中有些是防御性反应，例如宿主的胃酸可杀灭某些进入胃内的寄生虫。有的反应表现为将组织内的虫体局限、包围以至消灭。

免疫反应是宿主对寄生虫作用的主要表现，包括先天性免疫(非特异性免疫)和获得性免疫(特异性免疫)。前者主要由遗传决定，包括种的免疫、年龄免疫和个体差异。后者是动物出生后受到寄生虫抗原刺激而产生的免疫，也包括细胞免疫和体液免疫。

寄生虫具有体积大、生活史及抗原复杂的特性，使宿主产生的免疫应答与微生物引起的免疫不同。寄生虫病的免疫具有以下几个特点。

（1）免疫的复杂性　由于大多数寄生虫是多细胞动物，构造复杂以及生活史常分为不同的发育阶段等多种因素造成了寄生虫抗原及其免疫的复杂性。

（2）不完全免疫　宿主尽管对寄生虫能产生免疫应答，使感染受到控制，但不能将虫体完全清除，这是寄生虫病免疫中最常见的类型。

（3）带虫免疫　寄生虫在宿主体内保持一定数量的感染，宿主对同种寄生虫的再感染具有一定的免疫力。一旦宿主体内的虫体完全消失，这种免疫力也随之结束。

（4）自愈现象　宿主已感染有某种寄生虫，当再次感染同种寄生虫时出现新感染的和原有的寄生虫被同时清除的现象。如羊感染捻转血矛线虫，但这种现象并不普遍。

（三）宿主与寄生虫之间相互作用的结果

寄生虫对宿主的影响表现为对宿主的损害，而宿主对寄生虫的反应是产生不同程度的免疫力并设法将其清除。寄生虫和宿主之间的相互作用贯穿于寄生虫的侵入、移行、寄生和排除的整个过程，其结果可表现为三类。

（1）完全清除　宿主完全清除了体内寄生虫，临床症状消失，机体痊愈。

（2）带虫免疫　宿主清除了体内大部分寄生虫，感染处于低水平状态，但对同种寄生虫的再感染具有一定的抵抗力，宿主与寄生虫之间能维持相当长时间的寄生关系，而宿主则不表现症状。这种现象见于大多数寄生虫的感染或带虫者。

（3）机体发病　宿主不能遏制寄生虫的生长和繁殖，表现出明显的临床症状和病理变化，而发生寄生虫病，如不及时治疗，严重者可造成死亡。

寄生虫与宿主之间的关系异常复杂，任何一个因素既不能孤立看待，也不宜过分强调。了解寄生关系的实质以及寄生虫与宿主的相互影响是认识寄生虫病发生发展规律的基础，是寄生虫病防治的依据。

任务三　寄生虫生活史

一、寄生虫生活史的概念及类型

寄生虫生长、发育和繁殖的一个完整循环过程称为寄生虫的生活史，亦称为发育史。寄生虫种类繁多，由虫卵到成虫的发育分为若干个阶段，生活史形式多样。根据寄生虫在其生活史中有无中间宿主，大体可分为两种类型。

（1）直接发育型　寄生虫的发育过程不需要中间宿主或其疾病传播过程不需要生物媒介。其虫卵或幼虫在外界发育到感染期后直接感染人或动物。如蛔虫、牛羊消化道线虫等。

（2）间接发育型　寄生虫的发育过程需要中间宿主或其疾病传播过程需要生物媒介。其幼虫在中间宿主体内发育到感染期后再感染人或动物。如血吸虫、肝片吸虫等。

在流行病学上，常将直接发育型的寄生虫称为土源性寄生虫，间接发育型的寄生虫称为生物源性寄生虫。

二、寄生虫完成生活史的必要条件

寄生虫要完成其生活史，必须具备以下条件。

(1)适宜的宿主　适宜的宿主甚至是特异性的宿主是寄生虫建立其生活史的前提。

(2)具有感染性阶段　寄生虫并不是每个发育阶段都对宿主具有感染性，必须发育到感染性阶段(或叫侵袭性阶段)，并且有与宿主接触的机会，才会对宿主致病。

(3)适宜的感染途径　不同的寄生虫均有其特定的寄生部位，必须通过适宜的感染途径才能侵入宿主的寄生部位，进行生长、发育和繁殖。在此过程中，寄生虫必须要克服宿主对它的抵抗力。

三、寄生虫对寄生生活的适应性

从自然生活演化为寄生生活，寄生虫经历了漫长的适应宿主环境的过程。寄生虫为适应寄生生活，在对寄生环境的适应性及其形态构造和生理功能方面发生了一系列变化。

1. 对环境适应性的改变

在长期的演化过程中，寄生虫逐渐适应于寄生环境，在不同程度上丧失了独立生活的能力。因此与共栖和互利共生相比，寄生虫更不能适应外界环境的变化，因而只能选择性地寄生于某种或某类宿主。寄生虫对宿主的这种选择性称为宿主特异性，如猪蛔虫只能选择性寄生于猪体内。

2. 形态构造的改变

寄生虫可因寄生环境的影响而发生形态构造的变化。如跳蚤身体左右侧扁平，以便行走于皮毛之间；寄生于肠道的蠕虫多为线状或长带状，以适应狭长的肠腔。寄生生活使许多寄生虫失去运动器官，消化器官简单化甚至于消失，如寄生于肠内的绦虫，依靠其体壁吸收营养，消化器官已退化无遗。而寄生虫的生殖器官则极其发达，如雌蛔虫的卵巢和子宫的长度为体长的 15～20 倍，以增强产卵能力；寄生虫为更好地吸附于寄生部位，逐渐进化产生了一些特殊的固着器官，如吸盘、顶突、小钩、叶冠、齿、吻突等。

3. 生理功能的改变

蠕虫体表一般都有一层较厚的角质膜，能抵抗宿主消化液的消化。多数蠕虫卵和原虫卵囊具有特质的壁，能抵抗不良的外界环境。胃肠道寄生虫的体壁和体腔液中存在对胰蛋白酶和糜蛋白酶有抑制作用的物质，能保护虫体免受宿主胃肠内蛋白酶的作用。绝大多数寄生虫能在低氧环境中以糖酵解的方式获取能量，部分能量则通过固定二氧化碳来获得。

四、宿主对寄生生活产生影响的因素

为阻止寄生虫对自身的侵害，宿主势必对所感染的寄生虫产生免疫反应，这些反应均会影响寄生虫的生活史。

(1)遗传因素的影响　表现在某些动物对某些寄生虫具有先天不易感性，如猪不会感染鸡球虫病。

(2)年龄因素的影响　不同年龄的同种个体对寄生虫的易感性有差异。一般来说，幼龄动物对寄生虫易感性较高，感染后病情较严重，而成年动物则表现轻微或无症状。

(3)机体组织屏障的影响　宿主机体的皮肤、黏膜、血脑屏障和胎盘屏障等可有效阻止一些寄生虫的侵入。一般的寄生虫难以通过皮肤、胎盘等途径感染宿主。

(4)宿主体质的影响　营养状况和饲养管理条件是影响宿主免疫力的主要因素。在卫生较差的猪场以及营养不良尤其缺乏维生素和矿物质等情况下，仔猪很容易大批感染蛔虫，其感染率可达50%以上。

(5)宿主免疫作用的影响　宿主主要通过两方面的表现来对寄生虫的生活史进行阻断和破坏：一是在寄生虫侵入、移行和寄生部位发生局部组织抗损伤作用，表现为组织增生和钙化。二是刺激宿主机体网状内皮系统发生全身性免疫反应，以抑制虫体的生长、发育和繁殖。

任务四　寄生虫的分类和命名

一、寄生虫的分类及其特点

寄生虫分类的最基本单位是种(species)。种是指具有一定形态特征和遗传学特征的生物类群。相互关系密切的种同属一个属(genus)，相互关系密切的属同属一个科(family)，依此类推，建立起目(order)、纲(class)、门(phylum)、界(kingdom)等各分类阶元，在各阶元之间还有中间阶元，如亚门(subphylum)、亚纲(subclass)、亚目(suborder)、亚科(subfamily)、亚属(subgenus)、亚种(subspecies)或变种(variety)等。

与动物医学有关的寄生虫分类轮廓如图1-1所示。

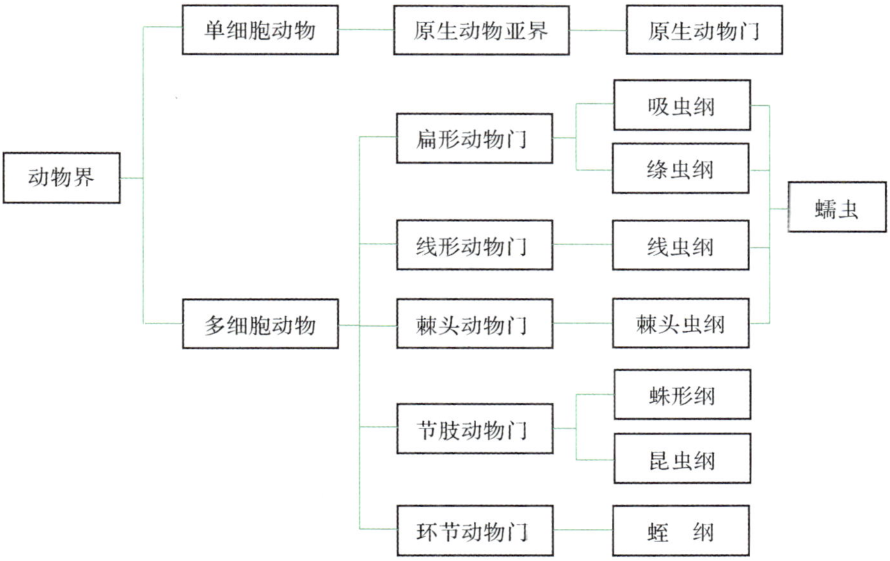

图1-1　主要动物寄生虫分类轮廓

为了表述方便，习惯上将吸虫纲、绦虫纲、线虫纲和棘头虫纲的寄生虫统称为蠕虫；昆虫纲的寄生虫通常称为昆虫，蛛形纲的寄生虫主要为蜱和螨；原生动物门的寄生虫简称为原虫。由其所致的寄生虫病则分别称为动物蠕虫病、动物蜘蛛昆虫病(外寄生虫病)和动物原虫病。

二、命名

为准确区分和识别各种寄生虫,必须给寄生虫定下一个专门的名称。国际公认的生物命名规则是林奈创造的双名制命名法。用这种方法给寄生虫规定的名称叫作寄生虫的学名即科学名。学名是由两个拉丁文或拉丁化单词组成,第一个单词是属名,即寄生虫隶属于该属,第一个字母要大写;第二个单词是寄生虫的种名,全部字母小写(属名在前,种名在后)。例如,日本分体吸虫的学名是 *Schistosoma japonicum* (Katsurada,1904),其中 *Schistosoma* 意为分体属,*japonicum* 意为日本种,第三个单词是命名人名字,最后是命名年代。命名人和命名年代可略去不写。

寄生虫病的命名,原则上以引起疾病的寄生虫的属名定为病名,如姜片属的吸虫引起的寄生虫病称为姜片吸虫病。若某属寄生虫只引起一种动物发病时,通常在病名前冠以动物种名,如鸭龙线虫病。但在习惯上也有突破这一原则的情况,如牛羊消化道线虫病是若干个属的线虫寄生于牛羊消化道所引起的疾病的统称。

复习思考题

一、名词解释

寄生生活,寄生虫和宿主、终末宿主、中间宿主、补充宿主、贮藏宿主、保虫宿主、带虫宿主、传播媒介、生活史(发育史)、土源性寄生虫、生物源寄生虫。

二、简答题

1. 寄生虫有哪些类型?寄生虫分类和命名的基本原则是什么?
2. 宿主有哪些类型?
3. 寄生虫的生活史有哪几种?寄生虫完成其生活史需哪些必要条件?
4. 寄生虫对宿主的作用表现在哪些方面?
5. 寄生虫病的免疫特点与传染病免疫有何不同?

项目二 动物寄生虫病学基础

◆ **参考学时** 8 学时。

◆ **知识目标**

1. 理解寄生虫病的危害。
2. 明确寄生虫病的流行病学概念及基本内容，了解寄生虫病诊断的方法。
3. 掌握寄生虫病流行的基本环节以及寄生虫病的综合防制措施。

◆ **能力目标**

1. 能完成寄生虫病的流行病学资料的调查。
2. 针对寄生虫病能提出合理的综合防制措施并应月于实践。

任务一 动物寄生虫病流行病学

一、流行病学的概念

研究动物寄生虫病流行的科学称为寄生虫病流行病学或寄生虫病流行学，它是研究动物群体中某种寄生虫病的发生原因和条件、传播途径、流行过程及其发展规律，以及据此采取预防、控制和扑灭措施的一门科学。流行病学也包括对某些个体的寄生虫病诸方面的研究，因为个体的疾病，有可能在条件具备时发展为群体的疾病，但流行病学的研究更着重于群体。流行病学的内容涉及许多方面，它概括了寄生虫和宿主以及足以影响其相互关系的外界环境因素的总和。另外一个特别重要的方面是社会因素，人类的各种活动对寄生虫和宿主的关系及其周围环境有着巨大的影响。

二、动物寄生虫病流行的基本环节

某种寄生虫病在一个地区流行必须同时具备三个基本环节，即感染来源、感染途径和易感动物。

1. 感染来源

感染来源包括终末宿主、中间宿主、补充宿主、贮藏宿主、保虫宿主、带虫宿主以及传播媒介等。虫体、幼虫或虫卵等病原体由上述宿主通过粪便、尿液、血液以及其他的分泌物、排泄物和流产物等排出体外，污染外界环境并发育到感染性阶段，经一定的方式或途径传染给其他易感动物。有些病原体虽不排出体外，但也以一定形式存在于宿主体内而成为传染源，如肌旋毛虫包囊。

2. 感染途径

感染途径是指病原体由感染来源传染给易感动物的一种方式。可以是某种单一途径，也可以是多种途径，随寄生虫的种类不同而各异，主要有以下几种。

(1)经口腔感染　发育到感染性阶段的寄生虫随着被污染的饲料、饮水、牧草或有寄生虫感染的中间宿主等，通过采食、饮水等方式从口腔进入宿主体内。多数寄生虫属于此种方式感染。

(2)经皮肤感染　感染性寄生虫由宿主健康皮肤钻入而感染，如分体吸虫、钩虫等。

(3)经接触感染　患病的或带虫的动物与健康动物之间通过直接接触或用具、人员等的间接接触后，将病原体传染给健康动物，如蜱、螨、虱以及生殖道寄生虫等。

(4)经胎盘感染　又称垂直感染。在妊娠动物体内，寄生虫通过胎盘由母体感染给胎儿，如弓形虫。

(5)经生物媒介感染　寄生虫通过节肢动物的叮咬、吸血等由患病动物传染给健康动物。主要是一些血液寄生虫。

(6)经自身感染　猪带绦虫病人可通过逆呕使孕卵节片或虫卵重新进入小肠而感染囊尾蚴病。

3. 易感动物

易感动物是指对某种寄生虫缺乏免疫力或免疫力低下的动物。

某种寄生虫并不能在所有动物体内都能生活，而只能在一种或几种动物体内生存、发育和繁殖，对宿主具有选择性。宿主的易感性高低与动物种类、品种、年龄、性别、饲养方式、营养状况等因素有关，如猪蛔虫只感染猪而不感染其他动物；一般幼年动物易感性较高，如鸡球虫最易感的是 15～50 日龄的雏鸡；相同动物群体的不同个体之间对寄生虫的易感性也不一样。影响宿主易感性高低最主要的因素是宿主机体的营养状况，营养越好其易感性越低。因此在防治寄生虫病的过程中必须对家畜加强饲养管理，强调全价饲养。

三、动物寄生虫病流行病学的基本内容

寄生虫病流行病学从群体角度出发，研究寄生虫病发生、发展和流行的规律，从而制定防治、控制和消灭寄生虫病的具体措施和规划。其研究的基本内容除寄生虫和宿主的生物学因素外，还包括自然因素和社会因素。

(一)生物学因素

1. 寄生虫的生活史

了解寄生虫在哪个发育阶段以何种形式排出体外;寄生虫在外界环境发育到感染性阶段所需的时间和条件;寄生虫在自然界保持生命力和感染力的期限以及对外界环境的耐受性如何;寄生虫从感染宿主至发育成熟排卵所需的时间等内容。这对确定动物驱虫时间以及制定相应的防治措施具有极其重要的参考价值。

2. 寄生虫的寿命

寄生虫在宿主体内寿命的长短决定了其向外界散布病原体的时间。如猪蛔虫成虫的寿命为 7～10 个月,而猪带绦虫在人体内的存活时间可长达 25 年以上。

3. 中间宿主和传播媒介

许多种寄生虫在其发育过程中需要中间宿主和传播媒介的参与,它们的生物学特性对于寄生虫病的流行起着很大的作用。因此,必须要了解它们的分布、密度、习性、栖息场所、出没时间、越冬地点以及有无天敌等特性,除此之外还要了解寄生虫幼虫在其体内的生长发育,以及进入补充宿主、贮藏宿主等的可能性和机会。

(二)自然因素

自然因素包括气候、地理、生物种群等方面。气候和地理等自然条件的不同势必影响植被和动物区系的分布,而中间宿主和传播媒介都有其固有的生物学特性,外界自然条件(温度、湿度、空气、阳光、地势等)直接影响其生存、发育和繁殖,也直接影响宿主机体的抵抗力而影响寄生虫病的发生。因此寄生虫病在自然界的发生和流行具有以下几方面的特点。

1. 地方性

寄生虫病的发生和流行常有明显的区域性,绝大多数寄生虫病呈地方性流行,少数是散发性,极少数呈流行性。寄生虫的地理分布也称为寄生虫区系。影响寄生虫区系差异的主要因素如下。

(1)动物种群的分布不同　动物种群包括寄生虫的终末宿主、中间宿主、补充宿主、保虫宿主、带虫宿主和生物媒介等。由于各种地理区域自然条件的不同,动物种群分布也不同,决定了与其相关的寄生虫区系的不同。

(2)寄生虫对自然条件的适应性不同　各种寄生虫对自然条件的适应性有很大差异,有的寄生虫适于气候温暖潮湿的环境,有的则适于高寒地带。这种寄生虫适应性的差异,决定了不同自然条件的地理区域所特有的寄生虫区系。

(3)寄生虫的发育类型不同　寄生虫生长、发育和繁殖的一个完整循环过程,称为寄生虫的生活史或发育史,可分为两种类型:不需中间宿主的直接发育型和需要中间宿主的间接发育型。一般地,直接发育型的寄生虫(也称为土源性寄生虫)其地理分布较广,而间接发育型的寄生虫(也称为生物源性寄生虫)其地理分布受到严格限制。如蛔虫病分布很广,而血吸虫病则只限于长江流域及长江以南。

2. 季节性

寄生虫的生活史比较复杂,各种寄生虫都有其固有的发育过程,多数寄生虫需在外界环境完成其一定的发育阶段。因此,温度、湿度、光照、降水量等自然条件的季节性变化,使得寄生虫体外发育阶段也具有季节性，动物感染和发病的时间也随之出现季节性变化。另外自然条件的季节性变化也影响了寄生虫中间宿主和传播媒介的活动。因此，间接发育型寄生虫引起的疾病更具有明显的季节性。

3. 慢性和隐性

寄生虫病的发生和流行受很多因素制约，寄生虫并不像细菌、病毒等迅速繁殖，广泛传播，其发育期较长，有的还需要中间宿主和传播媒介的参与。因此，多数寄生虫病的病程呈慢性经过，甚至无临床症状，只有少数呈急性或亚急性过程。决定病程最主要的因素是感染强度，即宿主机体感染寄生虫的数量。因为宿主感染寄生虫后，除原虫和少数寄生虫（如螨虫）可通过繁殖增加数量外，多数寄生虫进入机体后只是继续完成其生活史。因此，动物感染后表现为带虫现象比较普遍。

4. 多寄生性

同一宿主机体混合感染两种或两种以上寄生虫的现象比较常见。通常地，两种寄生虫同时在宿主体内寄生时，一种寄生虫可降低宿主对另一种寄生虫的抵抗力，即出现免疫抑制现象。

5. 自然疫源性

某些疾病在一定区域的自然条件下，由于存在某种特有的野生传染源、传播媒介和易感动物而长期在自然界循环，当人和家畜进入这一区域时可能遭到感染。这些地区称为自然疫源地。这类寄生虫病称为疫源性寄生虫病。在自然疫源地中，保虫宿主尤其是往往被忽视而又难以施治的野生动物种群在流行病学上起着重要作用。

（三）社会因素

社会经济状况、文化教育和科学技术水平、法律法规的制定和执行、人们的生活方式、风俗习惯、动物饲养管理条件以及防疫保健措施等社会因素对寄生虫病的发生和流行起着重要作用。如人类对自然资源的不断开发利用使得原始的疫源性疾病感染人类和家畜；人类对外交流的频繁使得疾病传播的机会也大大增加；人类的不良饮食及卫生习惯使得一些食源性寄生虫病的发生和流行增多。

任务二　动物寄生虫病诊断方法

一、流行病学调查

流行病学调查可为寄生虫病的诊断提供重要依据。调查的具体内容包括以下几方面。

（1）基本概况　主要了解当地地理环境、地形地势、河流与水源、降水量及其季节分布、耕地性质及数量、草原数量、土壤植被特性、野生动物种群及其分布等。

（2）被检动物种群概况　包括被检动物的数量、品种、性别、年龄组成成分、动物补充来源等，以及动物饲养方式、饲料来源及质量、水源及卫生状况、畜舍卫生、动物生产性能（包括产奶、肉、蛋、毛量及繁殖率等方面）。

(3)被检动物发病情况　包括发病当时以及近2～3年来动物的营养状况、发病死亡的时间及数量、症状及病变、采取的措施及效果等。

(4)传播　中间宿主和传播媒介的存在和分布情况。

(5)人兽共患病调查　怀疑是人兽共患病时，应了解当地居民的饮食卫生习惯、人的发病数量及诊断结果等。与犬、猫等动物相关的疾病，还应调查犬、猫的数量，营养状况以及发病情况等。

二、临床检查诊断

通过临床检查可查明动物的营养状况、临床表现和疾病的危害程度，为寄生虫病的诊断奠定基础。

临床检查中，根据某些寄生虫病特有的临床症状，如脑包虫病的回旋运动 、疥癣病的剧痒、脱毛等、球虫病的腹泻等可基本确诊；对于某些外寄生虫病如皮蝇蛆病、各类虱病等，可发现病原体，建立诊断；对于非典型症状病例，也能明确疾病的危害程度和主要表现，为下一步采用其他方法诊断提供依据。

寄生虫病的临床诊断与其他疾病相似，多以群体为单位进行大群动物的逐头检查。畜群过大时可抽查其中的部分动物。检查中发现可疑病畜或怀疑某种寄生虫病时，随时采取相关病料进行实验室诊断。

三、寄生虫学剖检诊断

寄生虫学剖检是诊断寄生虫病可靠而常用的方法。通过剖检可以确定寄生虫种类和感染强度，明确寄生虫对宿主的危害程度，尤其适合于群体寄生虫病的诊断。剖检时可采用自然死亡的动物、急宰的患病动物或屠宰动物。

寄生虫学剖检除用于诊断外，还用于寄生虫区系调查和动物驱虫效果的评定。一般采用全身各组织器官的全面系统检查，有时也可根据需要，如专门为了解某器官的寄生虫感染状况，而检查一个或几个器官。

四、实验室病原检查

在流行病学调查和临床检查的基础上，通过对各种病料的检查来发现寄生虫的病原体，这是诊断寄生虫病的重要手段。

实验室病原检查的方法很多，不同的寄生虫，采取的病料不同。主要检验方法如下。

(1)粪便检查　包括粪便的虫体检查法、虫卵检查法、毛蚴孵化法、幼虫检查法等。因为许多种寄生虫的虫卵和卵囊都随粪便排出体外，因此粪便检查是诊断寄生虫病最重要的手段之一。

(2)皮肤及其刮取物检查　此法适于螨病的实验室诊断。

(3)血液检查　用于诊断血液寄生虫病。

(4)尿液检查　如猪冠尾线虫病的实验室虫卵检查。

(5)生殖器官分泌物检查　如毛滴虫病的诊断。

其他实验室病原检查方法还包括肛门周围擦拭物检查、痰液和鼻液检查以及淋巴穿刺物检查等。必要时可进行实验动物接种，多用于上述方法不易检出病原体的某些原虫病。用采自患病动物的病料对易感实验动物进行人工接种，待虫体在其体内大量繁殖后再对实验动物进行虫体检查，如对伊氏锥虫病和弓形虫病的实验室诊断可采用此法。

五、治疗性诊断

针对寄生虫病的可疑病畜，用对该寄生虫病的特效药物进行驱虫或治疗而进行诊断的方法。该法适用于生前不能或无条件进行实验室诊断法进行诊断的寄生虫病。

(1)驱虫诊断　用特效驱虫药对疑似动物进行驱虫，收集驱虫后 3 d 内排出的粪便，肉眼观察粪便中的虫体，确定其种类和数量，以达到确诊目的。适用于绦虫病、线虫病等胃肠道寄生虫病。

(2)治疗诊断　用特效抗寄生虫药对疑似病畜进行治疗，根据治疗效果来进行诊断。治疗效果以死亡停止、症状缓解、全身状态好转以至于痊愈等表现来评定。多用于原虫病、螨病以及组织器官内蠕虫病的诊断。

六、免疫学诊断

病原学检测技术虽有确诊疾病的优点，但对早期和隐性感染，以及晚期和未治愈的患者常常出现漏诊。相反，免疫学诊断技术则可作为辅助手段来弥补这方面的不足。随着抗原纯化技术的进步、诊断方法准确性的提高和标准化的解决，使得免疫学诊断技术更加广泛地应用于寄生虫病的临床诊断、疗效考核以及流行病学调查，几乎所有的免疫学方法均可用于寄生虫病的诊断。常用的免疫学诊断方法有：环卵沉淀试验(COPT)、间接红细胞凝集试验(IHA)、酶联免疫吸附试验(ELISA)、间接荧光抗体试验(IFAT)、乳胶凝集试验(LAT)、免疫印迹技术(IBT)(又称 Western 印迹试验)、免疫层析技术(ICT)等。

七、分子生物学诊断

分子生物学诊断技术即基因和核酸诊断技术，在寄生虫病的诊断中显示了高度的敏感性和特异性，同时具有早期诊断和确定现症感染等优点。本项技术主要包括 DNA 探针(DNA probe)和聚合酶链式反应(polymerase chain reaction，PCR)两种技术。目前，PCR 技术多用于寄生虫病的基因诊断、分子流行病学研究和种株鉴定分析等领域。已应用的虫种包括利什曼原虫、疟原虫、弓形虫、阿米巴原虫、巴贝氏虫、旋毛虫、锥虫、隐孢子虫、猪带绦虫和丝虫等。

任务三　动物寄生虫病综合防制

寄生虫病的防制必须贯彻“预防为主，防重于治”的方针，依据寄生虫的发育史、流行病学与生态学特性等资料，采取各种预防、控制和治疗的综合措施，达到控制寄生虫病发生和流行的目的。

一、控制和消灭感染源

1. 动物驱虫

驱虫是综合防制中的重要环节，通常是用药物杀灭或驱除寄生虫。根据驱虫目的的不同，可分为治疗性驱虫和预防性驱虫两类。

(1)治疗性驱虫(也称紧急性驱虫)　即发现患病动物,及时用药治疗,驱除或杀灭寄生于动物体内或体外的寄生虫。这有助于患病动物恢复健康,同时还可以防止病原散播,减少环境污染。

(2)预防性驱虫(也称计划性驱虫)　根据各种寄生虫的生长发育规律,有计划地进行定期驱虫。对于蠕虫病,可选择虫体进入动物体内但尚未发育到性成熟阶段时进行驱虫,这样既能减轻寄生虫对动物的损害,又能防止外界环境被污染。

无论治疗性驱虫还是预防性驱虫,驱虫后,均应及时收集排出的虫体和粪便进行无害化处理,防止病原散播。

在组织大规模驱虫工作时,应先选小群动物做药效及药物安全性试验。尽量选用广谱、高效、低毒、价廉、使用方便、适口性好的驱虫药。

2. 粪便生物热除虫

也称为粪便的堆积发酵处理。许多寄生在消化道、呼吸道、肝脏、胰腺以及肠系膜血管中的寄生虫,在其繁殖过程中将大量的虫卵、幼虫或卵囊随粪便排出体外,在外界发育到感染期。杀灭粪中寄生虫病原最简单最有效的方法是粪便的堆积发酵处理,因为这些病原体往往对一般的化学消毒药具有强大的抵抗力,但对高温和干燥敏感,在 50～60 ℃温度下足以被杀死,而粪便经 10～20 d 的堆积发酵后,粪堆中的温度可达 60～70 ℃,几乎可以完全杀死粪堆中的病原体。

3. 加强卫生检验

许多肉类、水产品等食物携带有寄生虫病原体。不良的饮食习惯会造成病原体进入人体,而使人感染食源性寄生虫病,如华支睾吸虫病、颚口线虫病、并殖吸虫病、广州管圆线虫病、猪带绦虫病、牛带绦虫病、旋毛虫病、弓形虫病、曼氏迭宫绦虫病、肝片吸虫病、姜片吸虫病等。加强对肉类、鱼类等食品的卫生检疫工作;加强对患病动物器官和胴体的处理;改变人类生食或半生食肉类以及淡水鱼、虾、蟹等的不良饮食习惯,加强宣传教育等,对公共卫生具有重大意义。

4. 对保虫宿主的处理

某些寄生虫病的流行,与犬、猫、野生动物以及鼠类等关系密切,特别是弓形虫病、肉孢子虫病、利什曼原虫病、贝诺孢子虫病、华支睾吸虫病、裂头蚴病、棘球蚴病、细颈囊尾蚴病、旋毛虫病等,其中有许多是重要的人兽共患病。因此,应加强对犬、猫的管理,大型工厂化和集约化养殖场严禁养猫、犬;城市和农村限制养犬,牧区控制饲养量,对饲养的猫、犬定期检查,及时治疗和驱虫,其粪便深埋或烧毁。对野生动物,可在其活动场所放置驱虫食饵。老鼠是许多寄生虫病的中间宿主和带虫者,在自然疫源地中起着感染源的作用,应搞好灭鼠工作。

二、切断传播途径

1. 轮牧

轮牧是牧区草地除虫的最好措施。放牧过程中动物粪便污染草地,在其病原还未发育到感染期时将动物转移至新草地,旧草地上感染性虫卵或幼虫等经一定时期后未能感染动物则自行死亡,草地自行净化,从而避免动物感染。轮牧的间隔时间视不同地区、不同季节以及不同寄生虫而定。

2. 合理的饲养方式

随着畜牧业生产的工厂化和集约化,必须改变传统落后的饲养模式,建立新的先进的有利于疾病防制的养殖技术。如根据实际需要,将散养改为圈养,放牧改为舍饲,平养改为笼养等。以减少寄生虫的感染机会。

3. 消灭中间宿主和传播媒介

中间宿主和传播媒介包括经济意义较小的螺、蝲蛄、剑水蚤、蝇、蜱以及吸血昆虫等无脊椎动物。对生物源性的寄生虫病,消灭中间宿主和传播媒介可阻止寄生虫的发育,起到消除感染源和切断感染途径的双重作用,其主要措施如下。

(1)物理法　主要是通过排水、交替升降水位、烧荒和疏通沟渠等方法改造生态环境,使中间宿主和传播媒介失去其必需的栖息环境。

(2)化学法　在中间宿主和传播媒介的栖息场所,使用杀虫剂、灭螺剂等,但必须要注意对环境的污染以及对有益生物的危害。

(3)生物法　利用养殖其捕食者来消灭中间宿主和传播媒介。如养殖可灭螺的水禽、养殖捕食孑孓的柳条鱼、花鳉等。

(4)生物工程法　培育雄性不育节肢动物,使之与雌性交配后产出不发育卵而减少其种群数量。国外已成功用该法来防制丽蝇和按蚊。

三、免疫接种

随着寄生虫耐药虫株的出现以及消费者对畜禽产品药物残留问题的担忧和环境保护意识的增强,研制疫苗防制寄生虫病已成大势所趋。寄生虫虫苗可分为五类,即弱毒活疫苗、排泄物-分泌物抗原疫苗、基因工程疫苗、化学合成疫苗和基因疫苗。目前,国内外已成功研制或正在研制的疫苗有:预防牛羊肺线虫病、捻转血矛线虫病、奥斯特线虫病、毛圆线虫病、泰勒虫病、旋毛虫病、弓形虫病、鸡球虫病、疟原虫病、巴贝斯虫病、片形吸虫病、囊尾蚴病和棘球蚴病以及外寄生虫(吸血蝇、毛虱、蜱、螨)病等的疫苗。

四、加强饲养管理

1. 科学饲养

实行科学化养殖,饲喂全价、优质饲料,使动物获得足够的营养,保障机体有坚强的抵抗力,防止寄生虫侵入,或阻止侵入寄生虫的继续发育,甚至将其包埋或致死,使感染维持在最低水平,机体与寄生虫之间处于暂时相对平衡状态,制止寄生虫病的发生。同时减少各种应激因素,使动物有一个利于健康的生活环境。

2. 卫生管理

包括饲料、饮水和畜舍的卫生管理。防止饲料和饮水被污染;禁止在潮湿的低洼地带放牧或收割饲草,必要时晒干或存放 3～6 个月后再利用;禁止饮用不流动的浅水,最好饮用井水、自来水或流动的江河水;畜舍保持干燥,光线充足,通风良好,饲养密度要适宜,避免过于拥挤;畜舍及运动场保持清洁干燥,经常清除粪便等垃圾并进行发酵处理。

3. 保护幼畜

一般成年动物对寄生虫感染的抵抗力大,不易感染,即使感染也会发病较轻或不发病,但往往是重要的传染源。而幼龄动物抵抗力弱,容易感染且发病严重,死亡率高。因此幼龄动物和成年动物应分群隔离饲养,以减少幼龄动物被感染的机会。

知识链接

食源性寄生虫病有哪些？

食源性寄生虫感染的主要食物是蔬菜、鱼、肉等。按寄生虫污染食品的种类不同，分为肉源性寄生虫、水生动物源性寄生虫、水生植物源性寄生虫和蔬菜水果源性寄生虫等。

肉源性寄生虫：常寄生于畜肉中。热衷于吃生的或通过烧、烤、涮等做法吃带血或未煮熟的猪、牛、羊、鸡、鸭、兔肉和野生动物的人容易感染肉源性寄生虫病，如猪带绦虫病、牛带绦虫病、旋毛虫病、肉孢子虫病、弓形虫病、裂头蚴病、线中殖孔绦虫病、异形吸虫病、棘口吸虫病等。

水生动物源性寄生虫：到目前为止，已知30余种食源性寄生虫病的感染与吃生鱼片、鱼生粥、醉虾蟹和螺、蝲蛄酱或其他未经彻底加热煮熟的水生动物有关。如肝片吸虫病、异形吸虫病、棘口吸虫病、棘颚口线虫病、肾膨结线虫病、异尖线虫病、阔节裂头绦虫病、广州管圆线虫病、比翼线虫病等。

水生植物源性寄生虫：生吃或吃未彻底加热的水生植物或者喝生水容易感染片形吸虫病、姜片吸虫病、曼氏裂头蚴病等。

复习思考题

一、名词解释

寄生虫区系、自然疫源地、疫源性寄生虫病、预防性驱虫。

二、简答题

1. 寄生虫病的危害有哪些？
2. 什么叫寄生虫病的流行病学？包括哪些内容？
3. 举例说明寄生虫病的感染途径有哪些？
4. 根据流行病学的内容，请设计一份动物寄生虫病的流行病学调查表。
5. 寄生虫病的综合防制措施包括哪些方面？

项目三 寄生虫检查常规技术

◆ **参考学时** 4 学时。

◆ **知识目标**

1. 掌握寄生虫粪便检查、螨病诊断、原虫病诊断、免疫学诊断、蠕虫学剖检技术、驱虫技术等。
2. 了解常见蠕虫卵的基本形态。
3. 了解免疫学在寄生虫病诊断上的应用。

◆ **能力目标**

1. 掌握常规寄生虫病的检查技术。
2. 灵活运用寄生虫检查技术，培养综合分析和诊断疾病的能力。

任务一 粪便寄生虫检查技术

寄生虫学粪便检查是寄生虫病，特别是蠕虫病生前诊断的重要方法，具有非常重要的意义，因为大多数的寄生性蠕虫是寄生在消化道内，它们的卵、节片、幼虫或成虫是随宿主粪便排至外界的。

这些方法不仅对寄生于消化道的蠕虫有诊断价值，而且对寄生于肝、胰的蠕虫（它们的卵也排至宿主肠腔）和寄生于呼吸系统的蠕虫（卵和幼虫随痰被咽入宿主的消化道）也有诊断价值。而且在禽类，还能从粪便中发现输卵管和泌尿系统寄生虫的虫卵。

一、粪样采集及保存方法

粪便检查，必须采集新鲜而未被尿液等污染的粪便，最好是在排粪后立即采取没有接触地面的部分，盛于洁净容器内。必要时，对大家畜可由直肠直接采取，其他家畜可用50%甘油或生理盐水灌肠采粪。

采集粪样，大家畜一般不少于 60 g，并应从粪便的内外两层采取。

采取的粪样，最好立即送检，如当天不能检查，应放在阴凉处或冰箱内（应不超过 5 ℃），但不宜加防腐剂。如需转寄到异地检查时，可浸于等量的 5%～10%甲醛液或石炭酸中。但是，这仅能阻止大多数蠕虫卵的发育及幼虫从卵内孵出，而不能阻止少数几种蠕虫卵的发育。为了完全阻止虫卵的发育，可把浸于 5%甲醛液中的粪便加热到 50～60 ℃，此时，虫卵即失去了生命力（将粪便固定于 25%的甲醛液中也可以取得同样的效果）。

二、虫体及虫卵简易检查法

1. 虫体检查法

动物粪便中的节片或虫体，其中较大者，肉眼很易发现，但对较小的虫体，应先将粪便收集到一个大的玻璃容器内，加普通水 5～10 倍，搅拌粪便使球粪碎裂并与水充分混合均匀，静置 20～30 min，倒去上面的液体，再加水，反复搅拌沉淀，待上部液体透明时，最后倒去上部液体。将沉渣倒入大平皿内，衬以暗色背景，用玻璃棒将沉渣展开，用肉眼先检查一遍，再借助放大镜或实体显微镜检查，以确保结论的准确性。

2. 直接涂片虫卵检查法

粪便检查时可发现各种动物虫卵及球虫卵囊。直接涂片检查是最简便和最常用的虫卵检查法，但因其检查粪便量过少，虽能检出各种虫卵和幼虫，但检出率很低，因此只能作为辅助的检查方法。为使检查效果尽量准确，要求每个粪样必须做 3 张涂片。

在清洁的载片上滴少许 50%的甘油水溶液，再放少量的被检粪便，然后用火柴杆或牙签等加以搅拌，去掉粪便中硬固的渣子，使载片上留有一层均匀的分野，涂片的厚薄以在涂片的下面可以见到书报上字迹为宜，盖上盖玻片，置于显微镜下观察。检查时应有顺序地将盖片下的所有部分均检查到。

三、沉淀法

此法主要适用于吸虫和个别线虫（如猪后圆线虫）虫卵的检查。由于这些虫卵的相对密度较大，不易用漂浮法检出，采用沉淀法可以得到满意的结果。沉淀法又分为自然沉淀法和离心沉淀法。

1. 自然沉淀法

取 5～10 g 被检粪便放在烧杯内，先加少量清水，用玻璃棒将粪块打碎与水混匀，再加 5 倍量清水，并充分混匀；然后将粪液通过 40～60 目的铜筛（或两层纱布）滤过在另一清洁的烧杯内，用适量的清水涮洗烧杯，将涮洗液经铜筛过滤，最后用水把杯子加满、静置，经 10～15 min，将上清液倒去，再加入清水，这样反复 3～5 次，直到上部液体透明为止。倒掉上清液，保留沉淀物。用胶头滴管吸取沉淀物滴于载玻片上一滴，盖上盖片，置于生物显微镜下检查。也可将沉淀物倒在平皿或大片的玻璃板上，置于实体显微镜下观察。

2. 离心沉淀法

取自然沉淀法铜筛过滤的粪水，用离心机（约 2 500 r/min）离心 1～2 min，取出倾去离心管上清液，再加水搅拌，离心，这样反复 3 次，上部液体达到透明，倒掉上清液，保留沉淀物，然后镜检。此法能节省时间，提高检查效果。

四、漂浮法

此法又叫饱和食盐水浮集法，主要适用于各种线虫卵、绦虫卵及某些原虫卵囊的检查，因为这些虫卵的密度比常水略大，但都小于饱和食盐水，因此利用本法容易检出，但对吸虫卵、后圆线虫卵和棘头虫卵效果差。

最常用的漂浮液是饱和食盐水，其制法是将食盐加入沸水中，直至不再溶解生成沉淀为止（1 000 mL 水中约加入 400 g 食盐），用 4 层纱布过滤后，冷却后备用。用时以密度计测量其相对密度在 1.18 以上即合乎要求。

方法是取 5～10 g 粪便，放于烧杯中，先加少量的饱和食盐水，用玻璃棒将粪样捣碎，与食盐水混匀，然后再加入 100～200 mL 饱和食盐水并用玻璃棒充分搅匀，用 40～60 目的铜筛（或两层纱布）将粪液滤过于另一干净的烧杯内，弃去粪渣，将滤液倒入小瓶或试管中至满而不溢出为好，静置 30 min，这时比饱和食盐水轻的虫卵就浮集在液体表面。用载玻片蘸取液面，翻转载玻片，盖上盖玻片，置于显微镜下镜检。

为了提高检出效果，还可以用次亚硫酸钠（1 L 水中溶解 1 750 g 次亚硫酸钠，相对密度在 1.4 左右）、硝酸钠（1 L 水中溶解 1 000 g 硝酸钠）或硫酸镁（1 L 水中溶解 920.0 g 硫酸镁）等饱和液代替饱和食盐水。

五、虫卵计数法

虫卵计数法主要用于了解畜禽感染寄生虫的强度及判断驱虫的效果。方法有多种，这里仅介绍三种常用的计数方法。

1. 简易计数法

该法只适用于线虫卵和球虫卵囊的计数。取新鲜的粪便 1 g 置于小烧杯中，加 10 倍量水搅拌混合，用金属筛或纱布滤入离心管或试管中，静置 30～60 min（或离心沉淀 2～3 min）后弃去上层液体，再加饱和食盐水。混合均匀后用滴管滴加食盐水到管口，然后管口覆盖 22 mm×22 mm 的盖片。经 30 min 取下盖片，放在载玻片上镜检。分别计算各种线虫卵的数量。每份粪便用同样方法检查 3 片，其总和为 1 g 粪便的虫卵数。

2. 麦克马斯特氏法

麦克马斯特氏计数板是由两片载玻片组成，其中一片较另一片窄一些（便于加液）。在较窄的玻片上有 1 cm 见方的刻度区 2 个，每个正方形刻度区中又平分为 5 个长方格。另有厚度为 1.5 mm 的几个玻璃条垫于 2 个载玻片之间，以树脂胶黏合。这样就形成了 2 个计数室，每个计数室的容积为 0.15 mL（0.15 cm^3）（图 3-1）。

操作方法：取 2 g 被检粪便，放入装有玻璃珠的 150 mL 三角瓶内，加入饱和食盐水 58 mL 充分振荡混匀，通过 40～60 目的粪筛过滤，然后将滤液边摇晃边用吸管吸出少量滴入计数室内，置于显微镜载物台上，静置 2～3 min 后，用 40 倍物镜将 2 个计数室内见到的虫卵全部数完，取平均值，再乘以 200，即为每克粪便中的虫卵数（EPG）。

3. 斯陶尔氏法

用小的特制球状烧瓶，在瓶的下颈部有两个刻度，下面为 56 mL，上面为 60 mL（没有这种球状烧瓶，可用大的试管或小三角烧杯代替，但须事先标好上述两个刻度）。计数时，先加入 0.1 mol/L（或 4%）NaOH 溶液至 56 mL 处，再徐徐加入捣碎的粪便，使液面达 60 mL 处为止

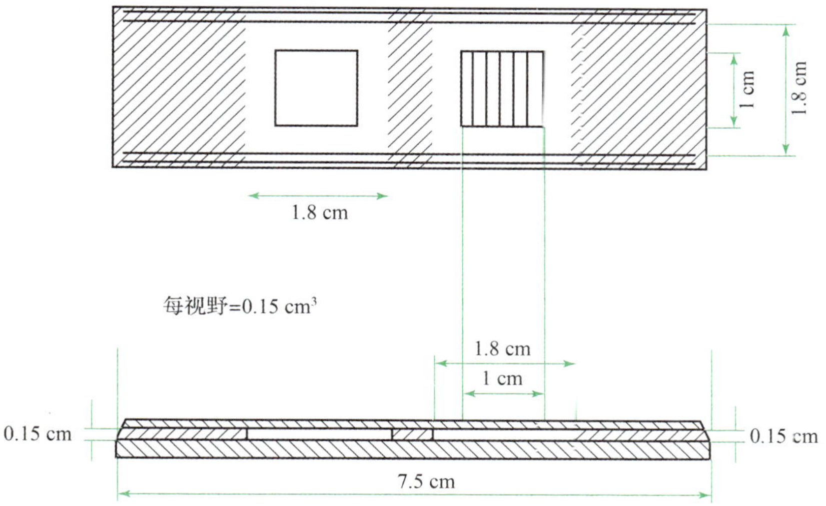

图 3-1　麦克马斯特氏计数板示意图
(引自索勋、杨晓野,高级寄生虫实验指导,中国农业科学技术出版社,2005)

(大约加进 4 g 粪便)。然后加入十几个小玻璃球,充分振荡,使呈细致均匀的粪悬液,过滤后,用吸管吸取过滤液 0.15 mL 置于载玻片上,盖上 22 mm×4 mm 的盖玻片镜检计数(没有大盖片,可用若干张小盖片代替;或将 0.15 mL 粪液滴于 2～3 张载片上,分别进行计数后,再加起来也可)。所见虫卵总数乘以 100,即为每克粪便中的虫卵数(图 3-2)。

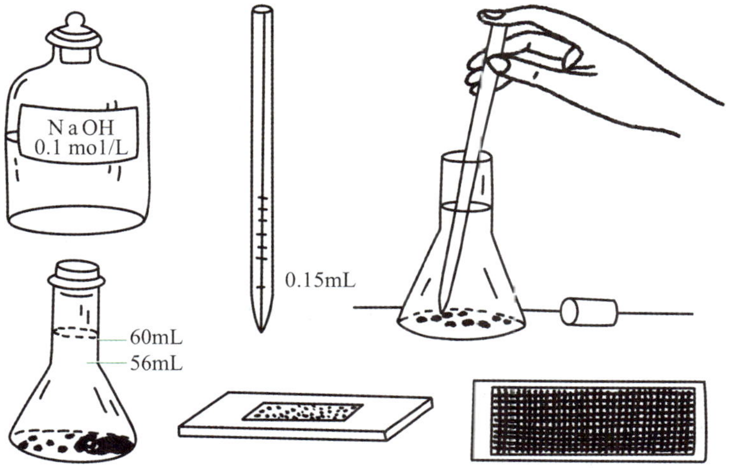

图 3-2　斯陶尔氏法示意图
(引自索勋、杨晓野,高级寄生虫实验指导,中国农业科学技术出版社,2005)

注意:做虫卵计数时,所取粪便应无任何杂物,如沙土、草根等;操作过程中,粪便必须彻底研碎,混合均匀;用吸管吸取粪液时,必须摇匀粪液,在一定深度吸取;采用麦克马斯特氏法计数时,必须调好显微镜焦距(计数室刻度线条必须看到);虫卵计数时,不能漏掉和重复。

没有计数板或特制球状烧瓶时,也可以用漂浮法或沉淀法来进行虫卵计数。即称取一定量粪便(1～5 g),加入适量(10 倍量)的漂浮液或水后,进行过滤,然后漂浮或进行反复水洗沉淀，最后用盖玻片蘸取表面漂浮液或吸取沉渣，进行镜检，计数虫卵。反复进行，直到不再发现虫卵或沉渣全部看完为止。将见到的虫卵总数除以粪便克数，即为每克粪便虫卵数。

为了取得准确的虫卵计数结果，最好在每天的早、中、晚各检查 1 次，并连续检查 3 d，然后取其平均值。这样就可以避免寄生虫在每昼夜间的排卵不平衡的影响。将每克粪便虫卵数乘以 24 h 粪便的总重量，即是每天所排虫卵的总数，再将此总数除以已知成虫每天排卵数，即可得出雌虫的大约寄生数量。如寄生虫是雌雄异体的，则将上述雌虫数再乘以 2，便可得出雌雄成虫寄生总数。

由于粪中虫卵的数目与宿主机体状况、寄生虫的成熟程度、雌虫数目及排卵周期、粪便性状（干湿）、是否经过驱虫及其他多种因素有关，所以虫卵计数只能是对寄生虫感染程度的一个大致推断。

六、毛蚴孵化法

毛蚴孵化法是诊断日本分体吸虫病的一种常用方法，其原理是将含有日本分体吸虫虫卵的粪便置于适宜的温度条件下，很容易孵出毛蚴。所以在夏秋季节，可以由动物直肠内采取新鲜粪便，进行孵化，等毛蚴从虫卵内孵出来后，借着蚴虫向上、向光、向清的特性，进行观察，对畜禽做出确切的诊断。方法有多种，如常规孵化法、棉析毛蚴孵化法、湿育孵化法、塑料杯顶管孵化法等。这里只介绍其中两种方法。

1. 常规沉孵法（又称沉淀孵化法或沉孵法）

取粪便 100 g，放入 500 mL 的烧杯中，加适量的水调成糊状，然后加水至 300～400 mL，搅拌均匀，通过 40～60 目的粪筛过滤到另一个烧杯内，加水至九成满，静置沉淀，约 20 min 之后将上清液倒掉，再加清水搅匀，沉淀。如此反复 3～4 次，见上清液清亮为止。最后，弃去上清液，将上述反复清洗后的沉淀粪渣加 30 ℃ 的温水置于三角烧杯中，杯内的水量以至杯口 2 cm 处为宜，且使玻璃管中必须有一段露出的水柱，瓶口用中央插有玻璃管的胶塞塞上，开始孵化。夏季可在室温内，冬季要放入 27 ℃左右的温箱中孵化。0.5 h 后开始观察水柱内是否有毛蚴；如没有，以后每隔 1 h 观察一次。直到发现毛蚴，即可停止观察。

毛蚴似针尖大小的白色虫体，在水面下方 4 cm 以内的水中做快速平行直线运动，或沿管壁绕行。不明显时，可用胶头吸管吸取液体涂片在显微镜下观察。有时混有纤毛虫，其色彩也为白色，需加以区别。小型纤毛虫呈不规则螺旋形运动或短距离摇摆；大型纤毛虫（呈透明的片状）呈波浪式或翻转运动。

2. 棉析毛蚴孵化法（简称棉析法）

取粪便 50 g，经反复漂洗后（不淘洗也可），将粪渣放入 300 mL 的平底孵化瓶中，灌注 25 ℃ 的清水至瓶颈下部，在液面上方塞一薄层脱脂棉，大小以塞住瓶颈下部不浮动为宜，再缓慢加入 20 ℃ 清水至距离瓶口1～3 mm 处。如棉层上面水中有粪便浮动，可将这部分水吸去再加清水，然后进行孵化（图 3-3）。

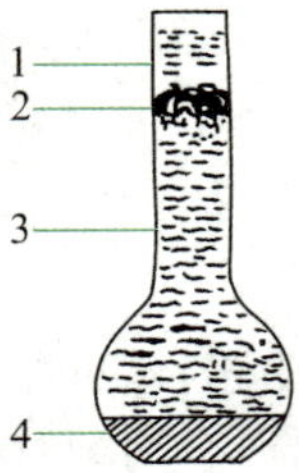

图 3-3　棉析法毛蚴孵化法装置示意图

1. 水平面　2. 棉花
3. 浊水层　4. 粪渣

这种方法的优点是粪便只需简单淘洗或不淘洗，直接装瓶孵化，毛蚴出现后可集中在棉花上层有限的清水水域中，可和下层混浊的粪液隔开，因而便于毛蚴的观察。

注意被检粪便一定要新鲜，不能触地污染；洗粪容器要足够大，免得增加换水次数，影响毛蚴早期孵出；换水时要一次倒完，避免沉淀物翻动。如有翻动，需等沉淀后再换水；所有用具，应清洗后经煮沸消毒后，方可再用。另外，进行大批检查时，需做好登记，附好标签，以免混乱。

七、测微技术

显微镜测微器是在光学显微镜下测量细菌、细胞、寄生虫卵、幼虫、某些成虫、原虫等大小的仪器。它由两部分组成：一是目镜测微尺，二是物镜测微尺。目镜测微尺为一圆形小玻璃片，使用时装在目镜里。它的中央刻有 100 等分的小格，每 5 个和 10 个小格之间有一略长线或长线相隔。这些小格在镜下并没有绝对长度的意义，是随着目镜和物镜倍数的不同和镜筒的长短而变化的。因此，在测量前需用物镜测微尺在各种不同放大倍数的目镜和物镜的搭配下测出目镜测微尺每一刻度的绝对值。物镜测微尺为一个特制的载玻片，其中央有一黑圈（或是一个圆玻璃片，上有黑圈），在圈的中间有一长为 1 mm 横线，被平均分成 100 个格，每 5 格和 10 格之间有一稍长线或长线相隔。每格为 0.01 mm 或 10 μm，这是绝对长度。

使用时，将目镜测微尺放于目镜筒内，物镜测微尺放在载物台上。然后用低倍镜调节焦距，使目镜测微尺和物镜测微尺的零点对齐，再寻找目镜测微尺和物镜测微尺较远端的另一重合线，算出目镜测微尺的几格相当于物镜测微尺的几格，从而计算出目镜测微尺上每格的长度，以后测量时，只用目镜测微尺量度就可以了。为了便于计算，可将目镜测微尺在固定显微镜和固定倍数物镜下的 0～9 格的长度事先计算好，记录下来，具体测量时，一查便知。

注意这样测出的目镜测微尺每格的长度只适用于一定的显微镜，一定的目镜倍数，一定的物镜倍数。更换其中任一因素，其每格的长度必须重新测量换算。此外，如需要用油镜时，必须在物镜测微尺上加盖玻片后再测量，以免损坏格线。

在没有物镜测微尺时，可以用血球计数板代替使用。以该板内 2 个小方格的长度为准，即可按上述方法测出目镜测微尺每 1 格的长度。

用目镜测微尺测量虫卵大小时，一般是测量虫卵的最长和最宽处，圆形虫卵则是测量直径；测量幼虫和某些成虫时，是测量虫体的长度、宽度及各部构造的尺寸大小；虫体弯曲时，可通过旋转目镜测微尺的办法，来进行分段测量，最后将数据加起来即可（图 3-4）。

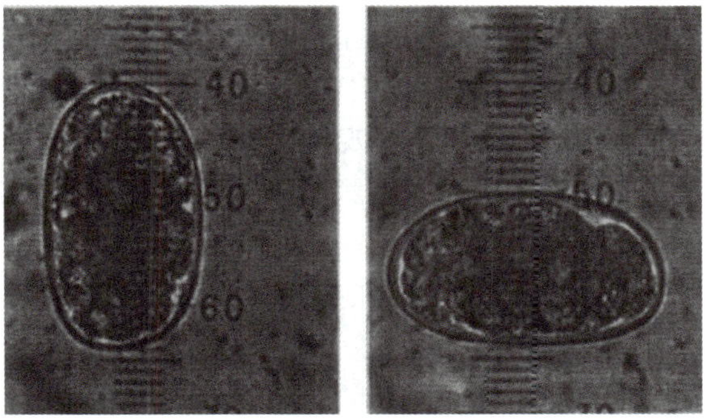

图 3-4　测微尺测量虫卵示意图

（引自秦建华、李国清，动物寄生虫病学实验教程，中国农业大学出版社，2005）

八、幼虫分离法

本法又称为贝尔曼氏法，主要用于生前诊断一些肺线虫病，即从粪便中分离肺线虫的幼虫，建立生前诊断；也可用于从粪便培养物中分离第三期幼虫或从被剖检畜禽的某些组织中分离幼虫。

操作方法：用贝尔曼氏装置进行（图 3-5）。即用一根乳胶管两端分别连接漏斗和小试管，然后置于漏斗架上，通过漏斗加入 40 ℃的温水，水量约达到漏斗中部（温水必须充满整个小试管和乳胶管，并使其浸没被检材料，使水不致流出为止，中间不得有气泡或空隙）。之后在漏斗内放上有被检粪便的粪筛。静置 1 h 后，拿下小试管，用吸管吸去上清液，吸取管底沉淀物，进行镜检。为了详细地观察虫体的形态，必须使虫体静止不动。为此，可将放有沉淀物的载玻片在酒精灯火焰上迅速往返 3～4 次，使幼虫达到不死不动的状态观察最为适宜。

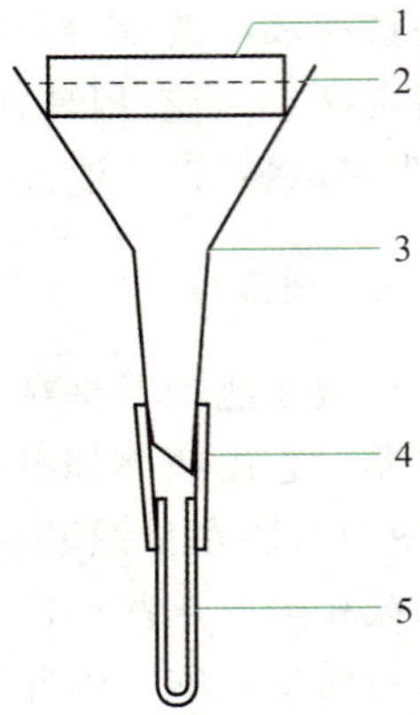

图 3-5　贝尔曼氏装置示意图

1. 铜丝网筛　2. 水平面
3. 玻璃漏斗　4. 乳胶管
5. 小试管

也可以用简单的方法来分离幼虫；即取粪球 3～10 个（注意此时则将完整粪球放入，不必弄碎，以免渣子落入小试管底部，镜检时不易观察），置于放有少量热水（不超过 40 ℃）的平皿内，经 10～15 min 后，取出粪球，吸取皿内的液体，在显微镜下检查幼虫。

九、幼虫培养法

寄生于畜禽消化道的线虫，有许多种虫卵的大小及外形都十分相似，因而在鉴别时极为困难。要想达到确切诊断的目的，要运用实验室诊断手段，常用的方法是虫卵培养，使被检粪便中寄生性线虫的虫卵孵化、发育并达到第三期幼虫阶段，然后镜检诊断。根据这些幼虫的形态特征进行种类的鉴别。另外，做人工寄生性线虫感染试验时，也要用到幼虫培养技术。

幼虫培养的方法很多，这里仅介绍最简单的一种。即：取新鲜粪便若干，弄碎置于培氏皿中央堆成半球状，顶部略高出，然后在培氏皿内边缘加水少许（如粪便稀可不必加水），加盖盖好使粪与培氏皿接触。放入 25～30 ℃的温箱内培养（夏天放置室内亦可）。每日观察粪便是否干燥，要保持适宜的湿度，经 7～15 d，第三期幼虫即可出现（Egg－L_1－L_2－L_3），它们从粪便中出来，爬到培氏皿的盖上或四周。这时，实验者可用胶头吸管吸上生理盐水把幼虫冲洗下来，滴在载玻片上覆以盖片，在显微镜下进行观察。在观察幼虫时，如幼虫运动活跃，不易看清，这时可将载玻片通过酒精灯火焰或加碘液将幼虫杀死后，再做仔细观察。

培养幼虫时如无培氏皿，可用一大一小两个平皿来代替，将小平皿（去掉盖）加上粪便放于大平皿中央，大平皿内加少许水，然后用大平皿盖盖上，即可进行培养。

也可用两个塑料杯来培养幼虫，效果更好。即先将一个塑料杯（上大下小）一截为二，较小的底部用针扎许多小孔，装满待培养粪便，上面用双层纱布蒙上，再把截下的那部分套上（大头向下），使纱布绷紧；然后在另一个塑料杯内加少量水，把需培养的粪便杯套在该杯上（纱布面朝下），外面套上塑料袋进行培养即可。培养好后，用幼虫分离法分离幼虫。即把装粪便的小杯放在分离装置的漏斗上（用三角量筒也可），同时把塑料杯内的水也倒入（用水冲洗几次）。注意在放培养物时务必小心，不要使粪便散开。

如果是为了研究某种蠕虫卵或幼虫的生物学特性，那就必须先将患畜粪便用蠕虫卵检查法或蠕虫幼虫检查法加以处理，然后将同种的虫卵或幼虫搜集在一起，放于培氏皿内，在 25～30 ℃的温箱中进行培育。培氏皿内须预先放好培养基。对于吸虫的、绦虫的、棘头虫的和大多数线虫的卵，可用水或生理盐水做培养基。最好的培养基是灭菌的粪便或粪汁，尤以后者为佳。因为用粪汁培育虫卵或幼虫时，可以直接将培育有虫卵或幼虫的平皿放于显微镜下，观察虫卵或幼虫的发育情况。粪便和粪汁的灭菌方法是 100 ℃的温度下煮沸 2 h。接种虫卵或幼虫之前，需先将粪汁用棉絮过滤。

任务二　血液原虫检查技术

血液内的寄生性原虫主要有伊氏锥虫、梨形虫（焦虫）、附红细胞体及住白细胞虫。检查血液内的原虫多在耳静脉或颈静脉采取血液。临床上最常用的是制作血液涂片，经染色、镜检来发现血浆或血细胞内的虫体。同时为了观察活虫亦可用血液压滴检查法。

一、血液涂片检查法

此方法是临床上最常用的血液原虫病的病原检查方法。采新鲜血，滴一滴于载玻片一端，以常规方法推成血片，干燥后，将少量甲醇滴于血膜上，待甲醇自然干燥后即达固定，然后用吉姆萨染液或瑞氏染液染色，用油镜检查。此种染色方法适用于各种血液原虫的检查。

二、鲜血压滴检查法

本法主要用于伊氏锥虫活虫的检查，在压滴的标本内，可以很容易观察到虫体的活泼运动。将采出的血液滴在洁净的载玻片上 1 小滴，加上等量的生理盐水与血液混合，加上盖玻片，置于显微镜载物台上，用低倍镜检查，发现有活动的虫体时，再换高倍镜检查。如在检查时气温较低，可将载片在酒精灯上稍微加温或放在手背上，可以保持虫体的活力。由于虫体未经染色，检查时最好使视野的光线稍暗一些，以便于观察虫体。

三、虫体浓集法

当动物血液内虫体较少时，临床上常用集虫法。将虫体浓集后再做相应的检查，以提高诊断的准确性。

在离心管内先加 2%柠檬酸钠生理盐水 3～4 mL，再加被检血液 6～7 mL，充分混合后，以 500 r/min 离心 5 min，使其中的大部分红细胞沉降，然后将红细胞上面的液体用胶头吸管吸至另一离心管内，并在其中补加一些生理盐水，再以 2 500 r/min 离心 8 min，即可得到沉淀物。

用此沉淀物做涂片、染色、镜检，可以较容易地查到虫体。

本法适用于对伊氏锥虫和梨形虫病的检查，其原理是伊氏锥虫及感染有虫体的红细胞的相对密度小于正常红细胞，当第 1 次离心时，正常红细胞下降，而锥虫或感染有虫体的红细胞还浮在血浆中，在第 2 次较高速的离心后则浓集于管底。

四、淋巴结穿刺检查法

用采血针头，选取体表肿大的淋巴结进行穿刺，取其穿刺液做涂片，检查有无虫卵或幼虫，以便做出早期诊断。检查牛泰勒虫病时，就采用此方法。

任务三　体表寄生虫检查技术

蜱、螨所引起的疾病诊断是以临床症状和病原诊断为依据的，从各种病料中检出病原体是诊断的重要手段。

一、疥螨和痒螨的检查技术

疥螨（图 3-6）、痒螨（图 3-7）的个体较小，要刮取皮屑，于显微镜下寻找虫体或虫卵。

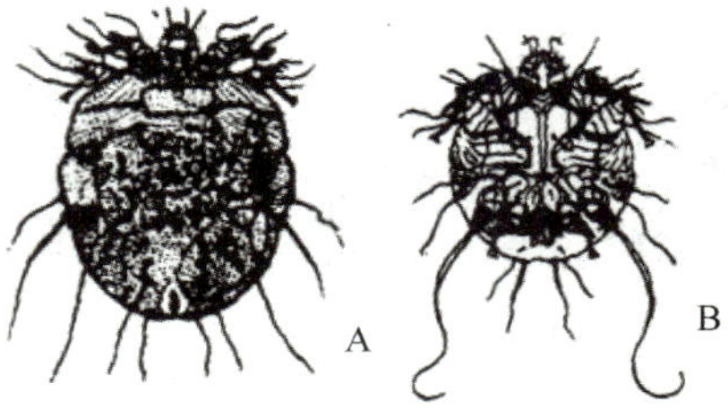

图 3-6　疥螨

A. 雌螨背面　B. 雄螨腹面

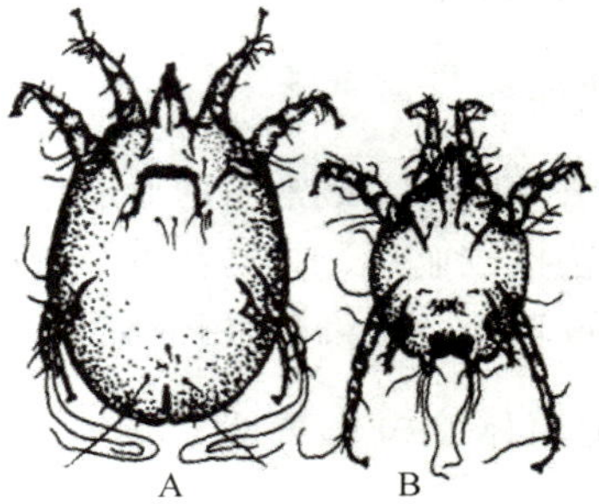

图 3-7　痒螨

A. 雌虫腹面　B. 雄虫腹面

首先详细检查病畜全身，找出所有患部，然后在新生的患部与健康部交界的地方，剪去长毛，用锐匙或外科刀在体表刮取病料，所用器械要在酒精灯上消毒后，与皮肤表面垂直，反复刮取表皮，直到稍微出血为止，此点对检查寄生于皮内的疥螨尤为重要。将刮到的病料收集到培养皿或其他容器内，取样处用碘酒消毒。

在野外进行工作时，为了避免风将刮下的皮屑吹跑，刮时可将刀子沾上甘油或甘油与水的混合液。这样可使皮屑粘在刀上。将刮取到的病料收集到容器内带回准备检查与标本制作。

1. 直接检查法

将刮下物放在黑纸上或有黑色背景的容器内，置温箱中（30～40 ℃）或用白炽灯照射一段时间，然后收集从皮屑中爬出的黄白色针尖大小的点状物在镜下检查。此法适用于体形较大的螨（如痒螨）。检查水牛痒螨时，可把水牛牵到阳光下，揭去“油漆起泡”状的痂皮，即可看到淡黄白色的鼓皮样缓慢爬动的痒螨。还可以把刮取的皮屑握在手里，不久会有虫体爬动的感觉。

2. 显微镜下直接检查法

将刮下的皮屑，放于载玻片上，滴加 50% 甘油溶液 1 滴，再覆盖上一张载玻片搓压，使病料散开，置显微镜下检查。

3. 虫体浓集法

为了在较多的病料中，检出其中较少的虫体，可采用浓集法提高检出率。

先取较多的病料，置于试管中，加入10%氢氧化钠溶液。浸泡过夜（如急需检查可在酒精灯上煮数分钟），使皮屑溶解，虫体自皮屑中分离出来。而后待其自然沉淀（或以 2 000 r/min 的速度离心沉淀 5 min），虫体即沉于管底，弃去上层液体，吸取沉渣镜检。

也可取病料加热溶解离心后，倒去上清液体，再加入60%硫代硫酸钠溶液，充分混匀后再以 2 000 r/min 的速度离心沉淀 2～3 min，螨虫即漂浮于液面，用金属圈蘸取表面薄膜，抖落于载玻片上，加盖玻片镜检。

4. 温水检查法

用幼虫分离法装置，将刮取物放在盛有 40 ℃左右温水的漏斗上的铜筛中，经 0.5～1 h，由于温热作用，螨从痂皮中爬出，集成小团沉于管底，取沉淀物进行检查。

也可将病料浸入 40～45 ℃的温水里，置恒温箱中 1～2 h 后，将其倾倒在玻璃上，解剖镜下检查。活螨在温热的作用下，由皮屑内爬出，集结成团，沉于水底部。

5. 培养皿内加温法

将刮取到的干的病料，放于培养皿内，加盖。将培养皿放于盛有 40～45 ℃温水的杯上，经 10～15 min 后，将皿翻转，则虫体与少量皮屑贴附于皿底，大量皮屑则落于皿盖上，取皿底检查。可以反复进行如上操作。该方法可收集到与皮屑分离的干净虫体，供观察和制作封片标本之用。

二、蠕形螨的检查技术

蠕形螨（图 3-8）寄生在毛囊内，检查时要先在动物四肢的外侧和腹部两侧、背部、眼眶四周、颊部和鼻部的皮肤上按摩，看是否有砂粒样或黄豆大的结节。如有，用小刀切开挤压，看到有脓性分泌物或淡黄色干酪样团块时，则可将其挤出，放在载玻片上，滴加生理盐水 1～2 滴，均匀涂成薄片，盖上盖玻片，在显微镜下进行观察。

三、蜱的检查技术

在畜禽体表，常有蜱类寄生，尤其是放牧的牛、羊。蜱（图 3-9）的个体较大，通过肉眼观察即可发现。在检查发现后用手或小镊子捏取，或将附有虫体的羽或毛剪下，置于培养皿中，再仔细收集。寄生在畜体上的蜱类，常将假头埋入皮肤，如不小心拔下，则可将其口器折断而留于皮肤中，致使标本既不完整，且留在皮下的假头还会引起局部炎症。拔取时应使虫体与皮肤垂直，慢慢地拔出假头，或以煤油、乙醚或氯仿抹在蜱身上和被叮咬处，而后拔取。

四、其他体表寄生虫检查技术

1. 虱和羽虱

虱和羽虱引起的症状与螨病极相似，但不如螨病严重，特别是皮肤病变，用手触摸，没有硬的感觉。虱多寄生在动物的颈部、耳翼及胸部等避光处，眼观仔细检查体表即可发现虱或虱的卵，据此可做出诊断。禽的羽虱多寄生在翅下、颈部、肛门周围。

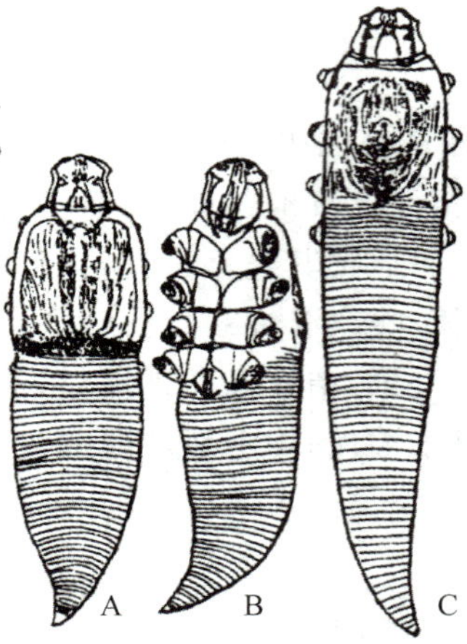

图 3-8　蠕形螨

A. 雌虫背面　B. 雌虫腹面　C. 雄虫背面

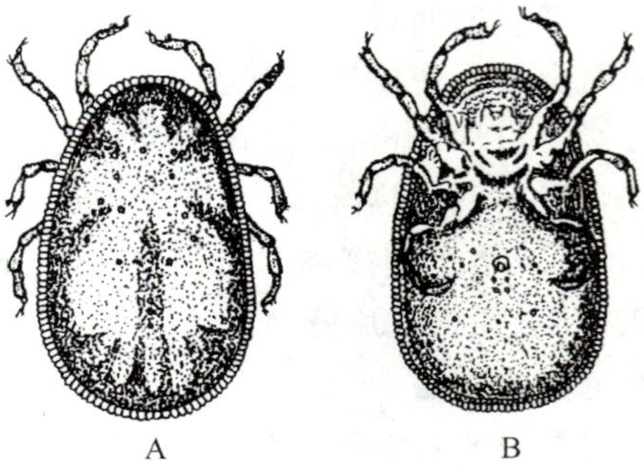

图 3-9　软蜱

A. 背面　B. 腹面

2. 蚤

确诊本病必须在动物体上发现蚤。蚤一般情况下只有在吸血时才停留在宿主身上，也有蚤长期停留在动物体被毛间，对动物进行仔细检查，可在被毛间发现蚤和蚤的碎屑，在头部、臀部和尾尖部附近较多。

3. 牛皮蝇

早期诊断比较困难，夏秋季牛被毛上存在虫卵，可为诊断提供参考。虫卵淡黄色，长圆形，大小为(0.76～0.8)mm×(0.21～0.29)mm。牛皮蝇卵单个固着于牛毛上，或成排固着于牛毛上。也可用幼虫浸出物做皮内变态反应，方法与牛结核菌素皮下变态反应基本相同。

幼虫在皮下寄生时易于诊断，在冬末和春初时，用手抚摸牛背可摸到长圆形硬结，以后可摸到核桃大肿瘤，肿瘤中间有 2～4 mm 的破孔，并可挤出幼虫。

死后剖检，可在食道和椎管下硬膜外脂肪中发现第二期幼虫，幼虫白色，长 0.3～1.3 mm。在背部皮下可发现第三期幼虫。

任务四　肌旋毛虫检查技术

由于动物感染旋毛虫病后，一般不显临床症状，故生前诊断较为困难。目前认为血清学诊断对该病具有特异、快速、灵敏和简便等优点。其检测方法很多，其中以酶联免疫吸附试验(ELISA)应用最为广泛。我国目前在某些重点疫区已采用酶联免疫吸附试验进行血清学普查。死后最可靠的方法是采用压片镜检法和消化法检查肌肉中有无旋毛虫幼虫。尤其是压片镜检法仍是目前小型屠宰场(站、点)检验旋毛虫病肉的常规方法。近年来，国内一些地区将快速 ELISA 应用于宰后鲜猪肉中旋毛虫抗体的检测，取得了良好效果。

一、压片镜检法

取胴体左右膈肌脚各一块 30～50 g 肉样，撕去肌膜，纵向拉平肉样，先目检有无微隆起的乳白色半透明或灰白色针尖样病灶，如发现，将其仔细剪下压片检查。

用剪刀在肉样正反面剪取麦粒大小肉粒（两块共 24 粒），放在旋毛虫检查压片器（两厚玻片，两端用螺丝固定）或两块载玻片上制成压片，用显微镜低倍镜观察，旋毛虫幼虫在肌纤维间呈直杆状或卷曲状，形成包囊，虫体呈卷曲状，包囊圆形或椭圆形，钙化则呈黑色团状，须加 10% 盐酸脱钙后观察。

二、消化法

消化法可提高检出率，适用于大批量检查。将一组采集的肉样，撕去腱膜、肌筋及除去脂肪，分组加入胃蛋白酶捣碎、消化，用 5% 盐酸调整 pH 至 1.6～1.8，在 38～41 ℃消化 2～5 min，过滤，沉淀，取其沉淀物在显微镜下观察。

任务五　动物寄生虫学剖检技术

根据实际工作中的要求不同，蠕虫学完全剖检术可分为寄生虫学完全剖检法、某个器官的寄生虫剖检法（如旋毛虫的调查等）和某些器官内的某一种寄生虫的剖检法（如牛血吸虫的剖检收集法）。

一、剖检前的准备工作

1. 动物的选择

对于因感染寄生虫病而需做出诊断的动物及驱虫药物试验的动物则可直接用于寄生虫学剖检。而为了查明某一地区的寄生虫区系时，动物必须选择确实在该地区生长的，并应尽可能包括不同的年龄和性别，同时瘦弱或有临床症状的动物被视为主要的调查对象。也可以采用因病死亡的家畜进行剖检。死亡时间一般不能超过 24 h（一般虫体在病畜死亡后 24～48 h 崩解消失）。

对每头用于寄生虫学剖检的动物，都应在登记表上详细填写动物种类、品种、年龄、性别、编号、营养状况、临床症状等。

2. 剖检前绝食

选定做剖检的家畜在剖检前先绝食 1～2 d，以减少胃肠内容物，便于寄生虫的检出。

3. 家畜进行剖检前应做体表检查

对家畜进行剖检前，对其体表应做认真检查和寄生虫的采集工作。观察体表的被毛和皮肤有无瘀痕、结痂、出血、皲裂、肥厚等病变，并注意对体外寄生虫（虱、虱蝇、蜱、螨、皮蝇幼虫等）的采集。

4. 家畜进行剖检前先取粪便进行虫卵检查

在进行剖检前最好先取粪便进行虫卵检查、计数，初步确定该畜体内寄生虫的寄生情况，对以后寻找虫体时会有很大的帮助。但也应注意，不要因为粪便的检查结果，而给工作者带来片面印象，忽略了在粪便中未发现虫卵的那些种类的寄生虫。

5. 剖检家畜处死方法

剖检家畜进行动脉放血处死，如利用屠宰场的屠畜可按屠宰场的常规处理，但脏器的采集必须合乎寄生虫检查的要求。

二、家畜寄生虫学剖检技术

在家畜死亡或捕杀后，首先制作血液涂片，染色镜检，观察血液中有无寄生虫，然后进行剖检。剖检程序如下。

1. 淋巴结和皮下组织的检查

按照一般解剖方法进行剥皮，并随即观察身体各部淋巴结和皮下组织有无虫体寄生。发现虫体随即采集并做记录。

2. 头部各器官的检查

头部从枕骨后方切下，首先检查头部各个部位和感觉器官，然后沿鼻中隔的左或右约0.3 cm处的矢状面纵向锯开头骨，撬开鼻中隔，进行检查。

(1)检查鼻腔鼻窦　检查鼻腔鼻窦，取出虫体，然后在水中冲洗，待沉淀后检查沉淀物。看有无羊鼻蝇蛆、水蛭(水牛)、疥癣虫、锯齿状舌形虫寄生。

(2)检查脑部和脊髓　打开脑腔和脊髓管后，先用肉眼检查有无绦虫蚴(脑多头蚴或猪囊尾蚴)、羊鼻蝇蛆寄生。再切成薄片压薄镜检，检查有无微丝蚴寄生。

(3)检查眼部　先眼观检查，再将眼睑结膜在水中刮取表层，水洗沉淀后检查沉淀物，最后剖开眼球，将眼房水收集在平皿内，在放大镜下检查是否有丝虫的幼虫、囊尾蚴、吸吮线虫寄生。

(4)检查口腔　检查唇、颊、牙齿间、舌肌有无囊尾蚴、蝇蛆、筒线虫、蛭类寄生。

3. 腹腔各脏器的检查

按照一般解剖方法剖开腹腔，首先检查脏器表面的寄生虫和病变。再逐一对各个内脏器官进行检查，然后收集腹水，沉淀后观察其中有无寄生虫寄生。

(1)消化系统检查及寄生虫采集　在结扎食道末端和直肠后，先切断食道、胃肠上相连的肝、胰脏以及肠系膜、直肠末端，取出消化系统。将消化系统所属的肝、脾、胰也一并取出；再将食道、胃(反刍动物的四个胃应分开)、小肠、大肠、盲肠分段做二重结扎后分离。胃肠内有大量的内容物，应在生理盐水中剖开，将内容物洗入液体中，然后对黏膜循序仔细检查，洗下的内容物则反复加生理盐水冲洗沉淀，待液体清澈无色为止，取沉渣在黑色的背景上进行检查。也可在沉渣中滴加碘液，使粪渣和虫体均染成棕黄色，继之以5%的硫代硫酸钠溶液脱色，但虫体着色后不脱色，仍然保持棕黄色，而粪渣和纤维均脱色，故棕色虫体易于辨认。

①食道。先检查食道的浆膜面，观察食道肌肉内有无虫体，必要时可取肌肉压片镜检，观察有无肉孢子虫(牛羊)。再剖开食道，仔细检查食道黏膜面有无寄生虫。用小刀或载玻片刮取黏膜表层，压在两块载玻片之间检查，置解剖镜下观察。应注意观察黏膜面是否有筒线虫、纹皮蝇(牛)、毛细线虫(鸽子等鸟类)、狼旋尾线虫(犬、猫)寄生。

②胃。应先检查胃壁外面。对于单胃动物，可沿胃大弯剪开，将内容物倒在指定的容器内，检出较大的虫体。然后用生理盐水将胃壁洗净，取出胃壁并刮取胃壁黏膜的表层，把刮下物放在两块玻片之间做成压片镜检。洗下物应加生理盐水，反复多次洗涤，沉淀，等液体清净透明后，分批取少量沉渣，放入大培养皿中，先后放在白色、或黑色的背景上，仔细观察并检出

所有虫体。在胃内寄生的有马的胃线虫、胃蝇蛆等，多种动物的颚口线虫和毛圆线虫等。如有肿瘤时可切开检查。

对反刍兽可以先把第一、二、三、四胃分开。检查第一胃时主要观察有无前后盘吸虫。第二、第三胃的检查方法同第一胃，但对第三胃延伸到第四胃的相连处要仔细检查。第四胃的检查方法同单胃动物胃的检查方法。注意观察是否有捻转血矛线虫、奥斯特线虫、长刺线虫、马歇尔线虫、古柏线虫等，发现虫体全部检出来。

③肠系膜。分离前先以双手提起肠管，把肠系膜充分展开，然后对着光线从十二指肠起向后依次检查，看静脉中有无虫体（血吸虫）寄生，分离后剥开淋巴结，切成小块，压片镜检。

④小肠。把小肠分为十二指肠、空肠、回肠三段，分别检查。先将每段内容物倒入指定的容器内，再将肠管剪开，然后用生理盐水洗涤肠黏膜面，仔细检出残留在上面的虫体，洗下物和沉淀物分别用反复沉淀法处理后，检查沉淀物中所有的虫体。看是否有毛圆线虫、钩虫、蛔虫、旋毛虫、同盘吸虫、华支睾吸虫、棘头虫以及寄生于各种动物的相应的绦虫、胃蝇蛆和球虫寄生。

⑤大肠。大肠分为盲肠、结肠和直肠三段，分段进行检查。在分段以前先对肠系膜淋巴结进行检查。在肠系膜附着部的对侧沿纵轴剪开肠壁，倾出内容物，以反复沉淀法检查沉淀物内寄生虫，对叮咬在肠黏膜上的寄生虫可直接采取，然后把肠壁用生理盐水洗净，仍用反复沉淀法检出洗下物中所有的虫体，对已洗净的肠黏膜面再做一次仔细检查，最后再取肠黏膜压片检查，以免遗漏虫体。

⑥肝脏。首先观察肝表面有无寄生虫结节，如有可做压片检查。然后沿总胆管剪开肝脏，检查有无寄生虫，再把肝脏自胆管的横断面切成数块，放在水中用两手挤压，或将其撕成小块，置 37 ℃温水中，待其虫体自行走出（即贝尔曼法原理）。充分水洗后，取出肝组织碎块并用反复沉淀法检查沉淀物。对有胆囊的动物要注意检查胆囊，可以先把胆囊从肝上剥离，把胆汁倾入大平皿内，加生理盐水稀释，检出所有的虫体。最后检查胆囊黏膜上有无虫体附着，也可用水冲洗，把冲洗后的水沉淀后，详细检查。

⑦胰腺。用剪刀沿胰管剪开，检查其中虫体，而后将其撕成小块，并用手挤压组织，最后在液体沉淀中寻找虫体。

⑧脾脏。检查方法与胰腺相同。

（2）泌尿系统检查及寄生虫采集　骨盆腔脏器亦以与消化系统同样的方式全部取出。先行眼观检查肾周围组织有无寄生虫。注意肾周围脂肪和输尿管壁有无肿瘤及包囊，如发现后切开检查，取出虫体。随后切取腹腔大血管，采取肾脏。剖开肾脏，先对肾盂进行肉眼检查，再刮取肾盂黏膜检查，最后将肾实质切成薄片，压于两玻片间，在放大镜或解剖镜下检查。剪开输尿管、膀胱和尿道检查其黏膜，并注意黏膜下有无包囊。收集尿液，用反复沉淀法处理。检查有无肾虫寄生。

（3）生殖器官的检查及寄生虫采集　检查内腔，并刮取黏膜表面做压片及涂片镜检。怀疑为马媾疫或牛胎儿毛滴虫时，应涂片染色后油浸镜检查。

4. 胸腔各器官的检查及寄生虫的采集

胸腔脏器的采取，按一般解剖方法切开胸壁，注意观察脏器表面有无细颈囊尾蚴及其自然位置与状态，然后连同食管和气管摘取胸腔内的全部脏器，并收集潴留在胸腔内的液体，用水洗沉淀法进行寄生虫检查。

(1)呼吸系统检查及寄生虫检查(肺脏和气管) 从喉头沿气管、支气管剪开,注意不要把管道内的虫体剪坏,发现虫体即应直接采取。然后用载片刮取黏液加水稀释后镜检。再将肺组织在水中撕碎,按肝脏处理法检查沉淀物。对反刍兽肺脏的检查应特别注意小型肺线虫,可把寄生性结节取出放在盛有微温生理盐水的平皿内,然后分离结节的结缔组织,仔细摘出虫体,洗净后,即行固定。

(2)心脏及大血管 先观察心脏外面,检查心外膜及冠状动脉沟。然后剪开心脏,仔细观察内腔及内壁。将内容物浸于1%的盐水中,用反复沉淀法检查。对大血管也应剪开,特别是肠系膜动脉和静脉要剪开检查,注意是否有吸虫、线虫以及线虫幼虫的存在(对血管内的分体吸虫的收集见后)。如有虫体,小心取出。马匹应检查肠系膜动脉根部有无寄生性肿瘤。对血液应做涂片检查。

5.其他部位的检查及寄生虫的采集

(1)膈肌及其他部位肌肉的检查 从膈肌脚及其他部位的肌肉切取小块,仔细眼观检查,然后做压片镜检。取咬肌、腰肌及臀肌检查囊尾蚴,取膈肌检查旋毛虫及肉孢子虫。

(2)腱与韧带的检查 有可疑病变时检查相应部位的腱与韧带。注意观察盘尾丝虫等。

三、家禽寄生虫学剖检技术

先分别采集体表的寄生虫,然后杀死,检查皮肤表面的所有的赘生物和结节,腹部向上置于解剖盘内,拔去颈、胸和腹部羽毛,剥开皮肤后,注意检查皮下组织。

用外科刀切断连接两个肩胛骨和肱骨背面的肌肉,然后用一手固定头的后部,以另一手提取切断的胸骨部,逐渐向前翻折,最后完全掀下带肌肉的胸骨,用解剖刀柄把整个腹部的皮肤和肌肉分离开,向两侧拉开皮肤,露出所有的器官。

检查时除应特别注意各脏器的采取外,还可以把非消化道分为食管、嗉囊、肌胃、腺胃、小肠、盲肠、直肠等部位,每段进行两端结扎,分别进行寄生虫的检查。嗉囊的检查:剪开囊壁后,倒出内容物,做一般眼观检查,然后把囊壁拉紧透光检查。肌胃的检查:切开胃壁,倒出内容物,做一般检查后,剥离角质膜再做眼观检查。仔细检查气囊和法氏囊。

其他各脏器的检查方法和上述方法基本相同。各脏器的内容物如限于时间不能当日检查完毕,可在反复沉淀之后,将沉淀物中加入4%甲醛保存,以待日后检查。在应用反复沉淀法时,应注意防止微小虫体随水倒掉。采取虫体时应避免将其损坏,检出的虫体应随时放入预先盛有生理盐水和记有编号与脏器名称标签的平皿内。禽类胃肠道的虫体应在尸体冷却前检出。

四、操作注意事项

①各种寄生虫都有它自己的固定寄生部位,在进行畜禽全身解剖、检查并采集寄生虫时,解剖某器官组织时,应注意到该器官、组织部位可能有什么寄生虫而进行仔细的观察与检查。有些季节性寄生虫,还应注意剖检的季节。有些寄生虫受年龄免疫的影响,则应考虑到年龄问题,避免某些寄生虫被遗漏。

②检查过程中,若脏器内容物不能立即检查完毕,可在反复水洗沉淀后,在沉淀物内加4%的甲醛保存,以后再进行详细检查。

③注意观察寄生虫所寄生器官的病变,对虫体进行计数,为寄生虫病的准确诊断提供依

据。病理组织或含虫组织标本用10%甲醛溶液固定保存。对有疑问的病理组织应做切片检查。

④采集的寄生虫标本分别置于不同的容器内。按有关各类寄生虫标本处理方法和要求进行处理保存(具体方法参见寄生虫标本的固定与保存部分),以备鉴定。由不同脏器、部位取得的虫体,应按种类分别计数,分别保存,均采用双标签,即投入容器中的内标签和在容器外再贴上外标签,最后把容器密封。内标签可用普通铅笔书写,标签上应写明:动物的种类、性别、年龄、解剖编号、虫体寄生部位、初步鉴定结果、剖检日期、地点、解剖者姓名、虫体数目等。

在采集标本时,还应有登记表(表3-1),将标本采集时的有关情况按标本编号记于登记表上。对虫体所引起的宿主的主要病理变化也应做详细的记载。然后统计寄生虫的种类、感染率和感染强度,以便汇总。

表3-1　畜禽寄生虫剖检记录表

剖检日期：　　年　月　日

发生地区									
畜禽类别		品种		性别		年龄		产地	
临床表现									
寄生虫收集情况	寄生部位	虫名	数目(条)	瓶号	主要病变	备注			
附记									

剖检单位：　　　　剖检者姓名：

⑤对所有虫体标本必须逐一观察,鉴定到种或属,遇有疑问时应将虫体取出单放,注明来自何种动物脏器及有关资料,然后寄交有关单位协助鉴定,并在原登记表中注明寄出标本的种类、数量、寄出的日期等。对于特殊和有价值的标本应进行绘图,测定虫体尺寸,并进行显微镜照相。已鉴定的虫体标本可按寄生部位和寄生虫种类分别保存,并更换新的标签。

任务六　药物驱虫技术

畜禽寄生虫病是危害畜牧生产的一类常见病和多发病,它不仅造成畜禽的生产性能下降甚至造成死亡,而且某些人畜共患的寄生虫病还能危及人体健康。因此,防治寄生虫病,对于发展畜牧业生产和保障人民健康具有重要意义。

一、驱虫药的选择

抗寄生虫药物种类繁多，应合理选择，正确应用，以便更好地发挥药物的疗效。本类药物发展的主要趋向，要求具备高效、广谱、低毒、投药方便、价格低廉、无残留和不易产生耐药性等条件。这些是衡量抗寄生虫药临床价值的标准，也是选用抗寄生虫药的基本原则。

1. 高效

良好的抗寄生虫药应该是使用小剂量即能达到满意的驱虫效果。所谓高效的抗寄生虫药即对成虫、幼虫，甚至虫卵都有很好的驱杀效果，且使用剂量小。

一般来说，其虫卵减少率应达 95%以上，若小于 70%则属较差；使用剂量应小于 10 mg/kg，若应用剂量太大，给使用带来不便，推广困难。但目前较好的抗蠕虫药亦难达到如此效果。对幼虫无效者则需间隔一定时间重复用药。

2. 广谱

驱虫范围广。家畜的寄生虫病多属混合感染，如线虫、绦虫及吸虫同时存在的混合感染，因此选用广谱驱虫或杀虫药，就显得更有实际意义。目前能同时有效驱除两种蠕虫的驱虫药已经有不少了，例如吡喹酮可用于治疗血吸虫和绦虫感染；伊维菌素对线虫和体外寄生虫有效；像阿苯达唑一样对线虫、绦虫和吸虫均有效的药物仍很少。因此，在实际应用中可根据具体情况，联合用药以扩大驱虫范围。

3. 安全低毒

抗蠕虫药应该对虫体有强大的杀灭作用，而对宿主无毒或毒性很小。如果所干扰的是虫体特异的生化过程而不影响宿主，则该药安全范围就大。安全范围大小的衡量标准是化疗指数即半数中毒量（LD_{50}）/半数有效量（ED_{50}），化疗指数越大，表示药物对机体的毒性越小，对家畜越安全。一般认为化疗指数必须大于 3，才有临床应用意义。

4. 投药方便

以内服给药的驱体内寄生虫药应无味、无臭、适口性好，可混饲给药。若还能溶于水，则更为理想，可通过饮水给药。用于注射给药的制剂，对局部应无刺激。杀体外寄生虫药应能溶于一定溶媒中，以喷雾方式给药。更为理想的广谱抗寄生虫药溶于一定的溶媒中后，以浇淋的方法给药或涂擦于动物皮肤上，既能杀灭体外寄生虫，又能通过皮肤吸收，驱杀体内寄生虫。这样可节约人力、物力，提高工作效率。

5. 价格低廉

畜禽属经济动物，在驱虫时必然要考虑到经济核算，尤其是在牧区，家畜较多，用药量大，价格一定要低廉。如果要大规模推广时，价格更是一个重要条件。

6. 无残留

食品动物应用后，药物不残留于肉、蛋和乳及其制品中，或通过遵守休药期等措施控制药物在动物食品中的残留。

二、驱虫时间

对于定期驱虫来说，驱虫效果的好坏与驱虫时间选择的合适与否密切相关。大多数寄生虫病具有明显的季节性，这与寄生虫从发育到感染期所需的气候条件、中间宿主或传播媒介的活动有关。因此各类寄生虫的驱虫时间应根据其传播规律和流行季节或当地寄生虫病的流行特点来确定，通常在发病季节前对畜禽进行预防性驱虫。治疗性驱虫一般要赶在虫体性成熟前进行，防止性成熟的成虫排出虫卵或幼虫对外界环境的污染。或采取秋冬季驱虫，此时驱虫有利于保护畜禽安全过冬。如肠道球虫病，发病季节与气温和湿度密切相关，其流行季节为4—10月份，其中以5—8月份发病率最高，在这个时期饲养雏禽尤其要注意球虫病的预防。一般对仔猪蛔虫可于2.5～3月龄和5月龄各进行1次驱虫，对犊牛、羔羊的绦虫，应于当年开始放牧后1个月内进行驱虫。

三、驱虫的实施及注意事项

近年来，抗寄生虫药物的种类不断增加，但是仍然未能满足畜牧业发展的需要，尤其是大多数药物的用法不够方便，如不溶于水，在应用上受限制。国内外对驱虫药的应用方法进行了不少改进。

（一）驱虫的实施

在兽医临床，抗寄生虫药的种类很多，应用有内服、注射及外用等给药途径。具体实施应在现场诊断的基础上，依据当地存在的寄生虫病，选择效果较好的驱虫药。

1. 药物的选择

两种或两种以上的驱虫药联合应用，既起到协同作用，又能扩大驱虫范围，提高疗效。

（1）球虫病　复方抗球虫药，例如磺胺喹噁啉＋二甲氧苄啶（DVD）、盐酸氨丙啉＋乙氧酰胺苯甲酯、盐酸氨丙啉＋磺胺喹噁啉、盐酸氨丙啉＋乙氧酰胺苯甲酯＋磺胺喹噁啉、尼卡巴嗪＋乙氧酰胺噁苯甲酯、甲基盐霉素＋尼卡巴嗪、氯羟吡啶＋苄氧喹甲酯等。

（2）肝片吸虫病　可用硝氯酚或硫双二氯酚驱虫。

（3）莫尼茨绦虫病　可用硫双二氯酚或氯硝柳胺驱虫。

（4）线虫病　可选择相应的驱虫药物，如圆形线虫病可选用左旋咪唑驱虫。

（5）混合感染的驱虫　可用复方药物，如硫双二氯酚配合左旋咪唑；或硝氯酚、氯硝柳胺及左旋咪唑相配合。复方中药的剂量与单独使用时相同。

2. 剂型的选择

内服用的剂型有片剂、预混剂、水溶性粉、溶液、混悬液、糊剂、膏剂、小丸剂、颗粒剂等；适用于外用的剂型有乳化溶液、洗液、喷雾剂、气雾剂、浇注剂、喷滴剂、香波等。一般来说，驱除胃肠道的寄生虫宜选用供内服的剂型；胃肠道以外寄生的虫体可选用注射剂型或内服剂型；而体外寄生虫可选择外用剂型药浴或浸泡、喷雾给药。也可选择内服、注射均对体外寄生虫有杀灭作用的阿维菌素类药物，这种药效果较好。为投药方便，集约化饲养或大群畜禽的集体驱虫多选用药物溶于饮水（如盐酸左旋咪唑）或混饲给药法。为便于放牧牛、羊的投药，国外已有浇注和喷滴剂型供兽医使用，国内亦有左旋咪唑浇注剂用于驱除羊、猪的胃肠道线虫。为达到长效驱虫目的，国内外还制成了瘤胃控释剂、大丸剂、脉冲缓释剂、微囊、毫微球等剂型。例如，阿苯达唑瘤胃控释制剂，一次投药能维持药效达2～3个月，可节省人力，提高工作效率，便于大规模驱虫；毒性较大、不宜内服驱虫的敌敌畏，制成树脂塑丸缓释剂后，既能发挥驱虫作用，又降低了药物的毒性作用。

3. 药量的确定及给药

驱虫药多是按体重计算药量的，所以首先用称量法或体重估算法确定驱虫畜禽的体重，再根据体重确定药量和悬浮液的给药量。家畜多为个体给药，根据所选药物的要求，选择相应的给药方法，具体投药技术与临床常用给药法相同。家禽多为群体给药（饮水和拌料给药）。拌料时先按群体体重计算好总药量，将总药量混于少量拌湿料中，然后均匀与日粮混合进行饲喂。

（二）注意事项

1. 因地制宜，合理使用抗寄生虫药

在选用前应了解寄生虫的种类、寄生方式、生活史、感染程度、流行病学情况，以及畜禽品种、个体、性别、年龄、营养状况等，根据本地的药品供应、价格，结合畜禽场的具体条件，选用理想的药物。只有充分了解药物、寄生虫和畜禽三者之间的关系，熟悉药物的理化性质，采用合理的剂型、剂量、给药方法和疗程，才能达到满意的防治效果。

2. 避免畜禽发生药物中毒

使用某种抗寄生虫药驱虫时，药物的用量最好按《中华人民共和国兽药典》所规定的剂量。一般来说，使用这种剂量对大多数畜禽是安全的，即使偶尔出现一些不良反应亦能耐过。若用药不当，则可能引起毒性反应，甚至导致畜禽死亡。因此，要注意药物的使用剂量、给药间隔和疗程。由于畜禽的年龄、性别、体质、病理状况、饲养管理等因素均能影响抗寄生虫药的作用，因此在进行大规模的驱虫前，最好选择少数有代表性的畜禽（包括不同年龄、性别、体况的畜禽）先做预试，取得经验后，才能进行全群驱虫；特别对试用阶段的新型抗寄生虫药尤为重要。此外，同一药物，相同的给药方法，还可能因溶剂的不同而发生意外事故。例如，硫双二氯酚混悬水剂给羊内服时安全有效，若用乙醇溶解后灌服同样剂量的药物，可引起约25%的羊只中毒死亡。

3. 防止寄生虫产生耐药性

小剂量多次或长期使用某些抗寄生虫药物，虫体对该药物可产生耐药性，尤其是球虫对抗球虫药极易产生耐药。一旦出现耐药虫株，不仅原有的治疗药物无效，甚至对结构相似或作用机理相同的同类药物也可产生交叉耐药现象。虽然寄生虫的耐药现象不像细菌耐药那么普遍和严重，但也应引起足够的重视。在制订动物的驱、杀虫计划时，应定期更换或轮换使用几种不同的抗寄生虫药，以避免或减少因长期或反复使用某些抗寄生虫药而导致虫体产生耐药性。

4. 注意避免药物在畜禽体内的残留

畜禽体内的抗寄生虫药应能及时迅速地消除，否则畜禽产品如肉、乳和蛋会有药物残留，不仅影响畜禽产品的质量，而且危害人类的健康。目前世界各国都很重视这个问题，明文规定抗寄生虫药的最高残留限量及屠宰前的休药期，我国也规定了不少抗寄生虫药的最高残留限量和休药期。例如，左旋咪唑在牛、羊、猪、禽的肌肉、脂肪、肾中的最高残留限量均为10 μg/kg，肝为100 μg/kg。内服盐酸左旋咪唑在牛、羊、猪、禽的休药期分别是2、3、3、28 d，牛、羊、猪皮下或肌内注射盐酸左旋咪唑的休药期分别是14、28、28 d。

四、驱虫效果评定

驱虫是寄生虫病防治的重要措施，通常是指用药物将寄生于畜禽体内或体表的寄生虫杀灭或驱除。目的有两个：一是把宿主体内或体表的寄生虫驱除或杀灭，使宿主得到康复；二是杀灭寄生虫就是减少病原体向自然界的扩散，也就是对健康动物的保护和预防。

驱虫可分为治疗性驱虫和预防性驱虫两种类型。治疗性驱虫是指当畜禽感染寄生虫之后出现明显的临床症状时要及时用特效驱虫药对患病畜禽进行治疗。预防性驱虫是指按照寄生虫病的流行规律，定时投药，而不论其发病与否。防治蠕虫病常采用定期预防性驱虫，防治球虫病常采用长期给药预防。一般在选择用药和实施大规模驱虫之前都要对畜禽进行驱虫试验，然后进行驱虫效果评定。

驱虫效果评定主要是通过驱虫前后动物各方面情况对比来确定，包括对比驱虫前后的发病率与死亡率；对比驱虫前后的各种营养状况的动物占全群的比例；观察驱虫前后临床症状减轻与消失的情况；计算动物的虫卵减少率和虫卵转阴率；必要时通过剖检等方法，计算出粗计与精计驱虫率；综合以上情况进行全面的效果评定工作。为了准确地评价驱虫效果，驱虫前后粪便检查时所用器具、粪样数量以及操作中每一步骤所用时间要完全一致；驱虫后的粪便检查时间不宜过早（一般为 10 d 左右），以避免出现人为的误差；应在驱虫前、后各粪检 3 次。驱虫药药效的评定计算公式如下：

虫卵转阴率＝虫卵转阴动物数/试验动物数×100％

虫卵减少率＝（驱虫前 EPG－驱虫后 EPG）/驱虫前 EPG×100％

注：EPG 是每克粪便中的虫卵数。

精计驱虫率＝排出虫体数/（排出虫体数＋残留虫体数）×100％

粗计驱虫率＝（对照组平均残留虫体数－试验组平均残留虫体数）/对照组平均残留虫体数×100％

驱净率＝驱净虫体的动物数/全部试验动物数×100％

对于家禽驱虫时，一般按家禽群总重量计算药量，喂前应选择出 10 只以上具有代表性个体做安全试验。喂时先计算好总药量，拌在少量湿料内，再混匀于日常饲料中，在禁食 6～12 h 后喂服。评定驱虫效果，要做驱虫前后家禽的营养状况、生长速度、产蛋率等情况对比，还要通过粪便学检查及配合剖检法计算出虫卵减少率和虫卵转阴率，以及粗计驱虫率或精计驱虫率。

任务七　免疫学检查技术

免疫学诊断是根据寄生虫感染的免疫机理而建立起来的较为先进的诊断方法，如果在患病动物体内查到某种寄生虫的相应抗体或抗原时，即可做出诊断。

一、寄生虫免疫的特点及其应用

（一）寄生虫免疫的特点

寄生虫同其他病原体一样，感染动物后，在其整个寄生过程中，从生长、发育、繁殖到死亡，有分泌，有排泄，有死后虫体的崩解。这些代谢物和虫体崩解的产物在宿主体内均起着抗原的作用，诱导动物机体产生免疫应答。因此，可以利用抗原抗体反应或是其他免疫反应来诊断寄生虫病。但是寄生虫免疫具有与微生物免疫所不同的特点，主要体现在免疫复杂性和带虫免疫两方面。由于绝大多数寄生虫是多细胞动物,因而组织结构复杂;虫种发生过程中存在遗传差异,有些为适应环境变化而产生变异;寄生虫生活史十分复杂,不同发育阶段具有不同的组织结构。这些因素决定了寄生虫抗原的复杂性,因而其免疫反应也会十分复杂。带虫免疫是寄生虫感染中常见的一种免疫状态,虽然可以在一定程度上抵制再感染,但这种抵抗力往往并不十分强大和持久。

(二)寄生虫免疫的应用

由于寄生虫组织结构和生活史复杂等因素,致使获得足够量的特异性抗原还有困难,而其功能性抗原的鉴别和批量生产更为不易。因此,寄生虫免疫预防和诊断等实际应用受到限制,但也取得了一些成果。对于一些只有解剖动物或检查活组织才能发现病原的寄生虫来讲,免疫学方法也有着其他方法不可替代的优越性。

1. 免疫接种

利用虫苗免疫是可行且有前途的方法,如牛环形泰勒虫裂殖体胶冻细胞苗已在流行区广泛应用;弓形虫苗和旋毛虫苗已基本成功。但由于寄生虫除原虫外均属于多细胞生物,结构相对复杂,加之发育复杂等诸多因素决定了免疫的复杂性,因此许多因素限制了虫苗的实际应用。实践证明,用感染期的致弱虫株、分类学上近似的虫种、人工培养时的分泌物和代谢产物等制成的活苗,免疫效果较好;而用杀死的虫体及其匀浆或提取物制成的死苗则免疫效果不良。

2. 免疫学诊断

免疫学诊断是利用寄生虫所产生的抗原与宿主产生的抗体之间的特异性反应,或其他免疫反应而进行的诊断,当前在重要的动物寄生虫病以及人畜共患的寄生虫病方面已相继建立了许多免疫诊断的方法,并得到了广泛的应用。如变态反应、沉淀反应、凝集反应、补体结合试验、免疫荧光抗体技术、免疫酶技术、放射免疫分析技术、免疫印渍技术等。其中,间接血凝试验在寄生虫病诊断和流行病学调查中得到应用,如肝片吸虫、日本分体血吸虫病、猪囊尾蚴病、棘球蚴病、旋毛虫病、弓形虫病、利什曼原虫病等。免疫酶技术(ELISA)已在多种寄生虫病的诊断中广泛应用。

二、间接血凝试验(IHA)

(一)间接血凝试验分类

间接红细胞凝集试验,简称间接血凝试验。是以人O型红细胞或绵羊红细胞为载体,经特殊处理后吸附上特异性抗原,结合有抗原的红细胞叫作致敏红细胞,在遇到相应抗体后发生特异性结合,使红细胞发生凝集,形成肉眼可见的团块,即为阳性。如无特异性抗体存在则红细胞不发生凝集而均匀沉积于板底,为阴性。该方法可用于血吸虫病、弓形虫病、利什曼原虫病、钩虫病、旋毛虫病、阿米巴病、疟疾等寄生虫病诊断和流行病学调查。

根据所用的试剂和反应方式,可分为四类。①间接血凝试验(IHA):先将抗原吸附于红细胞表面,以检测标本中的抗体。将抗原或抗体吸附于红细胞表面的过程,称致敏。吸附有抗原或抗体的红细胞称致敏红细胞。②反向间接血凝试验(RIHA):用特异性抗体致敏红细胞,以检测标本中的抗原。③间接血凝抑制试验(IHAI):该实验用抗原致敏的红细胞来检测相应的抗原。方法是先在被检样本中加入相应抗体，作用一段时间后再加入致敏红细胞。如标本中含有相应的抗原，则抗原将先与抗体结合，再加入抗原致敏的红细胞后则不出现凝集。若标本中不存在抗原，则出现凝集。④反向间接血凝抑制试验（RIHAI）：该实验用抗体致敏的红细胞检测标本中的抗体。方法：先在待检样本中加入相应抗原，作用一段时间后再加入致敏红细胞。若标本中含有相应抗体，则不出现凝集，若不含抗体，则出现凝集。

（二）间接血凝试验应用

1. 原理

将可溶性抗原吸附于红细胞（一般多用绵羊红细胞，SRBC）表面，然后再用这种红细胞与相应抗体起反应，在有介质存在的条件下，抗原抗体的特异性反应通过红细胞凝聚而间接地表现出来。以红细胞作为载体，大小均匀、性能稳定，且红细胞的红色起到指示作用，便于肉眼观察，故此法简便、快速，有较高的敏感性和特异性，已在很多寄生虫病的免疫诊断上应用。

2. 材料

以犬、猫弓形虫病为例。

（1）诊断液　致敏红细胞悬液和非致敏红细胞悬液，由生物制品厂提供。

（2）阳性对照高免血清和阴性对照血清　供参照用。

（3）稀释液为磷酸缓冲液（PB 或 PBS）　取 1/15 mol/L 磷酸氢二钾（23.77g $K_2HPO_4 \cdot 12H_2O$ 加蒸馏水至 1 000 mL）72 份，加入 1/15 mol/L 磷酸二氢钾（9.08 g KH_2PO_4 加重蒸馏水至 1 000 mL）28 份，混合即成 PB 缓冲液；再加入 0.85%NaCl 即成 PBS。分装高压灭菌后备用。

（4）器械　V 形（96 孔）微量血凝板、微量移液器。

3. 操作方法

①先将 96 孔 V 形血凝板按血清编号，每份被检血清为一排，阳性和阴性对照血清各为一排，每排最后一孔为致敏红细胞空白对照。

②每孔加入稀释液 25 μL，吸取待检测血清 25 μL，加于每排第一孔，自左至右按次序做倍比稀释。同时做阴、阳性对照。

③每孔滴加致敏红细胞悬液 25 μL。

④滴好后用微型振荡器或以指尖轻轻拍匀，在 25 ℃左右恒温箱内静置 2～3 h 即可判读结果。

4. 判定结果

（1）凝集反应强度

＋＋＋＋：红细胞呈均匀薄层平铺于孔底，周边皱缩或呈圆圈状。

＋＋＋：红细胞呈均匀薄层平铺于孔底，似毛玻璃状。

＋＋：红细胞平铺于孔底，中间有少量的红细胞集中的小点。

＋：红细胞大部分沉于孔底中心，周围有轻微的凝集小点。

－：红细胞全部沉于孔底中心，边缘光滑呈圆点状。

（2）判断标准　“＋＋”以上判为凝集反应即为阳性，血清凝集价在 1∶64 以下为阳性；小于或等于 1∶32 而大于 1∶64 为可疑；1∶16 以上为阴性；可疑血清再经 4～5 d 采血复检，其凝集价在 1∶64 以下为阳性，否则判为阴性。

三、免疫荧光技术

(一)免疫荧光技术的基本方法

免疫荧光技术(IF)是根据抗原-抗体反应的原理,先将已知的抗原或抗体标记上荧光素制成荧光标记物,再用这种荧光抗体(或抗原)作为分子探针检查细胞或组织内的相应抗原(或抗体)。常用的荧光素有异硫氰酸荧光素(FITC)和藻红蛋白(PE),前者发黄绿色荧光,后者发红色荧光。在细胞或组织中形成的抗原-抗体复合物上含有荧光素,利用荧光显微镜观察标本,荧光素受激发光的照射而发出明亮的荧光(黄绿色或橘红色),可以看见荧光所在的细胞或组织,从而确定抗原或抗体的性质、定位以及利用定量技术测定含量。荧光抗体具有安全、灵敏的特点,因此已广泛应用在免疫荧光检测领域。根据荧光素标记的方式不同,可分为直接荧光抗体和间接荧光抗体。近年来,随着荧光素和荧光检测技术的不断进步,荧光检测的灵敏度已经接近同位素检测的水平,直接标记的荧光抗体逐渐取代间接标记抗体。用荧光抗体示踪或检查相应抗原的方法称荧光抗体法;用已知的荧光抗原标记物示踪或检查相应抗体的方法称荧光抗原法。这两种方法总称免疫荧光技术,以荧光抗体法较为常用。所以免疫荧光技术又称免疫抗体技术。用免疫荧光技术显示和检查细胞或组织内抗原物质或半抗原物质等方法称为免疫荧光细胞(或组织)化学技术。根据抗原-抗体反应的安排不同,免疫荧光技术的基本方法有以下三种:

1. 直接荧光法

将荧光素标记在相应的抗体上,直接与相应抗原反应。其优点是方法简便、特异性高,非特异性荧光染色少;缺点是敏感性偏低,而且每检查一种抗原就需要制备一种荧光抗体。此法常用于细菌、病毒等病原微生物的快速鉴定。

2. 间接荧光法

用一抗与标本中抗原结合,再用荧光素标记的二抗染色。该法优点是灵敏度比直接荧光法高,制备一种荧光素标记的二抗即可用于多种抗原的检查,但非特异性反应亦增加。染色程序分为两步,首先用未知未标记的抗体(待检标本)加到已知抗原标本上,在湿盒中 37 ℃保温 30 min,使抗原抗体充分结合,然后洗涤,除去未结合的抗体;然后加上荧光标记的抗球蛋白抗体或抗 IgG、IgM 抗体。如果第一步发生了抗原-抗体反应,标记的抗球蛋白抗体就会和已结合抗原的抗体进一步结合,从而可鉴定未知抗体。

间接荧光抗体试验的特异性、快速性和在细胞和分子水平定位的敏感性与准确性,使其在动物寄生虫病生前诊断方面得到了广泛应用。

3. 抗补体染色法

抗补体染色法简称补体法,这是间接染色法的一种改良法。本法是利用补体结合反应的原理,以荧光素标记抗补体抗体,检查未知抗原或抗体的一种方法。此方法比较麻烦,应用较少,在这里不做详细介绍。

(二)间接荧光抗体试验(IFAT)的应用

1. 原理

将已知或未知抗原固定在载玻片上,滴加待测血清或已知特异性抗体,使之发生抗原抗体反应，再滴加荧光素标记的特异性抗抗体(标记二抗)，形成带荧光素的抗原-抗体-抗抗体复合物，在荧光显微镜下观察。显微镜高压汞灯光源的紫外光或蓝光的照射，将标本中复合物的荧光素激发出荧光。荧光的出现就表示特异性抗体或抗原的存在。本法的优点是制备一种荧光标记的抗体，可以用于多种抗原、抗体系统的检查，既可用以测定抗原，也可用来测定抗体。最常用的荧光素为异硫氰酸荧光素(FITC)。

2. 材料

以犬吉氏巴贝斯虫病为例。

(1)抗原　从自然感染的犬中分离。

(2)免疫荧光用载玻片　12 穴载玻片。

(3)荧光抗体　免抗犬 IgG 荧光素标记抗体，兔抗犬 IgM 荧光素标记抗体。

(4)血清　标准阳性血清，标准阴性血清。

(5)PBS 液　pH 7.2 的 PBS 液，pH 7.2 的甘油缓冲液(9 份甘油与 1 份 pH 7.2 的 PBS 液混合)，冰箱保存。

3. 操作步骤

①抗原包被。将染虫率为 10%左右的病犬抗凝血液用 pH 7.2 的 PBS 液洗涤 3 次，取红细胞泥 2 mL，加 PBS 液 8 mL 悬浮，于免疫荧光用载玻片上每穴加 3 μL，自然干燥，包装，−80 ℃保存备用。

②从冰柜中取出已包被的抗原玻片，在超净工作台上风干。

③冷丙酮固定 30 min，于室温下干燥。

④每穴加入相应编号的经 PBS 稀释的待检血清 20 μL，置于湿盒中 37 ℃下作用 30 min。

⑤用 PBS 轻轻冲洗，然后浸泡于 PBS 盒中，于摇床上经微摇动，10 min 内共洗涤 3 次。

⑥轻轻擦干，加入经荧光稀释液(3%犊牛血清+PBS+0.01%叠氮钠)稀释的荧光素标记抗体 IgG+荧光素标记抗体 IgM，每穴 10 μL，置于湿盒中 37 ℃下作用 30 min。

⑦重复步骤④至⑥5 次。

⑧稍干后加 pH 8.0 甘油缓冲液封片、镜检。

此法在试验时需设阳性、阴性对照。

4. 结果判定

用荧光显微镜观察，抗原+标准阳性血清+荧光素标记抗体，每个视野中有数个特异性黄绿色荧光时，阳性血清对照成立；抗原+标准阴性血清+荧光素标记抗体，视野中没有特异性黄绿色荧光时，阴性血清对照成立。当阳性和阴性对照都成立时，被检样品检查判定结果有效。被检样品每个视野有数个特异性黄绿色荧光时，可判定为阳性结果；如无特异性黄绿色荧光时，判定为阴性结果。

四、免疫酶技术

(一)免疫酶技术分类

免疫酶技术是继免疫荧光技术和放射免疫技术之后发展起来的一种免疫标记技术。免疫酶技术就是用酶(如辣根过氧化物酶)标记已知抗体(或抗原)，然后与组织标本在一定条件下反应，能催化底物水解、氧化或还原，产生显色反应，生成可溶性或不溶性有色物质。如生成的物质为可溶性，则可用肉眼或比色法定性或定量；如生成的物质为不溶性沉淀物，同时又是电子致密物质，则可用光学显微镜或电子显微镜识别和定位。因此，免疫酶技术是一项定位、定性和定量的综合技术。免疫酶技术种类繁多，大体分类如图 3-10 所示。

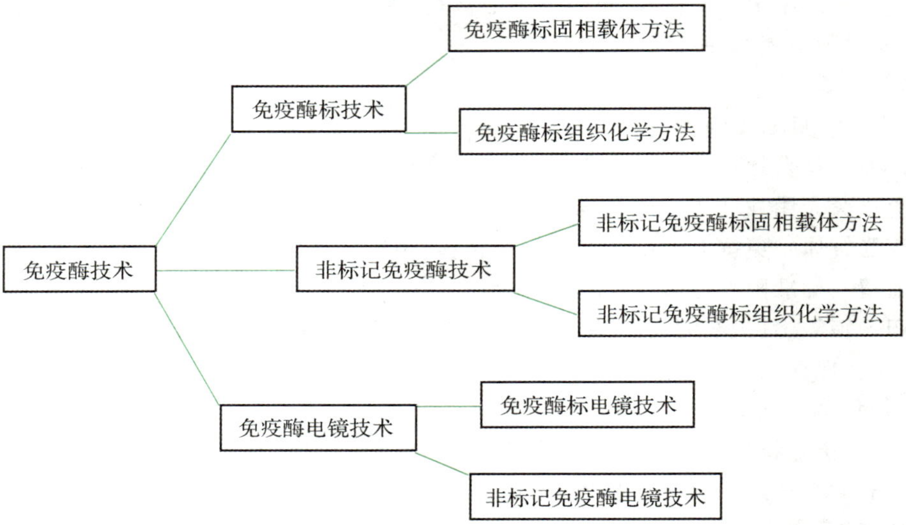

图 3-10　免疫酶技术分类

免疫酶标固相载体方法又叫酶联免疫吸附试验，免疫酶标组织化学方法又叫免疫酶染色法。

在众多免疫酶技术的方法中，酶联免疫吸附试验和免疫酶染色法应用最多。近年来，单克隆抗体、金黄色葡萄球菌 A 蛋白（SPA）、凝集素、生物素与亲和素等已成功引入免疫酶技术，从而使该技术的应用范围进一步扩大，并在不同程度上提高了检测方法的特异性与敏感性。目前，免疫酶技术在人畜共患寄生虫病的诊断和许多领域中正发挥着重要作用。

(二)酶联免疫吸附试验(ELISA)应用

1. 原理

本法是将抗原或抗体同酶相结合，使其保持着免疫学的特异性和酶的活性。经酶联的抗原或抗体与酶的底物处理后，由于酶的催化作用，使无色的底物或化合物产生氧化还原或水解反应而显示颜色。此法具有很高的特异性和敏感性，可检测出血清中的微量抗体或抗原，很适合于轻度感染和早期感染的诊断。此外，由于操作自动化，减少了主观判读结果的误差，是一种很好的免疫学诊断方法。

2. 材料

以弓形虫循环抗原检测试剂盒为例，包括：预包被板，酶结合物，浓缩洗涤液，底物，显色剂，终止液，阳性、阴性对照。

3. 操作方法

①待测孔每孔加稀释的洗涤液 40 μL，血清样本 10 μL，混匀，同时设阴性、阳性及空白对照各一孔。

②每孔再加稀释的酶结合物 50 μL（空白孔除外）混匀，37 ℃反应 60 min。

③甩去孔内液体，用稀释液洗涤 5 次，每次间隔 3 min，吸干。

④每孔加底物和显色剂各 1 滴，37 ℃下避光反应 10 min，加终止液 1 滴混匀，终止反应。

4. 判定结果

（1）肉眼观察　不加终止液观察，基本无色或微蓝色为阴性，呈明显的蓝色为阳性。

（2）仪器判断　加终止液，以空白对照调零于 45 nm 读取 OD 值，待检孔 OD 值大于阴性对照 2.1 倍者为阳性。当阴性对照 OD 值低于 0.07 时按 0.07 计算。

五、PCR 技术

（一）PCR 技术的特点

PCR 技术又称聚合酶链反应技术，是一种既敏感又特异的 DNA 体外扩增方法，可将一小段目的 DNA 扩增上百万倍，其扩增效率可检测到单个虫体的微量 DNA。它的特异性通过设计特异引物，扩增出目标 DNA 产物，用琼脂糖电泳很容易检测出来，而且操作过程也相对简便快捷，无需对病原进行分离纯化。该方法还可以克服抗原和抗体持续存在的干扰，直接检测到病原体的 DNA，既可用于临床诊断，又可用于流行病学调查。

（二）PCR 技术的应用原理

首先要进行 PCR 扩增：在存在 DNA 模板、引物、dNTP、适当缓冲液（含 Mg^{2+}）的反应混合物中，在热稳定 DNA 聚合酶的催化下，对一寡核苷酸引物所界定的 DNA 片段进行扩增。一个扩增周期包括模板 DNA 和引物之间的变性、退火（复性）、延伸三步反应，循环进行。由于每一周期所产生的 DNA 片段均能成为下一次循环的模板，故 PCR 产物以指数方式递增，经 30 个周期后，特定 DNA 片段的数量从理论上计算可增加 10^9 倍。在实际应用中，一般用 30 多个循环。随着 PCR 技术的不断完善与发展，它已广泛应用于分子生物学、生物技术、临床医学等各个领域，应用前景巨大。在寄生虫病诊断上，可建立特异、敏感、快速的特异性 PCR 诊断技术。

任务八　寄生虫材料的固定与保存

一、吸虫的固定与保存

（一）固定方法

洗净虫体。

对较小的虫体，先将其放在薄荷脑溶液中使虫体松弛。薄荷脑溶液的配制：取薄荷脑 24 g，溶于 10 mL 95％的乙醇中，为薄荷脑饱和乙醇溶液，使用时在 100 mL 水中加入此液一滴即可。

对较大较厚的虫体标本，为了以后制作压片标本的方便，可先将虫体压入两载玻片间，为了不使虫体压得太薄，可在载玻片两端垫以适当厚度的纸片，然后用橡皮筋扎紧载玻片两端，把它放到下列任何一种固定液中即可。

固定吸虫时常用的固定液有如下两种。

1. 劳氏(Looss)固定液

(1)配制方法

饱和升汞溶液(约含升汞 7%)	100 mL
冰醋酸	2 mL

混合即成。

(2)使用方法　适用于小型吸虫。固定虫体时，将虫体放于一小试管中，加入盐水，达试管的 1/2 处，用力摇晃，充分冲洗虫体，再加入劳氏固定液摇匀，放置 12 h 后，方可移入保存液中保存。

2. 甲醛固定液

(1)配制方法

甲醛	10 mL
水	90 mL

混合即得。

(2)使用方法　将小型吸虫虫体或夹于玻片间的大型虫体投入固定液中，经 24 h 即固定完毕。较大的夹于两玻片间的吸虫，固定液渗入较难，可在固定数小时后，将两玻片分开，这时虫体将贴附于一玻片上，将附有虫体的玻片继续放入固定液中过夜。

(二)保存方法

1. 吸虫瓶装浸渍陈列保存

在劳氏固定液中固定的虫体：放置 12 h 后，将虫体移到 70%乙醇溶液中保存，如需长期保存应在乙醇中加 5%甘油。

在甲醛固定液中固定的虫体：将虫体置于 3%～5%的甲醛溶液中保存。

经过固定的标本，需要保存时密封瓶口，贴上标签。

2. 制片保存

进行吸虫标本形态观察时，需要制成染色装片标本。下面介绍苏木素染色法制虫体整体装片标本。

(1)德氏(Delafield)苏木素染液配制方法

①将苏木素 4 g 溶于 25 mL 95%乙醇中。

②向其中加入 400 mL 的饱和铵明矾溶液(约含铵明矾 11%)。

③将此混合液暴晒于日光及空气中 3～7 d(或更长时间)，待其充分氧化成熟。

④再加入甘油 100 mL 和甲醇 100 mL 保存，待其颜色充分变暗，用滤纸过滤，装于密闭的瓶中备用。

(2)染色步骤

①将保存于甲醛溶液中的虫体，取出以流水冲洗。如虫体原保存于 70%乙醇中，则先后将虫体移经 50%和 30%乙醇中各 1 h，再移入蒸馏水中。

②将德氏苏木素染液加蒸馏水 10～15 倍，使呈浓酒红色。将以上虫体移入此稀释的染液

内，放置过夜。

③取出染色后的虫体，在蒸馏水中清洗染液，再依次通过30%、50%、70%乙醇各0.5～1 h。

④虫体移入酸乙醇中褪色(酸乙醇是在80%乙醇100 mL中加入盐酸2 mL)，待虫体变成淡红色。

⑤再将虫体移到80%乙醇中，再循序通过90%、95%和无水乙醇中各0.5～1 h。

⑥将虫体由无水乙醇中移入二甲苯或水杨酸甲酯(冬青油)中，透明0.5～1 h。

⑦将透明的虫体放于载玻片上，滴一滴加拿大树胶，加盖玻片封固，待干燥后即成。

二、绦虫的固定与保存

(一)固定方法

将收集到的绦虫浸入劳氏固定液、70%乙醇或5%甲醛液中固定。准备做瓶装陈列的标本，以甲醛溶液固定较好。如欲制成染色装片标本以观察其内部结构，则以劳氏固定液或乙醇固定为好。

绦虫有时很长(可达数米)，容易断而又易于相互打结，故固定时应注意。不太长的虫体，可提住虫体后端，将虫体悬空伸长，然后将虫体陆续下放，逐步地浸入固定液中。过长的虫体，可先缠在玻璃板上，连玻璃板一同浸入固定液内。也可在大烧杯中，先放入用固定液浸湿的滤纸一张，提取虫体后端，使虫体由头节开始，逐步放落在滤纸上，加盖一层湿滤纸；再用同样方法，放上第2条虫体；如是操作，放好所有虫体，最后用固定液轻轻注满烧杯，固定24 h后取出。

保存于瓶内的标本应登记并加标签，其注意事项同吸虫。

(二)保存方法

1. 绦虫瓶装浸渍保存

将经固定后的绦虫放入瓶中，保存于加有5%甘油的70%乙醇中长期保存。做瓶装陈列标本。

2. 绦虫制片法

绦虫虫体较长，在制片时要切断虫体，根据观察的需要，采取具有代表性的部位节片，染色后做成装片标本。绦虫的头节是决定绦虫种类的重要依据之一，应首选为装片标本的材料；此外，成熟节片和孕卵节片，应各切取3～4节，制成染色装片标本。其染色和装片方法与吸虫相同，在此省略。

三、线虫的固定与保存

(一)固定方法

采集到线虫标本后应尽快洗净，立即放入固定液中固定，否则虫体易破裂。线虫雌雄异体，雌虫一般较雄虫大，在虫体鉴定时，常依靠雄虫的某些形态特征作为依据，因此，采集虫体时不可忽视较小虫体的采集。一些有较大口囊的线虫(如圆线虫、钩口线虫等)和有发达交合伞的线虫，其口囊或交合伞中常夹杂着大量杂质，妨碍以后的观察，应在固定前用毛笔除去，或充分振荡以洗去，然后固定。

可采用乙醇或甲醛固定。

用乙醇固定时，系用 70%乙醇，加热到 70 ℃左右(在火焰上加热时，乙醇中有小气泡升起时即约为 70 ℃)，将洗净的虫体放入，虫体即在热固定液中伸直而固定，直到乙醇冷却，将虫体移入含 5%甘油的 80%乙醇中，加标签保存。

用甲醛固定液固定虫体时也可先将固定液加热到 70 ℃，再放入虫体，固定时间在 24 h 以上。

甲醛固定液配制：甲醛 3 mL 加到 100 mL 生理盐水中。

(二)保存方法

1. 线虫瓶装陈列标本保存

固定后的线虫标本即可保存于固定液内，也可以移入含 5%甘油的 80%乙醇中，加标签保存。

2. 线虫的制片

(1)虫体的透明　线虫经固定后，是不透明的，欲进行线虫形态的观察，必须先进行透明或装片。为了能从不同的侧面对虫体形态进行观察，以不做固定装片为好，这样可以在载玻片上将虫体翻动，观察得更仔细。

常用的虫体透明方法如下。

①甘油透明法。将保存于含 5%甘油的 80%乙醇中的虫体，连同保存液一起倒入蒸发皿中，放置温箱中，并不断滴加少量甘油，直到乙醇全部蒸发，此时留在残存甘油中的虫体已经透明，可供观察检验。

如欲在短时间内完成这一透明过程，可将蒸发皿放在加有热水的烧杯上，用酒精灯加热，促使蒸发皿中的乙醇在短时间内挥发，而达到虫体透明的目的。

此法透明后的标本，即可保存于甘油内。

②乳酚透明法。乳酚透明液配制：甘油 2 份，乳酸 1 份，苯酚 1 份，蒸馏水 1 份，混合而成。这是一种良好的透明液。虫体自保存液中取出后，应先移入乳酚透明液与水的等量混合液中，0.5h 后再移入乳酚液中，数分钟后，虫体即透明，可供观察。观察后应自透明液中取出虫体，移回原保存液中保存。

(2)制成虫体装片

①甘油明胶封片法。制片时，将甘油明胶滴一滴于载玻片上，然后将固定液中的虫体挑出放在上面，之后在虫体上再加 1～2 滴甘油明胶液，加甘油明胶的量以恰好充满于盖玻片下，但又不溢出为宜。加盖玻片时，慢慢平行放入，以免出现气泡，最后将制片平放于晒片架上，待其自然干燥。大型虫体可切取前、后部，进行制片。最好每一片上有一雄虫和一雌虫。

将上述制片贴上标签就可以使用了。但为了长期保存，可用解剖针蘸取油漆轻轻地涂在盖玻片的四周边缘上，干燥之后就可以长期保存了。

②光学树脂胶或加拿大树胶封片法。此法是寄生虫制片的较好方法，适用于多种寄生虫的制片，而且效果好，可永久保存。

制片时不染色，将虫体循序通过 70%、80%、90%，无水乙醇中各 0.5h，最后在水杨酸甲酯或二甲苯中透明，透明后放置在载玻片上，滴加光学树脂胶或加拿大树胶，拨正位置，加盖玻片封片。

四、蜱螨与昆虫的固定与保存

收集到的虫体，根据其种类的不同或今后工作的需要，采用下列方法进行固定与保存。

（一）蜱螨的固定与保存

在动物体表或外界环境中采集到蜱螨类，可按以下方法固定和保存。

1. 湿固定

蜱、螨用液体固定可使标本保持原来形态，利于教学和科研使用。小心地由动物体表摘下或在拖网上取下蜱，防止蜱的假头断落，先投入开水中数分钟，让其肢体伸直，便于日后观察。然后保存在70%乙醇内，为防止乙醇蒸发使蜱的肢体变脆，可加入数滴甘油。或把蜱螨类先投入经加温的70%乙醇(60～70 ℃)固定，1 d后保存于5%甘油乙醇(70%)中；也可用5%～10%甲醛和布勒氏(Bless)液固定保存。固定液体积须超过所固定标本体积的10倍以上，才能保证标本的质量。如此保存的蜱螨标本可供随时观察。上述固定液固定的标本，可用来制片，观察其外部构造。如果为了做切片标本，还是用布勒氏液为佳。

布勒氏液配方：甲醛原液7 mL，70%乙醇90 mL，冰醋酸3～5 mL(临用前加入)，混合配成。

所有保存标本须详细记录标本名称、宿主、采集地点、采集日期及采集者姓名。用铅笔写好标签放入瓶内，保存标本的瓶应用蜡封严。

2. 湿封法

蜱螨类标本通常不染色，不完全脱水，可用湿封法制成标本。即用新鲜采得的病料散放在一块玻璃上，铺成薄层，病料四周应涂少量凡士林，防止虫体爬散，为了促使螨类活动加强，可将玻璃稍微加温，然后用低倍镜检查，如发现虫体爬行于绒毛和皮屑之间，及时用分离针尖挑出单独的虫体，放置在预先安排好的其上有1滴布勒氏液的载玻片上，移到显微镜下判定其需要的背或腹面，然后盖一个1/4盖片的小盖片，再用分离针尖轻压小盖片，并做圆圈运动，尽量使其肢体伸直。待自然干燥约1周时间，再在小盖片上加盖普通盖片，用加拿大胶封固，即成为永久保存的标本。

（二）昆虫的固定与保存

1. 浸渍保存

此法适用于无翅昆虫(如虱、虱蝇、蚤，以及各种昆虫的幼虫和蛹)。如采集的标本吸食了大量的血液，则在采集后应先存放一定时间，等体内吸食的血液消化吸收后再固定。

(1)固定　固定液可用70%乙醇或5%～10%的甲醛溶液。如用专门的昆虫固定液效果更好。当虫体较大时，浸入75%乙醇中24 h后，将原浸渍的乙醇倒去，加上新的70%乙醇。在昆虫固定液中固定的虫体，经过一夜后，也应将虫体取出，换入75%乙醇中保存。

昆虫固定液配方：在120 mL的75%乙醇中，溶解苦味酸12 g，待溶解后再加入三氯甲烷20 mL和乙酸10 mL。

(2)保存　保存液的配制：100 mL 70%的乙醇中，加入5mL甘油。浸渍标本加标签后，保存于标本瓶或标本缸内，每瓶中的标本约占瓶容量的 1/3，不宜过多，保存液则应占瓶容量的 2/3，加塞密封。

2. 干燥保存

本法主要用于保存有翅昆虫，如蚊子、虻、蝇等的成虫，又分为针插保存和瓶装保存两种。

(1)固定　采集到的有翅昆虫，要先放入毒瓶中致死，毒瓶的制备如下：氯仿毒瓶是取一大标本管(长 10 cm，直径 3 cm)，在管底放入碎橡皮块，约占管高的 1/5；注入氯仿，将橡皮块淹没，用软木塞塞紧(不可用橡皮塞)过夜；此时氯仿即被橡皮块吸收，然后剪取一张与管口内径相一致的圆形厚纸片，其上用针刺若干小孔，盖于橡皮块之上即可。氯仿用完后，应将圆纸片取出，再度注入氯仿，处理方法同前。使用时，将活的昆虫移入瓶内，每次每瓶放入的昆虫不宜过多。昆虫入毒瓶后，很快即昏迷而失去运动能力，但到完全死亡，则需 5～7 h，死后将昆虫取出保存。

(2)针插保存　本法保存的昆虫，体表的毛、刚毛、小刺、鳞片等均完整无缺，并保有原有的色泽。其具体步骤如下。

①插制。对大型昆虫，如虻、蝇等，可将虫体放于手指间，以 2 号或 3 号昆虫针自虫体的背面中胸的偏右侧垂直插进。针由虫体腹面穿出，并使虫体停留于昆虫针上部的 2/3 处，注意保存虫体中胸左侧的完整，以便鉴定。对小型昆虫，如蚊、蚋、蠓等，应采用二重插制法。即先将 00 号昆虫针(又称二重针)先插入一硬纸片或软木条(硬纸片长 15 mm、宽 5 mm)的一端，并使纸片停留于 00 号昆虫针的后端，再将此针向昆虫胸部腹面第 2 对足的中间插入，但不要穿透。再以一根 3 号昆虫针在硬纸片的另一端，针头与 00 号昆虫针相反而平行的方向插入即成。在缺少 00 号昆虫针时，可用硬纸片胶粘法，即取高 8 mm 和底边宽 4 mm 的等腰三角形硬纸片，在三角形的顶角蘸取加拿大树胶少许，贴在昆虫胸部的侧面，再将此硬纸片的另一端以 3 号昆虫针插入。插制昆虫标本应在虫体未干之前进行，如虫体已干，则插制前应使虫体回软，以免断裂。

②标签。标签用硬质纸片制成，长 15 mm、宽 15 mm，以黑色墨水写上虫名、采集地点、采集日期等，并将其插于昆虫针上，虫体的下方。

③整理与烘干。将插好的标本，以解剖针或小镊子将虫体的足和翅等的位置加以整理，使其保持生活状态时的姿势，再插于软木板上，放入 30～35 ℃的温箱中待干。

④保存。将烘干的标本，整齐地插入标本盒中，标本盒应有较密闭的盖子，盒内应放入樟脑球(可用大头针烧热，插入球内，再将其插在标本盒的四角上)，盒口应涂以油膏，以防虫蛀。标本盒应放于干燥避光的地方。在梅雨季节，要减少开启次数，以防潮湿发霉。

(3)瓶装保存　大量同种的昆虫，不需个别保存时，可将经毒瓶毒死的昆虫，放在大盘内，在干燥箱内干燥，待全部干燥后，放于广口试剂瓶中保存。在广口试剂瓶底部先放一层樟脑粉，上加一层棉花压紧，在棉花上再铺一层滤纸。将已干的虫体逐个放入，每放一层后，再放一些软纸片或纸条，以使虫体互相隔开，避免挤压过紧。最后在瓶塞上涂软膏，塞紧。在瓶内和瓶外应分别贴上标签。

(三)制片与观察

多数昆虫和蜱、螨的鉴定分类，均以其外部形态结构为依据。可直接在解剖镜下或低倍显微镜下观察，也可制成永久装片标本观察。

干燥保存的标本，在虫体取出后，脆而易碎，应先经过回软。回软是在干燥器内进行的，在干燥器底部铺一薄层洗净的沙粒，沙中加少量的清水，再滴几滴石炭酸，放上有孔的瓷隔板，然后将要回软的标本放在隔板上，加盖，经 2～8 h 即可回软。

1. 直接观察

将浸渍的昆虫标本或回软的标本直接放于解剖镜下或放大镜下观察。必要时可在解剖镜镜台上放一小平皿，内加清水或浸渍液，使被检虫体浸没于液体中，可减少折光，便于观察。

2. 装片

为了工作的需要，可将小昆虫的整个虫体或昆虫身体的某些部位制成装片标本。制片准备工作是先将虫体或其局部浸入 10% 的氢氧化钾溶液中，煮沸数分钟使虫体内部的肌肉和内脏溶解，并使体表软化透明，便于制片观察。较大的虫体，浸入氢氧化钾溶液后，尚可用昆虫针在虫体上刺些小孔，以利于虫体内部组织的溶解。身体较柔软的昆虫或幼虫，也要浸入 10% 氢氧化钾溶液中，待虫体软化透明后制片。经氢氧化钾处理后的虫体，应在水中洗去其碱液再行制片。其后的操作如下。

(1)加拿大树胶封片　取已准备好的昆虫虫体或虫体的一部分，经 30%、50%、70%、85%、90%、95% 各级乙醇逐级脱水，最后移入无水乙醇中，使完全脱水。再移入二甲苯或水杨酸甲酯中透明，透明后，取出放在载玻片上，滴一些加拿大树胶，覆以盖玻片即成。本法经过各级乙醇所需的时间，按虫体的大小而有所不同，一般需 15～30 min，较大的虫体需要的时间要稍长一些。

(2)洪氏液封片　洪氏液配制：

鸡蛋白	50 mL
甲醛	40 mL
甘油	40 mL

三者装在瓶中，加塞振荡，彻底均匀，放置，待其中气泡上升逸出，最后倒入平皿中，置干燥器中吸去其中水分，待液体仅占原容量的 1/2 时，即可取出装入瓶中，密封待用。

取洪氏液滴于载玻片上，再取以氢氧化钾处理过并经洗净的小型昆虫虫体，无需脱水，直接移入洪氏液中，加盖玻片盖好即成。

(3)甘油明胶封片　甘油明胶封片剂配制：

水	6 mL
明胶	1 g
甘油	7 mL
石炭酸	1%

水与明胶溶解后，加入甘油混匀，并在其中加石炭酸 1%，加温 15 min 制成。

(4)培氏胶液封片　体积很小的螨，比较适合这种方法制片。

培氏胶液配制：

阿拉伯胶	15 g
蒸馏水	20 mL
葡萄糖浆	10 mL
醋酸	5 mL
水合氯醛	100 g

先用蒸馏水将阿拉伯胶溶解，加入葡萄糖浆(每 100 mL 水中含糖 68 g)，醋酸，再加入水合氯醛混匀即成。

用以上两种封片剂的任何一种时，氢氧化钾处理过的虫体经洗净后均无需脱水，直接放于载玻片上，除去多余的水分，滴加甘油明胶或培氏胶液，加盖玻片封固即可。

以上各种方法中，以加拿大胶封制的装片保存较久；其余各法的封固剂，时间过久后，会失去水分而干裂，有时在盖片周围用油漆环封，以减少水分散失，延长保存时间。但并不能完全阻止水分的丧失。

五、原虫的固定与保存

(一)原虫的制片

寄生性原虫的种类很多，不同种类的原虫寄生部位不同，因此在取材方面有所差别，但制片方法基本相仿。

1. 血液

涂片干燥后，用吉姆萨液或瑞氏液染色。

(1)吉姆萨液染色

①先用甲醇固定 3 min 左右。

②蒸馏水 1 mL 加吉姆萨原液 1.5～2 滴，混匀后染片。

③在 20 ℃室温内放置 1.5 h。

④用中性蒸馏水冲之(注意冲时不要先倒掉染液)，干后镜检。

(2)瑞氏染色　因染料溶于甲醇中，故不必事先用甲醇固定。

①在染色片上加瑞氏染色液 10 滴，静置 1 min。

②再加入等量缓冲液静置 3～5 min；

③用缓冲液或蒸馏水急冲半分钟。干后镜检。

检验效果：细胞核呈紫蓝色或深紫色，酸性颗粒呈粉红色，盐基性颗粒呈紫蓝色或深蓝色，红细胞呈橙黄色或浅红色，淋巴细胞呈紫蓝色。

2. 脏器

涂片、染色、制片同上。

3. 形态较大的原虫

如肉孢子虫，若观其内部构造，就需要做组织切片，可以用石蜡包埋切片或冰冻切片技术，此处略。

以上原虫制片，为了长期保存，也可以用二甲苯逐级透明后，再用光学树脂胶封片。

六、蠕虫卵的固定与保存

为了教学与研究的需要，常需将蠕虫虫卵保存，留待以后的检查。

(一)虫卵材料的采集

1. 从患畜粪便中收集虫卵

可参照蠕虫卵的各种集卵法。从家畜粪便中收集虫卵的缺点在于多数家畜体内常有多种寄生虫同时寄生，很难获得单一种的虫卵。

2. 生理盐水收集虫卵

将解剖家畜时所采集的每种寄生虫挑入生理盐水中，此时虫体尚未死亡，常可在盐水中继续产出一部分虫卵，然后将虫体取出，将盐水静置沉淀，待虫卵集中于底部后收集之。

此法所得到的虫卵，未经肠道与粪便混合，所以是无色的，与粪便中所见虫卵，在颜色上有所不同，为此可将取得的虫卵混入粪便中，存放数天，使之染色。

（二）虫卵标本的固定与保存

先将含有虫卵的沉淀物倒入一小烧杯中，加入已加热到 70～80 ℃的巴氏液，进行固定。等凉后，保存于小口试剂瓶中，用时吸取沉淀，放于玻片上检查即可。在以上操作中，保存液的加热很为重要。否则有些虫卵在保存液中仍然存活并继续发育或变形。

巴氏液配制：

甲醛　　30 mL
氯化钠　　7.5 g
水　　1 000 mL

混合而成。

有人建议改用下列固定液加入虫卵沉淀中以保存虫卵。

配比：

甲醛　　10 mL
95%乙醇　　30 mL
甘油　　40 mL

七、标签

凡是要保存的虫体和病理标本，都应附有标签，注明采自动物种类、器官、寄生虫的名称，采取的日期和地点。瓶装浸渍标本应有内、外标签，标签正面写动物种类、性别、年龄、编号、虫体寄生部位及寄生虫初步鉴别的名称。背面写动物来源、解剖时间、解剖者姓名和虫体数目。

知识链接

食肉动物的寄生虫完全剖检技术

食肉动物如犬、狼、狐等的寄生虫中，有些种（如棘球绦虫）是人、兽共患寄生虫，在剖检动物时，必须严防操作者被感染和污染环境。所以，剖检时要求按照如下操作方法来做。

（一）剖检前准备

1. 防护用品的准备

紧袖口工作服，长筒胶靴，乳胶手套，口罩，白帽。

2. 器材、药品的准备

直径 30～40 cm 瓷盆 3 或 4 个，大长方形瓷盘 3 或 4 个，500～1 000 mL 瓷量杯 2 个，

20 cm 左右长柄镊子 2 把，15 cm 长钝头剪刀 2 把，无齿组织镊子 3 把，直径 55 mm 的平皿 4 副，直径 10 cm 左右的平皿 10 副，有刻度(0.5～2 mL)带胶皮头的玻璃滴管 10 支，300 mL 玻璃烧杯 5 个，载玻片 2 盒，20 mm×20 mm 盖玻片 1 盒，12 cm×6 cm 的普通玻璃块 10～120 块，铁水桶 1 个，肥皂粉 2 包，毛巾 2 条，生理盐水 500 mL，20%甲醛 2 000 mL，10%甲醛 1 000 mL，5%甲醛 500 mL，70%酒精 500 mL，1%盐水 20 L，汽油喷灯 1 台，生石灰若干千克。

3. 地坑的准备

在较偏僻处事前挖一个地坑，深 2～3 m，为掩埋剖检处理后的尸体、内脏，以及所有污物之用。有焚尸炉设备的，应将上述各物投入焚尸炉内烧掉。

(二)剖检操作步骤

剖检前先观察体表有无寄生虫，如有寄生虫如蚤、虱、蜱、螨等，直接采集保存于 70%酒精中，然后将动物固定于解剖台上(腹部向上)，切开腹壁，先检查体腔内有无寄生虫，再查看内脏有无寄生虫病变，然后分别采取胸、腹腔内器官，分别置于盆内。

1. 准备好瓷盆

先将瓷盆编号，并在瓷盆内壁画出盛 1 000～1 500 mL 液体的记号，用于放置不同肠段内容物，以便计算总虫数。

2. 准备好用具

在 1 000 mL 瓷烧杯中，盛 20%甲醛 400 mL，把剖检时需用的镊子、剪刀、无齿组织镊子、长胶皮头滴管等插入其中，随用随拿。用后即时又插入杯中，禁止在实验台面或地面上随便乱放，以防污染。

3. 剖检及虫体标本的采取

操作者应穿戴个人防护衣帽、胶靴，手套、口罩，两人为一组，先在每个瓷盆内加入 1%盐水 1 000 mL，操作动作要轻快、稳准，防止盛脏器内容物的盐水溅出。一人手持镊子，另一人手握肠管、剪刀，两人合作。剖检消化道时，先剪开肠系膜，注意不要损破肠壁，使肠管能拉直，把肠管分段，再把小肠放在另一盆内，其余肠段留在原盆内。徐徐剪开小肠壁，边剪边仔细观察有无寄生虫，有虫时则把肠内容物及肠黏膜一起刮入盆中，刮时要慢要稳，防止内容物溅出。如内容物中小型虫体很多，可把盆内容物搅匀后，即用带刻度的长胶皮头滴管吸取 10～15 mL，置直径 55 mm 玻璃平皿中(每平皿内盛 5 mL)，在低倍镜下依次全面查虫，分类计数，然后计算出盆内多类虫体的总数。对大型绦虫标本采取时，应将吸附有头节的肠壁部分剪下，连同整个虫体浸入清水中数小时，则绦虫头节自然与肠壁脱离，如果强行拉下虫体，则吸附于肠壁的头节与链体断离，损坏标本。取得完整的绦虫标本后，再移置于清水中漂洗除去黏附的污物，再浸入清水中 8～12 h，使虫体松弛，然后将虫体放置于较大的长方形瓷盘中，倾入 5%甲醛液固定。对小型虫体如棘球属绦虫，放在 1%盐水中洗，再移入缓冲液中洗，把洗净的虫体用滴管吸上置于载玻片上，2～3 条为一组，对盖玻片稍加压力，使虫体变扁薄，但又不破裂，从旁滴加 10%甲醛固定 4 h 以上，然后连载玻片、虫体和盖玻片一同置入盛 10%甲醛的烧杯中，浸泡 1～2 d，再将虫体移入 5%甲醛液中保存。对中型线虫，检出后放在生理盐水中漂洗，和其他肠段的线虫一样，洗净后用 5%甘油酒精固定保存。

其他各种内脏的处理和标本的采集方法，同家畜的寄生虫剖检技术。

在整个剖检过程中，特别是对棘球绦虫患犬的剖检，应时刻注意：用过的任何用具、肠管、内容物，洗液等，绝不能到处乱放，必须煮沸 30 min 后，待自然冷却到 30 ℃左右，虫卵已被杀灭，再把肠及内容物倒入地坑内。对所有用具要用肥皂、清水洗净。操作者虽然穿戴着防护服装，但应尽量做到不污染。所用手套浸泡在 10%甲醛液中 1～2 d，工作服煮沸消毒，地面可撒上石灰或用喷灯喷烧。

复习思考题

简答题

1. 简述寄生虫病粪便检查的重要意义。
2. 掌握不同动物蠕虫卵的形态特征。
3. 列举旋毛虫病肉品检验的常用技术，比较其优缺点。
4. 哪些寄生虫病适合于免疫学诊断？
5. 制订一份集约化猪场的驱虫计划。
6. 驱虫在防治寄生虫病中有何意义？

项目四 人兽共患寄生虫病的诊断与防治技术

◆ **参考学时** 6学时。

◆ **知识目标**

1. 了解人兽共患寄生虫病的分类，掌握人兽共患寄生虫病的概念。

2. 了解人兽共患寄生虫病流行的影响因素，掌握其综合防治措施。

3. 了解主要人兽共患寄生虫病的临床症状和剖检病变等特征，掌握其病原形态及流行病学。

◆ **能力目标**

1. 掌握几种主要人兽共患寄生虫病的诊断方法。

2. 通过对某些人兽共患寄生虫病的典型案例的诊断和分析，培养学生综合分析和诊断人兽共患寄生虫病的能力。

任务一 人兽共患寄生虫病概述

一、人兽共患寄生虫病概念与分类

(一)人兽共患寄生虫病概念

人兽共患寄生虫病是指脊椎动物与人之间自然传播的寄生虫病，即以寄生虫为病原体，既可感染人又可感染动物的一类疾病。包括寄生性原虫、蠕虫、能进入宿主皮肤和体内的节肢动物，但不包括在宿主体表吸血和寄居的暂时性寄生虫。

在世界上存在的百余种人兽共患寄生虫病中，我国存在91种(邓定华等，1987)。世界卫生组织专家委员会公布的重要人兽共患寄生虫病有 69 种，其中最重要的有 23 种，我国分别存在 59 种和 21 种。在这 21 种中，弓形虫病、华支睾吸虫病、姜片吸虫病、并殖吸虫病、日本分体吸虫病、棘球蚴病、猪带绦虫病和囊尾蚴病、牛带绦虫病、旋毛虫病等，在我国分布较广，流行亦较严重。日本分体吸虫病流行于 70 余个国家和地区，大约有 2 亿血吸虫病人，5 亿～6 亿人受到威胁。

（二）人兽共患寄生虫病分类

人兽共患寄生虫病的分类方法多样，主要有三种。

1. 按寄生虫学分类划分

（1）吸虫病　约 19 种，如华支睾吸虫病、姜片吸虫病、日本分体吸虫病、肝片吸虫病、并殖吸虫病等。

（2）绦虫（蚴）病　约 15 种，如棘球蚴病、猪带绦虫病、脑多头蚴病、裂头绦虫病、迭宫绦虫病等。

（3）线虫病　约 27 种，如旋毛虫病、钩虫病、筒线虫病、丝虫病等。

（4）原虫病　约 17 种，如隐孢子虫病、利什曼原虫病、肉孢子虫病、弓形虫病等。

（5）节肢动物病　约 14 种。

（6）棘头虫病。

2. 按寄生虫的贮藏宿主性质分类

（1）人源性人兽共患寄生虫病　寄生虫的贮藏宿主主要是人，通常在人间传播，偶尔感染动物，如阿米巴原虫病。

（2）动物源性人兽共患寄生虫病　寄生虫的贮藏宿主主要是动物，通常在动物间传播，偶尔感染人，如弓形虫病、旋毛虫病、棘球蚴病。

（3）互源性人兽共患寄生虫病，即人与动物都是寄生虫的贮藏宿主，自然条件下，寄生虫可在人间、动物间及人与动物间相互感染，人和动物互为传染源，如日本分体吸虫病。

（4）真性人兽共患寄生虫病　指寄生虫的生活史必须以人和某种动物分别作为其终末宿主和中间宿主，缺一不可。属于这一类的只有两种病，即猪带绦虫病和牛带绦虫病。猪带绦虫和牛带绦虫分别以猪、牛为中间宿主，人为其终末宿主。

3. 按感染途径划分

（1）经口感染引起的人体寄生虫病

①食品源性。

Ⅰ. 病原体经肉品感染人，如猪带绦虫病、牛带绦虫病、旋毛虫病、肉孢子虫病、弓形虫病等。

Ⅱ. 病原体经淡水鱼、虾、蟹和贝类等水产品感染人，如裂头绦虫病、迭宫绦虫病、并殖吸虫病、后殖吸虫病、异形吸虫病、后睾吸虫病、华支睾吸虫病、棘口吸虫病等。

Ⅲ. 病原体经蛙、蛇等特殊食品感染人，如迭宫绦虫病。

Ⅳ. 病原体随被污染的食品、水、手，再经食品而感染人，如姜片吸虫病、片形吸虫病、腹盘吸虫病、囊尾蚴病、脑多头蚴病、细颈囊尾蚴病、棘球蚴病、旋毛虫病、毛细线虫病、毛圆线虫病、小袋虫病、弓形虫病、球虫病等。

②非食品源性。病原体经媒介动物携带而误入口中感染人，如双腔吸虫病、复孔绦虫病、膜壳绦虫病、伪裸头绦虫病、龙线虫病等。

（2）经皮肤（黏膜）感染引起的人体寄生虫病

①直接钻入。病原体直接钻入皮肤，如分体吸虫病、类圆线虫病、钩虫病，还有动物寄生虫

的感染性幼虫引起人的皮肤幼虫移行症。

②生物媒介带入。病原体经生物媒介带入，如丝虫病、吸吮线虫病、利什曼原虫病、锥虫病、巴贝斯虫病、疟疾、蝇蛆病等。

③接触感染。病原体通过动物与人的直接或间接接触而感染，如疥螨等。

二、影响人兽共患寄生虫病流行的因素

人兽共患寄生虫病的流行虽然决定于传染源、传播途径和易感宿主，但也受环境因素的影响。环境因素可促进或阻碍疾病的发生和流行。环境因素可分为自然因素和社会因素。

（一）自然因素

1. 地理气候

季节和气候的变化可以影响寄生虫的抵抗力和活动情况，从而影响寄生虫的繁殖、释放和扩散，进而影响疾病的发生频率和流行规模。气候变暖和生态平衡失调是主要自然因素，如蚊子和蜱的生长和分布，均与周围环境温度有着密切联系。现在中南美洲有 50% 的人受黄热病、登革热和南美锥虫病的威胁，全球气候变暖会使这些疾病向北传播。

2. 动物的迁徙和动物群体密度波动

候鸟的迁徙可远距离传播病原体。从森林捕捉野生动物引进动物园或住宅饲养，有可能把某些自然疫源性疾病带到人口密集的地方。从国外引进的稀有观赏动物或良种畜禽、动物产品等也有可能输入国内尚不存在的人兽共患病。动物群体密度的波动也是造成人兽共患病流行的重要因素。畜牧业中大规模集约化工厂式的饲养，单位面积内动物饲养量显著增加，兽医防疫工作稍有疏忽就会引起疾病的暴发流行。

（二）社会因素

社会因素主要包括社会制度、生产力、经济和科技水平、人民的文化、风俗习惯、政府相关法规的建设及执行情况等。这些因素可促进人兽共患病的发生和流行，也可成为控制和消灭人兽共患病的有利因素。

1. 社会制度和国家综合实力

落后的国家和地区，政府无力对人兽共患病实施有效的防制措施，导致人兽共患病的数量不断增加，传染的活动范围扩大，使疾病的流行区域扩大而难以控制和消失。如非洲地区由于贫穷和落后，至今仍有很多人兽共患病在流行，严重阻碍社会经济的发展。而先进的社会制度，经济、文化和科技发达的国家和地区，能对人兽共患病进行有效的监测和预防，使疾病得到及时的控制和消灭。

2. 自然疫源地的开发

随着全球人口不断地增加和经济发展的需要，人类需要进入迄今尚未开发或人烟稀少的地区。许多尚未被人们所认识的致病性微生物生存在人们所接触不到的远在的生态环境中，直到这些地方被开发。自然生态平衡遭到了破坏，这就增加人类感染疾病的机会，还可将病原体带出自然疫源地，扩大疾病的传播范围。如我国 1982 年东北某单位进入林区修路，十多天内有 106 人发生流行性出血热，占总人数的 25.5%。

3. 风俗与饮食习惯

人兽共患病的流行与民族(宗教)或地区风俗习惯有着密切的关系。如肯尼亚西北部的图加那牧民是世界上细粒棘球蚴病感染最严重的人群,这是由于按照宗教习惯,人死后尸体要让狗吃掉,从而使病原体的发育环得以维持。犬的感染率高,自然就增加了人类感染的机会。如我国广东、福建和越南的农村中,还有习惯用蛙肉敷贴伤口或病眼,有的吞食活蛙以治疗疥癣病,因此,孟氏裂头蚴病在该地区比较流行。人们的卫生知识、饮食习惯与不良的嗜好也是造成人兽共患病流行的重要的因素。在人兽共患病由动物传染给人的过程中,食品和饮水起着很重要的作用。其中动物性食品是许多疾病重要的传播媒介,如日本人嗜食生鱼片,人体棘颚口线虫感染率很高,有的地区竟占总人口的 1/3 以上。有的家庭和饭店,切肉的刀具和砧板生熟不分,有的人习惯在烹调肉食的过程中,品尝调味是否得当,这些不良习惯都可能感染疾病。

4. 职业性质

由于人们的职业不同,有些从业者容易与某些人兽共患病的传染源或媒介接触,其受感染的机会明显增加。如黎巴嫩的制鞋工人习惯用嘴唇沾湿缝线,由于当地仍有在狗粪煎液(其中蛋白酶软化兽皮)中锤打兽皮的制革方法,因而容易感染棘球蚴病。热带森林中橡胶园工人的黏膜皮肤利什曼病、茶农和果农的皮肤游走性幼虫病等。

5. 人类对生态系统和生物系统的影响

畜牧场、屠宰场和肉食品加工厂排出的大量污水和动物废弃物,如处理不当,就会污染环境,成为传播疾病的重要因素。交通工具的迅速发展,洲际或横贯大陆的飞行能够将隐藏在机舱座内的感染有人兽共患病病原体的节肢动物媒介不经意传播开来。例如,美国威斯康星州密尔沃基市由于小球隐孢子虫的卵囊污染饮水造成近 40 万人感染,近百人死亡。

三、人兽共患寄生虫病预防与控制

人兽共患寄生虫病的流行是由传染源、传染途径和易感人群和/或动物等三个因素相互联系的复杂过程。因此,采取相应的防制措施,主要是消除或切断造成流行过程的三个环节之间的相互联系和作用,达到控制和阻断疾病传播与流行的目的。

(一)控制和管理传染源

①对患者及患畜主要实施“早发现、早诊断、早报告、早隔离、早治疗”的“五早”措施。

②定期对种畜场的畜群进行流行病学监测,对血清学阳性动物及时隔离饲养或有计划淘汰,以消除感染来源。病愈后的牲畜不能作为种畜。畜舍内应严禁养猫、狗,并防止猫、狗进入厩舍。严防猫粪、狗粪污染饲料和饮水;屠宰废弃物必须煮熟后方可作为饲料。

③密切接触家畜的人,如屠宰厂、肉类加工厂、畜牧场的工作人员应定期做血清学检查。

④儿童不要逗猫、狗玩耍,孕妇更不要与猫、犬接触。

(二)切断传播途径

(1)一般卫生管理　加强卫生管理是预防和控制传染病流行的一项基础工作。其工作的重点是针对人、动物的生活环境,建立良好的卫生设施和管理制度,改善饮食饮水卫生、保持环境整洁和个体卫生,做好污物的排放和处理等。

①宠物圈舍应及时清扫,并定期以 55 ℃以上热水或 0.5%氨水消毒。

②培养良好的卫生习惯，饭前便后勤洗手，禁食生或半生的肉、乳及蛋；切生、熟肉的用具应严格分用分放；接触生肉、尸体后应严格消毒。

(2)消毒　消毒是切断人兽共患寄生虫病传播途径的重要手段，消毒的目的是清除或杀灭停留在外界环境中的病原体，减少疾病的传染源。

(3)杀虫　即杀灭人与动物生活环境中存在的媒介节肢动物，如蚊、蝇、蚤、虱、白蛉、蜱、螨等，这是切断人兽共患寄生虫病传染途径的重要措施。

(4)灭鼠　老鼠与人类的生活相当密切，而且也是某些人兽共患寄生虫病的主要传染源，如鼠疫等。因此，开展灭鼠工作，也是切断疫病传播途径的一项重要措施。

(三)保护易感人群和动物

(1)免疫预防　目前，能够商业应用的寄生虫疫苗尚不多见，但有多种疫苗正在研制或进入中试。如猪囊虫基因工程重组疫苗、日本分体吸虫基因工程重组疫苗、旋毛虫灭活疫苗、弓形虫的减毒疫苗等已进入动物临床试验阶段。

(2)药物预防　防治寄生虫病的化学药物目前已广泛应用，对某些尚无特异性免疫方法或免疫效果不甚理想的人兽共患寄生虫病，在疫病流行期间可给易感人群和动物某些药物进行预防，这对于降低发病率和控制疫病流行具有一定的作用。

(3)健康教育与促进　通过传播媒介的宣传、健康知识培训和心理咨询与干预等措施，教育和帮助人们改变不良行为、生活方式或动物圈养方式，改善人和动物的饮食营养和生活环境状况，加强个体防护和医疗卫生保健措施，增强人与动物对传染病的免疫能力。

任务二　猪囊尾蚴病

猪囊尾蚴病俗称囊虫病，是由猪带绦虫(又称有钩绦虫)的幼虫(猪囊尾蚴，又称猪囊虫)寄生于猪或人体内所引起的寄生虫病，患此病的猪身上的肉俗称“豆猪肉”或“米猪肉”。猪囊尾蚴在人体寄生的部位很广，肌肉、皮下组织、脑、眼、心、舌、肺等处都可见到。猪囊尾蚴不仅寄生于猪，也寄生于犬、猫等动物，人是猪带绦虫的唯一终末宿主。囊尾蚴病不但影响猪的健康，更重要的是也会对人的健康造成危害，严重的人体囊虫病可以危及生命，因此猪囊尾蚴病是我国重点防治的寄生虫病。

(一)病原形态

猪囊尾蚴呈椭圆形、白色、半透明的囊泡状，囊内充满液体(图 4-1)。大小为(6～10)mm×5 mm，囊壁上有一个粟粒大小、乳白色、内嵌的头节，头节上有四个吸盘，具有顶突，顶突上有两圈小钩。

猪带绦虫亦称有钩绦虫或链状带绦虫，呈乳白色，扁平带状，成虫体长 2～5 m，偶有长达 8 m 的。头节小(图 4-2)，呈球形，直径约 1 mm，其上有 4 个吸盘，有顶突，顶突上有 25～50 个小钩分两圈排列。整个虫体由 700～1 000 个节片组成。未成熟节片宽而短，成熟节片长宽几乎相等，呈四方形，孕卵节片则长度大于宽度。每个节片内有一组生殖系统，睾丸为泡状，

150～300 个分布于节片的背侧。生殖孔略突出，在体节两侧不规则地交互开口。孕卵节片内子宫由主干分出 7～12 对侧支。每一孕节含虫卵 3 万～5 万个，孕节可单个或成段脱落。

图 4-1　猪囊尾蚴

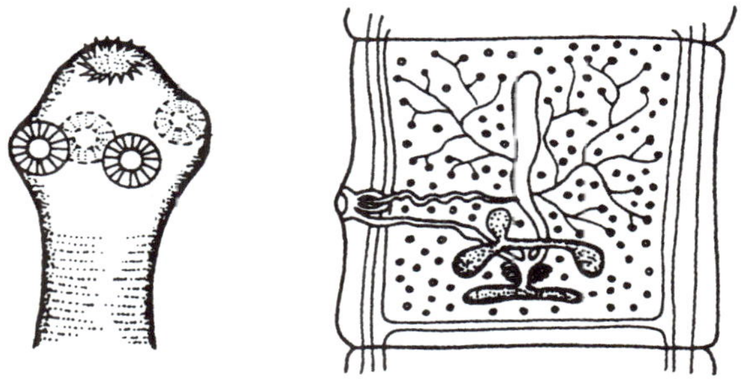

图 4-2　猪带绦虫成虫头节及成节

(二)生活史

人感染猪肉带绦虫是由于食入了生的或半生的含有囊尾蚴的猪肉。囊尾蚴在胃肠消化液的作用下，在小肠内翻出头节，以其吸盘和小钩固着于肠黏膜上发育，从颈节不断长出体节。感染后 2～3 个月发育成猪肉带绦虫，在人体内可寄生数年至数十年，其间不断向外排出孕节，成为猪囊尾蚴病的感染来源(图 4-3)。人体通常只寄生 1 条，偶尔多至 4 条。

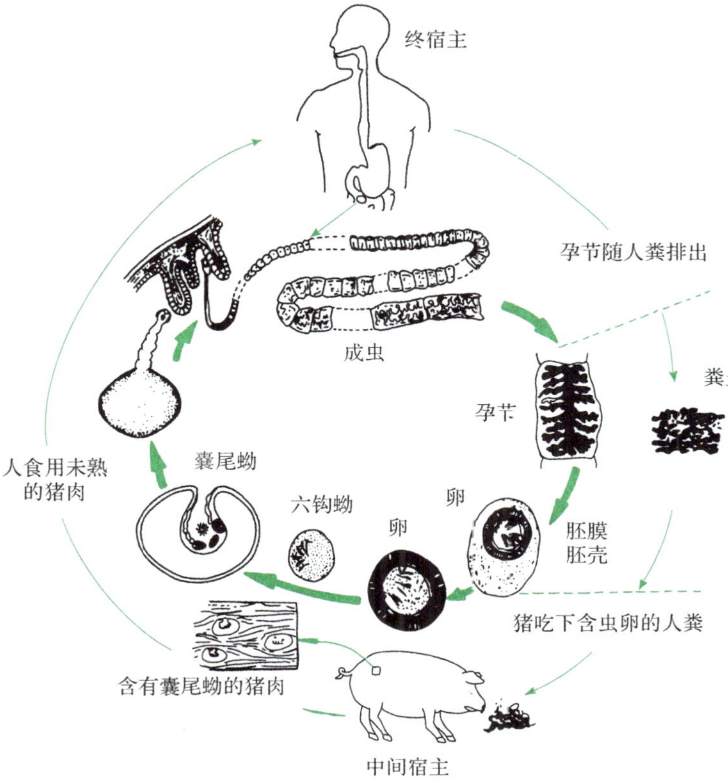

图 4-3　猪带绦虫发育史

(三)流行病学

目前本病主要在发展中国家流行。我国是猪囊尾蚴病的高发区,以华北、东北、西南等地区发生较多;北方各省较多,长江流域较少。人有钩绦虫病的感染源为猪囊尾蚴;猪囊虫病的感染源是人体内寄生的有钩绦虫排出的虫卵。这种由猪到人、由人到猪的往复循环,构成了流行的要素。更重要的是,人可以因摄入有钩绦虫卵而患猪囊尾蚴病。猪囊尾蚴病的发生和流行与人的粪便管理及猪的饲养方式密切相关,一般本病发生于落后的地区,常常是由于人无厕所、猪无圈;或是人的厕所与猪圈相通连(连茅圈)所致。此外,人感染猪肉带绦虫与饮食卫生习惯和烹调与食肉方法有关,喜食生肉或烹制方法不当是人感染猪肉带绦虫的主要原因。

(四)症状与病变

猪囊尾蚴寄生在猪肌肉里,特别是活动性较大的肌肉,通常在咬肌、心肌、舌肌和肋间肌、腰肌等处最为多见,严重时可见于眼球和脑内。虫体为一个长约 1cm 的椭圆形无色半透明包囊,内含囊液,囊壁的一侧有一个乳白色的结节,内含一个由囊壁向内嵌入的头节。囊虫包埋在肌纤维间,如散在的豆粒,故常称有猪囊虫的肉为"米糁肉""豆猪肉"或"米猪肉"。囊尾蚴在猪肉中的数量,可由数个到成千上万个。

猪感染少量的猪囊尾蚴时,不呈明显的变化。成熟的猪囊尾蚴的致病作用,很大程度上取决于寄生部位,寄生在脑时可能引起神经机能障碍;寄生在猪肉中时,一般不表现明显的致病作用。大量寄生时,可表现为肌肉疼痛、肢体僵硬、跛行,呼吸困难等;幼猪可表现生长发育不良。

猪囊尾蚴对人的危害亦取决于寄生部位和寄生数量。寄生于脑可引起头晕、恶心、呕吐以及癫痫等症状;寄生于眼部,可导致视力下降甚至失明;寄生于肌肉组织则引起局部肌肉疼痛。

(五)诊断

生前诊断比较困难,可以检查眼睑和舌部,看有无因猪囊尾蚴引起的豆状肿胀。触摸到舌部有稍硬的豆状结节时,可作为生前诊断的依据。

一般只有在宰后检验时才能确诊。宰后检验咬肌、腰肌等骨骼肌以及心肌,看是否有乳白色椭圆形或圆形的猪囊虫。镜检,可见猪囊虫头节上有 4 个吸盘及两圈小钩。钙化后的囊虫,包囊中呈现大小不同的黄白色颗粒。

目前血清学诊断方法也已经被应用于猪囊尾蚴病的诊断上,如间接血凝试验、间接荧光抗体试验、酶联免疫吸附试验等。

(六)治疗

1. 对猪囊尾蚴病的治疗

(1)吡喹酮　每千克体重 30～60 mg,1 次/d,连用 3 d。

(2)丙硫咪唑　每千克体重 30 mg,一次口服,隔 48 h 再服一次,共服 3 次。

2. 对人脑囊虫病的治疗

(1)吡喹酮　每千克体重 20 mg,每日分两次服用,连服 6 d。

(2)丙硫咪唑　每千克体重 20 mg,分两次口服,15 d 为一疗程,间隔 15 d,至少服 3 个疗程。

3. 对人绦虫病的治疗

(1)南瓜籽和槟榔合剂　南瓜籽 50 g,槟榔片 100 g,硫酸镁 30 g。南瓜籽炒后去皮磨碎,槟榔片做成煎剂,晨空腹先服南瓜籽粉,1 h 后再服槟榔煎剂,0.5 h 后服硫酸镁。应多喝白开水,服药后 4 h 可排出虫体。

(2)仙鹤草根芽　晒干粉碎,成人 25 g,晨空腹一次服下。

(3)氯硝柳胺(灭绦灵)　成人用量 3 g,晨空腹两次分服,药片嚼碎后用温水送下,否则无效,间隔 0.5 h 再服另一半,1 h 后服硫酸镁。

人驱虫后应检查排出的虫体有无头节,如无头节,虫体还会生长。

(七)预防

有钩绦虫病和猪囊尾蚴病对人的危害性很大,因此对其进行防治是一项非常重要的工作。另外,有囊尾蚴的猪肉,常不能食用,造成很大的经济损失。对于猪囊尾蚴病须采取综合性预防措施。

①加强城乡肉品卫生检验,实行定点屠宰、集中检疫。对有囊尾蚴的猪肉,应做无害化处理。

②做到人有厕所、猪有圈。在北方主要是改造连茅圈,防止猪食人粪而感染囊虫,杜绝猪和人粪的接触机会。人粪需经无害化处理后方可利用。

③普查普治高发人群,发现人患绦虫病时,及时驱虫。驱虫后排出的虫体和粪便必须严格处理。

④注意个人卫生,改变饮食习惯,不吃生的或未煮熟的猪肉。

⑤加强科普宣传教育,提高人们对猪囊尾蚴病的危害以及感染途径和方式的认识,自觉参与防治猪囊尾蚴病。

任务三　旋毛虫病

旋毛虫病是由毛形科毛形属的旋毛虫寄生于多种动物和人引起的疾病。成虫寄生于哺乳动物小肠,幼虫寄生于肌肉组织,是重要的人兽共患病,可致人死亡。

(一)病原

1. 形态结构

旋毛虫成虫细小,前部较细,后部较粗。雄虫长 1.4～1.6 mm,尾端有泄殖孔,无交合伞和交合刺,有两个呈耳状悬垂的交配叶。雌虫长 3～4 mm,阴门位于身体前部的中央,胎生。成虫寄生于终末宿主小肠,称为肠旋毛虫(图 4-4)。幼虫长 1.15 mm,卷曲并形成包囊,包囊呈圆形、椭圆形或梭形。幼虫寄生于肌纤维间,称为肌旋毛虫(图 4-5)。

图 4-4　旋毛虫成虫

A. 雌虫　B. 雄虫

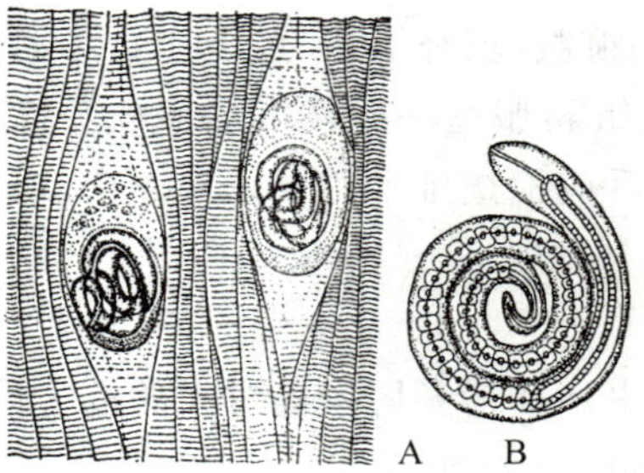

图 4-5　旋毛虫幼虫

A. 肌肉中的包囊　B. 幼虫

2. 生活史

(1)宿主　宿主范围广，有近 50 种动物包括人、猪、鼠、犬、猫、熊、狐、狼、貂和黄鼠狼等(图 4-6)。成虫与幼虫可寄生于同一宿主。动物和人感染时，先为终末宿主，后成为中间宿主。

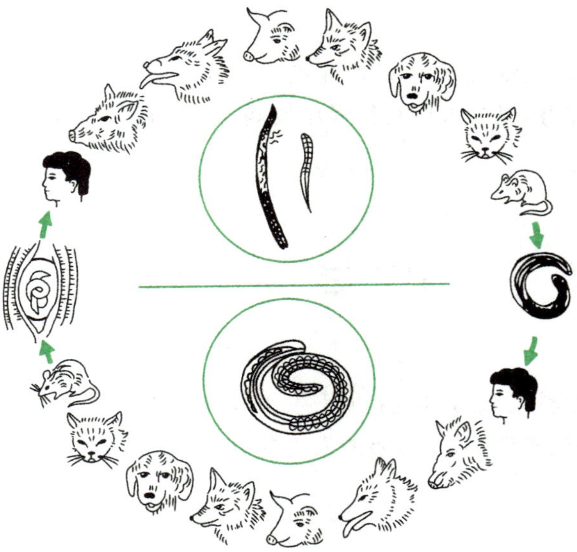

图 4-6　旋毛虫生活史

(2)发育过程　终末宿主因摄食了含有包囊幼虫的动物肌肉而受感染。包囊在宿主胃内被溶解，幼虫释出后经两昼夜发育为成虫。在小肠内雌雄虫交配后，雄虫死亡。雌虫钻入肠腺或肠黏膜下淋巴间隙产出大量幼虫，幼虫随淋巴经胸导管、前腔静脉入心脏，然后随血循散布到全身，只有到达横纹肌的幼虫才能继续发育。在感染后 17～20 d 肌肉内的幼虫开始蜷曲，周围逐渐形成包囊，到第 7～8 周时包囊完全形成，此时的幼虫具有感染力。每个包囊一般只有 1 条虫体，偶有多条。6～9 个月后，包囊从两端向中间钙化，全部钙化后虫体死亡。否则幼虫可长期生存，保持生命力由数年至 25 年之久。

（二）流行病学

1. 感染源

患病或带虫猪、犬、猫、鼠等动物都是感染来源。

2. 感染途径

经口感染。

猪感染旋毛虫主要是由于吞食了患病动物的肉，或携带旋毛虫的蝇蛆、步行虫；用生的病肉屑、洗肉水和含有病肉的废弃物喂猪都可引起旋毛虫的感染。

人感染旋毛虫病多与食用腌制或烧烤不当的猪肉制品有关；个别地区有吃生肉或半生不熟肉的习惯；切过生肉的菜刀、砧板均可能粘有旋毛虫的包囊，亦可能污染食品而造成食源性感染。

3. 繁殖力

1 条雌虫能产出 1 000～10 000 条幼虫。

4. 抵抗力

包囊幼虫的抵抗力很强，在−20 ℃时可保持生命力 57 d，高温 70 ℃才能杀死；盐渍和熏制品不能杀死肌肉深部的幼虫；在腐败肉里能活 100 d 以上。

5. 流行特点

旋毛虫病属世界性分布，主要有如下原因：一是旋毛虫的宿主范围和感染范围都非常广泛，有近 50 种动物包括人、猪、鼠、犬、猫、熊、狐、狼、貂和黄鼠狼等，甚至许多昆虫如蝇蛆和步行虫都能感染并传播本病；二是肌肉包囊中的幼虫对外界的抵抗力较强。

（三）临床症状

旋毛虫对人危害较大，严重感染可造成死亡。对猪和其他动物致病力较轻。

猪感染时往往不显病状，严重感染时，初期有食欲不振、呕吐和腹泻病状；随后出现肌肉疼痛、步伐僵硬，呼吸和吞咽亦有不同程度的障碍，有时眼睑、四肢水肿，很少死亡，病状可自行恢复。

人的旋毛虫病病状明显。成虫侵入肠黏膜时引起肠炎，严重时带血性腹泻。幼虫进入肌肉，特征为急性肌炎，发热和肌肉疼痛；同时出现吞咽、咀嚼、行走和呼吸困难；眼睑水肿，食欲不振，极度消瘦。严重感染时多因呼吸肌麻痹、心肌及其他脏器的病变和毒素的刺激而引起死亡。

（四）病理变化

成虫可引起肠黏膜出血、发炎和绒毛坏死。幼虫移行时引起肌炎、血管炎和胰腺炎，在肌肉定居后引起肌细胞萎缩、结缔组织增生。

（五）诊断

生前诊断困难，可采用间接血凝试验和酶联免疫吸附试验等免疫学方法。目前国内已有快速诊断试剂盒。死后诊断可用肌肉压片法和消化法检查幼虫。

1. 病原检查

将患者吃剩下的肉或带肉馅的食品，用压片法检查包囊，消化法分离包囊和动物接种。

肌肉活组织检查：感染后第 4 周取三角肌或腓肠肌（肌痛最显著的部位）一小片，置两玻璃片中压成薄片，低倍显微镜下观察，可见蜷曲活动的幼虫。但肌肉活检受摘取组织局限性的影响，在感染早期及轻度感染者不易检出幼虫。

2. 免疫学诊断

我国旋毛虫病酶联免疫吸附试验快速诊断试剂盒已经商品化。

3. 血象检查

早期移行期白细胞总数增多，但外周血液中嗜酸粒细胞显著增多是人体旋毛虫病最常见的指征之一。

（六）防治

1. 预防措施

①健康教育。人群感染均系不良的饮食和卫生习惯所致。因此，健康教育是防治的重要措施，要使群众了解本病的传播途径及其危害性，把好“病从口入”关，不吃生的或半熟的肉类，刀和菜板要生熟分开，注意个人卫生及饮食卫生，养成饭前便后洗手的习惯。

②提倡家畜集中屠宰，加强肉品检验，加强肉类加工企业废弃物的无害化管理。

③治疗患者、病畜，减少传染源。

④长期坚持灭鼠工作。

⑤禁止用生肉喂猫、犬等动物；流行地区猪只不能放牧，不用生废肉屑和含有生肉屑的泔水或垃圾喂猪。

2. 治疗

丙硫咪唑为首选药物，一般于服药后 2～3 d 体温下降、肌痛减轻、浮肿消失。

任务四　日本分体吸虫病

日本分体吸虫病，又称血吸虫病，是由日本分体吸虫寄生在哺乳动物肠系膜静脉的血管内引起的寄生虫病，寄生在人体内，靠吸食人血而生活，可以使人贫血、肝脾肿大、腹水。南方一带叫血吸虫病为“大肚子病”或“水膨胀”。主要在我国长江中下游流行，危害人、牛、羊、猪等。

1. 病原体

日本分体吸虫雌雄异体，虫体呈线状，前端有粗而短的柄。雄虫呈乳白色，短而粗，大小为（10～18）mm×（0.5～0.55）mm，雌虫为（13～25）mm×（0.1～0.3）mm，雌虫常居住在抱雌沟内。

虫卵呈圆形，淡黄色，无卵盖，卵内有毛蚴。

2. 发育史

成虫在终末宿主的门静脉和肠系膜小静脉内交配产卵，虫卵一部分经血液流动到达肝脏，一部分在肠系膜下形成结节。当虫卵内形成毛蚴时穿过肠黏膜随粪便排出体外。在 25～30 ℃温度下毛蚴逸出，钻入中间宿主钉螺内发育成尾蚴，尾蚴离开螺体在水中游动，一旦遇到终末宿主即经皮肤入侵。亦可随饮水经口腔黏膜进入体内，最后在门静脉、肠系膜小静脉内发育为成虫（图 4-7）。成虫寿命为 3～5 年甚至更长。

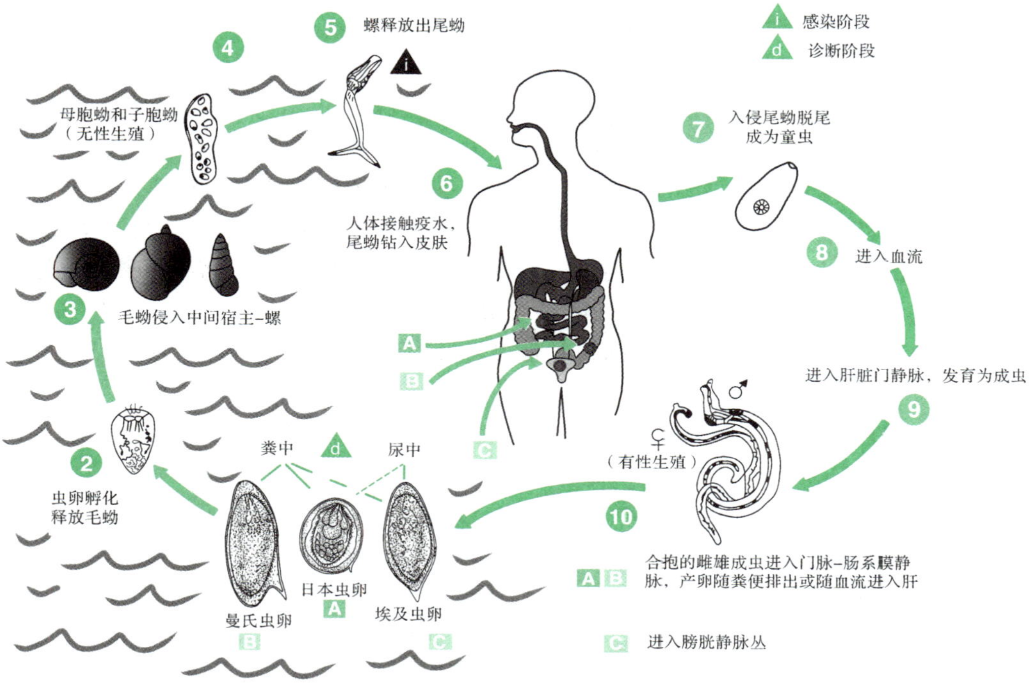

图 4-7　血吸虫生活史

3. 流行病学

日本分体吸虫病的感染来源是患病的人和动物，有钉螺滋生、多雨、潮湿、低洼的湖区、沼泽多见。

4. 症状

本病分为急性型和慢性型，多见慢性型。

（1）急性型　病畜体温升高达 40～41 ℃，呈不规则的间歇热型；水泻，粪便中含有血液、黏液、脱落的黏膜；精神沉郁、贫血、严重者衰竭死亡。

（2）慢性型　消化不良、下痢、粪便中含有血液、黏液增多，逐渐消瘦，病程后期出现肝硬化、腹水增多，幼畜发育不良。母畜易流产。

5. 诊断

根据流行病学调查，临床症状和粪便检查，结合死亡动物尸体剖检做出诊断。

粪便检查采用反复水洗沉淀法或毛蚴孵化法。

（1）反复水洗沉淀法　用水自然沉淀 2～3 次，每次时间半小时。

（2）毛蚴孵化法　取鲜粪 100 g，反复水洗沉淀后，将粪便沉渣放入透明玻璃容器内，在 22～27 ℃条件下孵化 5 h，分时段观察三次。

尸体剖检主要是在门静脉和肠系膜小静脉内见虫。

6. 防治

(1)治疗

①10%吡喹酮注射液。牛 10 mg/kg,肌内注射或第三胃注射。

②吡喹酮。黄牛 30 mg/kg,山羊 25 mg/kg,一次内服。

③兽用敌百虫。只用于水牛,15 mg/kg(最高限量为 4 000 mg)。

④硝硫氰胺静脉注射。黄牛 1.5～20 mg/kg,水牛 1.5 mg/kg,羊 4 mg/kg,配成 2%水混悬液,一次静脉注射。

(2)预防　消灭中间寄主(宿主)钉螺,切断血吸虫的传播途径,是消灭血吸虫病的重要环节。及早发现病人,早期治疗,杀死成虫,减少虫卵,是控制传染源的根本措施。管理好粪便,不污染水源,使虫卵不能发育成幼虫,同样也可切断传播途径。保护好易感人群。避免或减少接触疫水;消灭或排除水中的幼虫;使用防护用具和将药物涂于皮肤,以防幼虫侵入人体。

①管理工作实施同步。注意饮水卫生,粪便处理得当。

②实行人畜查治同步。及早发现病畜和带虫者,进行同步治疗,因地制宜,合理控制病原传染。

③实行疫情监测同步。通过疫情监测,及早发现疫情,尽早采取措施,避免疫病扩散。

④实施人畜血防同步。必须统一认识,医疗和兽医部门应同时制订血防计划,建立血防队伍和设置相应机构。

⑤消灭钉螺。采取有效措施破坏钉螺生长环境。

任务五　弓形虫病

弓形虫病是由刚地弓形虫寄生所引起的一种人兽共患疾病。该病对家畜的危害严重,许多畜禽如猪、牛、猫、犬、羊、马、骆驼、家兔、鸡、鸭等都可以感染弓形虫且出现病症。孕妇和免疫功能缺陷者感染弓形虫后果严重,先天性弓形虫感染可造成智力障碍、脑炎、流产、畸胎或死胎等严重后果;在免疫功能缺陷者如器官移植、恶性肿瘤及艾滋病患者中,慢性期缓殖子的活化有致命的危险。

刚地弓形虫是一种重要的机会致病性原虫,本病在全世界广泛存在和流行。

(一)病原

1. 形态结构

弓形虫的发育有 5 个阶段,即滋养体、包囊、裂殖体、配子体和卵囊(图 4-8)。滋养体和包囊出现在中间宿主体内;裂殖体、配子体和卵囊出现在终末宿主猫体内。

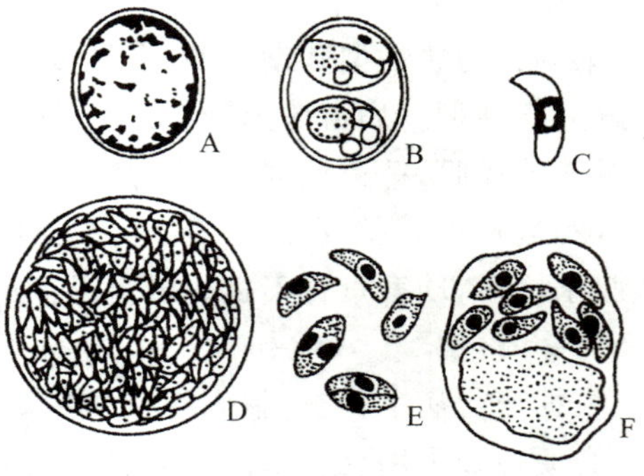

图 4-8　弓形虫

A. 未孢子化卵囊　B. 孢子化卵囊　C. 子孢子
D. 包囊　E. 速殖子　F. 假包囊

(1)滋养体　又称速殖子，长 4～7 μm，最宽处 2～4 μm。主要出现于急性病例的腹水中，常可见到游离于细胞外的单个虫体。游离的虫体呈弓形或月牙形，一端较尖，一端钝圆；一边扁平，另一边较膨隆。经吉姆萨染色或瑞氏染色后可见胞浆呈蓝色，胞核呈紫红色，核位于虫体中央。细胞内寄生的虫体呈纺锤形或椭圆形，一般含数个至十多个虫体。这个被宿主细胞膜包绕的虫体集合体称假包囊，其内速殖子增殖至一定数目时，胞膜破裂，速殖子释出，随血流至其他细胞内继续繁殖。

(2)包囊　圆形或椭圆形，直径 5～100 μm，具有一层富有弹性的坚韧囊壁。见于慢性病例的脑、骨骼肌、心肌和视网膜等处。囊内滋养体称缓殖子，可不断增殖，内含数个至数百个虫体，在一定条件下可破裂，缓殖子重新进入新的细胞形成新的包囊，可长期在组织内生存。

(3)裂殖体　在终末宿主猫小肠绒毛上皮细胞内发育，成熟的裂殖体为长椭圆形，内含4～29 个裂殖子，以 10～15 个居多，呈扇状排列，裂殖子形如新月状，前尖后钝，较滋养体为小。

(4)配子体　一部分游离的裂殖子侵入肠上皮细胞发育形成配子母细胞，进而发育为配子体，有雌雄之分。雌雄配子体发育为雌雄配子，雌雄配子受精结合发育为合子，而后发育成卵囊。

(5)卵囊　刚从猫粪排出的卵囊为圆形或椭圆形，大小为 10～12 μm；具两层光滑透明的囊壁，内充满均匀小颗粒。成熟卵囊含 2 个孢子囊，每个分别由 4 个子孢子组成，相互交错在一起，呈新月形。卵囊对外界抵抗力较大，对酸、碱、消毒剂均有相当强的抵抗力，在室温下可生存 3～18 个月，猫粪内可存活 1 年，对干燥和热的抗力较差，80 ℃ 1 min 即可杀死，因此加热是防止卵囊传播最有效的方法。

2. 生活史

(1)宿主　中间宿主有哺乳类、鸟类、鱼类、爬行类和人，终末宿主为猫和猫科动物。弓形虫对中间宿主的选择极不严格，哺乳类、鸟类、鱼类、爬行类和人都可寄生，对寄生组织的选择也无特异亲嗜性，除红细胞外的有核细胞均可寄生(图 4-9)。

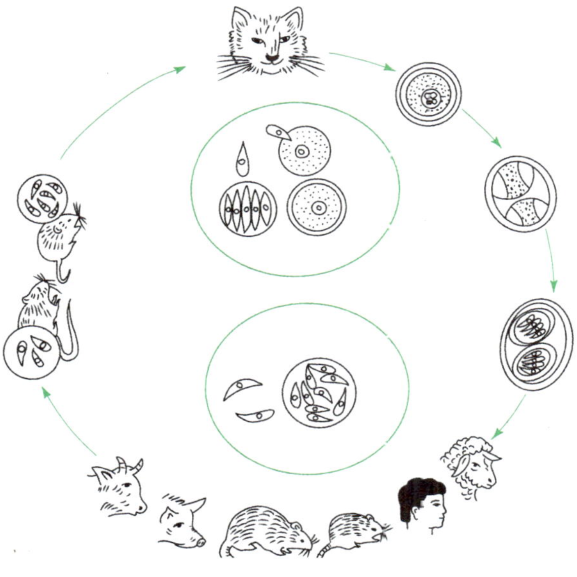

图 4-9　弓形虫生活史

(2)发育过程　弓形虫全部发育过程需要两种宿主，须经过以下三个阶段。

①无性生殖阶段。在其寄生的肠上皮细胞内以裂殖生殖法进行。

②有性生殖阶段。在其寄生的肠上皮细胞内以配子生殖法进行。裂殖子形成大、小配子体，进而形成大、小配子，小配子钻入大配子内形成合子，合子周围迅速形成一层被膜即形成卵囊。

③孢子生殖阶段。卵囊随粪便排出体外，在外界环境中经数天发育为孢子化卵囊。弓形虫在终末宿主猫体内完成有性生殖阶段(同时也进行无性增殖，也兼中间宿主)；在中间宿主人或其他动物体内只能完成无性繁殖阶段。在外界完成孢子生殖阶段。有性生殖只限于在猫科动物小肠上皮细胞内进行，称肠内期发育。无性繁殖阶段可在其他组织、细胞内进行，称肠外期发育。

终末宿主猫吞食带有弓形虫包囊或假包囊的内脏或肉类组织，以及食入或饮入被成熟卵囊污染的食物或水时即可感染。速殖子或子孢子在小肠腔逸出，侵入小肠上皮细胞经3～7 d发育繁殖，形成多个核的裂殖体，成熟后释出裂殖子，侵入新的肠上皮细胞形成第二、三代裂殖体，经数代增殖后，部分裂殖子发育为雌雄配子，雌雄配子受精成为合子，最后形成卵囊，撑破上皮细胞进入肠腔，随粪便排出体外。在适宜温湿度环境中经2～4 d即发育为具感染性的成熟卵囊。受感染的猫，一般每天可排出卵囊1 000万个，可持续10～20 d。

中间宿主吃入猫排出的卵囊或含有滋养体或包囊的病肉而感染，子孢子、缓殖子或速殖子在肠内逸出，随即侵入肠壁，经血或淋巴扩散至全身各器官组织，然后进入细胞内发育繁殖，直至细胞破裂，速殖子重新侵入新的组织、细胞，反复繁殖。

在免疫功能正常的机体，部分速殖子侵入宿主细胞后，虫体繁殖速度减慢并形成包囊，包囊在宿主体内可存活数月、数年，甚至终身不等。当机体免疫功能低下或长期应用免疫抑制剂时，组织内的包囊可破裂，释出缓殖子，进入血流和其他新的组织细胞继续发育繁殖。

(二)流行病学

该病为动物源性疾病，分布于全球各地，许多哺乳动物、鸟类是本病的重要传染源，人群感染也相当普遍。据血清学调查，全世界人群抗体阳性率为25%～50%，我国为5%～20%，多数属隐性感染。家畜的阳性率可达10%～50%，可食用的肉类感染相当普遍，常形成局部暴发流行，严重影响畜牧业发展，亦威胁人类健康。

本虫感染与地理、自然气候条件关系不大，常与饮食习惯、生活条件、接触猫科动物、职业因素有关。

1. 感染源

感染源主要是病人、病畜及带虫动物，其体内有弓形虫滋养体、包囊和假囊。已证明病畜的唾液、痰、粪、尿、乳汁、腹腔液、肉、内脏、淋巴结以及急性病例的血液中都可能含有滋养体。猫是本病最重要的传染源，吞食了患病动物的尸体后，经3～20 d发育，从粪便中就会排出大量卵囊。一般1 d可排出1 000个卵囊，排囊可持续10～20 d。新鲜卵囊在外界短期发育才具有感染性。

感染性卵囊对逆境抵抗力很强，−5 ℃下可存活120 d，−20 ℃下可存活60 d。

2. 感染途径

感染途径有先天性和获得性2种。先天性是指胎儿在母体经胎盘而感染；获得性主要经口、鼻、咽、呼吸道黏膜、眼结膜感染。病猫排出的卵囊及被卵囊污染的土壤、水源、饲料、牧草或食具均可成为人、畜感染的重要来源。曾有人因喝生羊奶而致急性感染的报告。经损伤的皮肤和黏膜也是一种传染途径。国外已有经胎盘、输血、器官移植而发生弓形虫病的报道。节肢动物携带卵囊也具有一定的传播意义。

3. 易感对象

弓形虫为细胞内寄生虫，人类及各种家畜（如猫、犬、鼠、兔、猪、牛、羊）都会感染发病。人类对弓形虫普遍易感，尤其是胎儿、婴幼儿、肿瘤和艾滋病患者等。在家畜中，弓形虫对猪和羊的危害最大。其他动物包括 200 余种哺乳动物、70 种鸟类、5 种爬行动物和一些节肢动物均可感染。

4. 感染季节

人弓形虫的感染率一般是在温暖潮湿地区较寒冷干燥地区为高。但对于人发病季节性尚无资料记载。家畜弓形虫病一年四季均可发病，但一般以夏秋季居多。如我猪弓形虫病的发病季节在每年的 5—10 月份。

（三）临床症状

1. 人类

人弓形虫病有先天性和获得性两种。先天性弓形虫病只发生于初孕妇女，经胎盘血流传播。受染胎儿或婴儿多数表现为隐性感染，有的出生后数月甚至数年才出现症状；急性感染主要表现为呼吸困难，咳嗽，并伴有鼻漏、高烧、体表淋巴结肿大、腹部皮肤及耳部出现淤血斑等症状。也可造成孕妇流产、早产、畸胎或死产，尤以早孕期感染，畸胎发生率高。淋巴结肿大是获得性弓形虫病最常见的临床类型，多见于颌下和颈后淋巴结。获得性弓形虫病可因虫体侵袭部位和机体反应性而呈现不同的临床表现，因而无特异症状，须与有关疾病鉴别。

2. 动物

弓形虫病主要引起神经、消化及呼吸系统的症状。急性猪弓形虫病的潜伏期为 3～7 d，病初体温升高，幅度在 40～42 ℃，呈稽留热，食欲减退，常出现异嗜、精神委顿和喜卧等，症状颇似猪瘟，被毛蓬乱无光泽，尿液呈橘黄色，粪便多数干燥，呈暗红色或煤焦油色，有的猪往往下痢和便秘交替发生。呼吸困难，呈腹式或犬坐姿势呼吸，吸气深，呼气浅短。皮肤有紫斑，体表淋巴结肿胀。怀孕母猪表现为高热、废食、精神委顿和昏睡，此种症状持续数天后可产出死胎或流产，即使产出活仔，也可发生急性死亡或发育不全，不会吃奶或畸形怪胎。羊弓形虫病的临床表现主要以流产为主。在流产羊组织内可见有弓形虫速殖子，其他症状不明显。猫感染此病后，通常无明显症状。

（四）病理变化

1. 急性型

急性病例多见于年幼动物，出现全身性病变：淋巴结、肝、肺和心脏等器官肿大，有许多出血点和坏死灶。肾脏黄褐色，常见针尖大出血点或坏死灶。肠道重度充血，肠黏膜可见坏死灶。腹腔积液。

2. 慢性型

慢性病例多可见内脏器官水肿，并有散在的坏死灶。

(五)诊断

根据流行病学资料(宿主范围广,秋冬季和早春发病率高)、临床症状(高热持续,呼吸困难,皮肤出现紫斑,体表淋巴结肿大)和病理剖检(全身淋巴结肿大、出血或坏死,肺高度水肿)等可做出初步诊断。由于弓形虫病无特异性临床症状,易与多种疾病混淆,故必须依靠病原学和血液学检查结果,方可确诊。

1.病原学检查

生前检查可采用病人、病畜发热期的血液、脑脊髓、眼分泌物、尿、唾液以及淋巴结穿刺液作为检查材料;死后采取心血、心、肝、脾、肺、脑、淋巴结及胸、腹水等。此外,还应收集猫的粪便,检查是否有卵囊存在。

(1)直接涂片检查　在体液涂片中发现弓形虫速殖子,一般可作为急性期感染的诊断。

(2)动物接种试验　一般是将被检材料接种幼龄小鼠腹腔,观察其发病情况,并从腹腔液检查速殖子。

2.血清学诊断

血清学试验有染色试验、间接血凝试验和酶联免疫吸附试验等。

3.分子生物学检查

近年来随着分子生物学技术的发展,PCR 及 DNA 探针技术均已应用于检测弓形虫感染,尤其是 PCR 技术更具早期诊断的意义,已在有条件的实验室用于临床。

(六)防治

1.预防措施

本病重在预防,应采取综合防治措施。

①猫舍应及时清扫,并定期以 55 ℃以上热水或 0.5%氨水消毒。

②定期对种猪场的猪群进行流行病学监测,对血清学阳性猪只及时隔离饲养或有计划淘汰,以消除感染来源。病愈后的猪不能作为种猪。畜舍内应严禁养猫,并防止猫进入厩舍。严防猫粪污染饲料和饮水;扑灭圈舍内外的老鼠;屠宰废弃物必须煮熟后方可作为饲料。

③密切接触家畜的人,如屠宰厂、肉类加工厂、畜牧场的工作人员应定期做血清学检查。

④禁食生肉、半生肉(−10℃ 15 d,−15 ℃ 3 d 可杀死虫体)、生乳及生蛋;切生肉、熟肉的用具应严格分用分放;接触生肉、尸体后应严格消毒。

⑤儿童不要逗猫、犬玩耍,孕妇更不要与猫、犬接触。

⑥利用疫苗预防亦初显成效。但弓形虫的弱毒株的最大缺点是在免疫动物体内残留包囊,这种包囊可在机体免疫力低下时活化而成为潜在的感染源。

⑦近年来,亚单位疫苗和核酸疫苗成为新的研究热点。

总之,培养良好的卫生习惯,饭前便后勤洗手,去除不良饮食习惯,不吃半生不熟的食品,不喝生牛奶,对预防弓形虫感染有重要作用。

2.治疗

磺胺类药物对弓形虫病有很好的治疗效果,磺胺类药物和抗菌增效剂联合作用的疗效最好,但应注意在发病初期及时用药;否则,虽可使临床症状消失,但不能抑制虫体进入组织形成包囊,使病人或病畜成为带虫者;使用磺胺类药物应首次剂量加倍。用药或注射后 1～3 d 体温即可逐渐恢复正常，一般需连用 3～4 d。

对于孕妇应首选螺旋霉素，因此药毒性较小，口服剂量为每天 2～3 g，分 4 次服用，连用 3～4 周，间隔 2 周，重复使用。

任务六　肉孢子虫病

肉孢子虫病是肉孢子虫寄生于多种动物和人横纹肌所引起的一种人兽共患病。主要对畜牧业造成危害，偶尔寄生于人体。

肉孢子虫为一种常见于食草动物（如牛、羊、马和猪等）的寄生虫，已记载的有 120 种以上，寄生于家畜的有 20 余种。寄生于人肠并以人为终末宿主的肉孢子虫只有 2 种，即牛肉孢子虫和猪肉孢子虫，前者的中间宿主是牛，后者的中间宿主是猪。上述 2 种均寄生于人的小肠，故又称人肠肉孢子虫。

（一）病原

1. 形态结构

肉孢子虫在不同发育阶段有不同的形态。

（1）包囊（米氏囊）　见于中间宿主的肌纤维之间。多呈纺锤形、圆柱形或卵圆形，乳白色。包囊壁由两层组成，内层向囊内延伸，构成很多纵隔将囊腔分成许多小室。发育成熟的包囊，小室中有许多肾形或香蕉形的滋养体（缓殖子），又称为南雷氏小体（图 4-10）。猪体内的包囊直径 0.5～5 mm，而牛、羊、马体内包囊均在 6 mm 以上，肉眼易见。

（2）卵囊　见于终末宿主的小肠上皮细胞内或肠内容物中。呈椭圆形，壁薄，内含 2 个孢子囊，每个孢子囊内有 4 个子孢子。

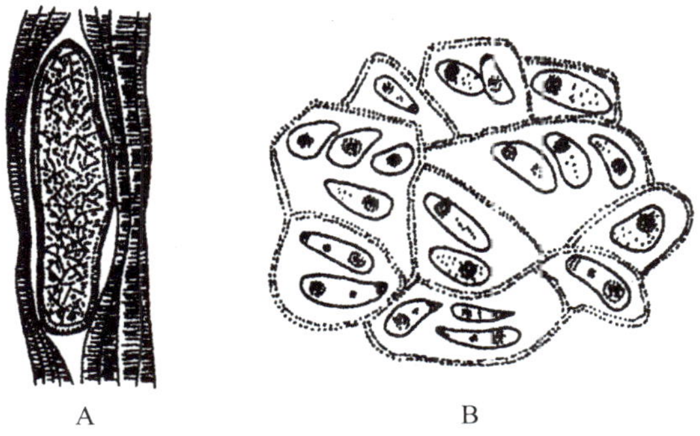

图 4-10　肉孢子虫

A. 包囊全形　B. 包囊部分结构放大

2. 生活史

（1）中间宿主　十分广泛，哺乳类、禽类、啮齿类、鸟类、爬行类和鱼类。偶尔寄生于人。

（2）终末宿主　犬等肉食动物、猪、猫和人等。

（3）发育过程　肉孢子虫全部发育过程需要两种宿主。终末宿主吞食含有包囊的中间宿主肌肉后，包囊被消化，慢殖子逸出，侵入小肠上皮细胞发育为大配子体和小配子体，大、小配子体又分裂成许多大、小配子，大、小配子结合为合子后发育为卵囊，之后在肠壁内发育为孢子化卵囊。成熟的卵囊多自行破裂进入肠腔随粪便排出，因此随粪便排到外界的卵囊较少，多数为孢子囊。孢子囊和卵囊被中间宿主吞食后，脱囊后的子孢子经血液循环到达各脏器，在血管内皮细胞中进行两次裂殖生殖，然后进入血液或单核细胞中进行第3次裂殖生殖，裂殖子随血液侵入横纹肌纤维内，经1个月或数月发育为成熟包囊。

(二)流行病学

(1)感染来源　患病或带虫的猪、犬、猫、牛、人等。

(2)感染途径　终末宿主和中间宿主均经口感染。

人感染肉孢子虫是由于进食了未经煮熟或生的带有肉孢子虫包囊的猪肉、牛肉。

牛、羊等中间宿主随污染的饲草、饮水吞食孢子囊后感染。

(3)抵抗力　孢子囊对外界环境的抵抗力强，适宜温度条件下可存活1个月以上。但对高温和冷冻敏感，60～70 ℃经100 min，冷冻1周或－20 ℃存放3 d均可灭活。

(4)易感对象　肉孢子虫广泛寄生于各种家畜、鼠类、鸟类、爬行类和鱼类，人也可被感染。

(5)流行特点　各种年龄动物的感染率无明显差异，但牛、羊随着年龄增长而感染率增高。终末宿主粪便中的孢子囊可以通过鸟类、蝇和食粪甲虫等而散播。

该病的流行与人们的饮食习惯有重要关系，如云南有些少数民族有嗜食生猪肉的习惯等。

(三)临床症状

成年动物多为隐性经过。幼年动物感染后，经20～30 d可能出现症状。犊牛表现发热，厌食，流涎，淋巴结肿大，贫血，消瘦，尾尖脱毛，发育迟缓。羔羊与犊牛症状相似，但体温变化不明显，严重感染时可死亡。仔猪表现精神沉郁、腹泻、发育不良，严重感染时(1 g膈肌有40个以上虫体)，表现不安，腰无力，肌肉僵硬和短时间的后肢瘫痪等。怀孕动物易发生流产。猫、犬等肉食动物感染后症状不明显。

人作为中间宿主时症状不明显，少数病人发热，肌肉疼痛。人作为终末宿主时，在感染后9～10 d从粪便中排出虫卵，并有厌食、恶心、腹痛和腹泻症状。

(四)病理变化

在后肢、侧腹、腰肌、食道、心脏、膈肌等处，可见顺着肌纤维方向有大量包囊状物，为灰白色或乳白色，有两层膜，囊内有很多小室，小室内有许多香蕉形的、活动的滋养体。进入心脏后可导致严重的心肌炎。

(五)诊断

(1)人　常用硫酸锌浮聚法检查粪便中孢子囊或卵囊和活组织检查肌肉孢子虫囊。

(2)动物　动物的生前诊断主要采用血清学方法。目前已建立的方法有间接血凝试验、酶联免疫吸附试验、间接荧光抗体试验等。死后剖检发现包囊确诊。最常寄生的部位是：牛为食道肌、心肌和膈肌。猪为心肌和膈肌。绵羊为食道肌、膈肌和心肌。禽为头颈部肌肉、心肌和肌胃。取病变肌肉压片，检查有无香蕉形的慢殖子，也可用吉姆萨氏染色后观察。注意与弓形虫区别，肉孢子虫染色质少，着色不均，弓形虫染色质多，着色均匀。

（六）防治

1. 预防措施

由于目前尚无特效的治疗药物，该病的预防就显得尤为重要。关键在于切断肉孢子虫病的传播途径。

①加强肉品检验工作，对严重感染的带虫肉作工业用或销毁，轻度感染者应做无害化处理后方可出厂，或在－20 ℃下冷冻 3 d、－27 ℃冷冻 24 h，或煮沸 2 h。

②严禁用生肉喂犬、猫等终末宿主。对接触牛、羊的人、犬、猫应定期进行粪便检查，发现病畜应及时进行治疗。

③对犬、猫或人等终末宿主的粪便要进行无害化处理。严禁犬、猫等终末宿主接近家畜，避免其粪便污染牛、羊的饲草、饮水和养殖场地，以切断粪-口传播途径。

④人也是牛、猪的肉孢子虫的终末宿主，应注意个人的饮食卫生，不吃生的或未煮熟的肉食。

2. 治疗

对肉孢子虫病的治疗目前仍处于探索阶段。有报道认为，应用抗球虫药如盐霉素、氨丙啉、莫能菌素、常山酮等预防牛、羊的肉孢子虫病可收到一定的效果。

目前对于人的肉孢子虫病也尚无特效的治疗药物，仅知氨丙啉可减轻中间宿主急性感染的症状。

案例分析

案例一：

丈夫，37 岁，司机，福建省仙游县榜头镇人，平时喜食货郎担叫卖的肉包、云吞。半年后粪便中见有能伸缩活动的虫体节片。2004 年 3 月，自觉肛门周围间断性异物感，前来福建省疾病预防控制中心就诊。粪检发现猪带绦虫卵及节片，诊断为猪带绦虫病。给予口服槟榔、南瓜籽驱虫，排出虫体 1 条。此后未再排出虫体节片，1 个月后粪检虫卵转阴，治愈。

妻子，38 岁。2004 年 9 月，先后在腹、背部和颈部皮下发现数个圆形活动结节，拇指大。10 月，在县医院手术切除腹部结节，病理诊断为猪囊尾蚴结节，前来福建省疾病预防控制中心就诊。囊尾蚴血清抗体检测阳性，诊断为皮下肌肉囊尾蚴病。即用吡喹酮治疗。治疗后结节先是肿大，后逐渐缩小、消失。间隔 2 个月后同法再治疗 1 个疗程。半年后随访复查，皮下结节全部消失，血清抗体检测阴性。经询问，平时喜吃用自家粪肥浇灌的生芫荽和生葱。

女儿，14 岁。2005 年 9 月，突然神志不清，右上肢抽搐，眼球上翻，持续 1 个多小时后出现恶心、呕吐伴头晕、头痛和全身酸痛。即送仙游县医院，诊断为癫痫病。给予对症治疗，症状缓解。但 8 h 后再次发作，即转莆田市某医院诊治。磁共振（MRI）检查提示脑脓肿，给予降颅压、抗感染治疗，未见好转。第 5 天再转省级医院诊治，MRI 检查，仍诊断为脑脓肿伴脑膜炎。治疗后癫痫发作频繁，转福建医科大学附属医院诊治。2005 年 10 月，经专家会诊疑为囊尾蚴病，血清送福建省疾病预防控制中心检测，呈强阳性，诊断为脑囊尾蚴病。给予吡喹酮治疗。治疗后症状明显好转，脑 MRI 复查，左侧顶叶结节灶和周围指状水肿影缩小。患者癫痫发作间隔时间延长、每次发作持续时间缩短。2006 年 2 月进行第 2 疗程治疗。疗程结束后 5 个月随访，癫痫不再发作，临床治愈。

分析：

猪带绦虫病是由于吃了生或未煮熟的含囊尾蚴的猪肉，囊尾蚴逸出后在小肠内发育为成虫所致。如果人吞食猪带绦虫卵，即可能患猪囊尾蚴病；或者本身即是猪带绦虫病患者，在呕(胃)酸时将小肠内的猪带绦虫成虫孕节呕至胃，虫卵经胃液消化后六钩蚴逸出，进入消化道血管至全身各部位寄生，即可导致猪囊尾蚴病。如皮下肌肉囊尾蚴病、脑囊尾蚴病等。

当地个体户养猪，猪囊尾蚴病发病率较高，屠宰后即私下卖给饮食摊点制作肉馅，造成人的猪带绦虫病不断传播。

本案例表明猪囊尾蚴病与猪带绦虫病具有家庭聚集性特点，丈夫患猪带绦虫病，可能与喜食街上叫卖零售的肉包、云吞的饮食习惯有关。妻子和女儿，患猪囊尾蚴病。根据病史，平时喜吃用自家粪肥浇灌的生芫荽和生葱。丈夫患猪带绦虫病，排出的粪便未经无害化处理即用于施肥，其中的虫卵很容易污染芫荽和生葱，被母女吞食后而感染囊尾蚴病。

南瓜籽和槟榔合剂可驱除人体内的绦虫；吡喹酮用于皮下肌肉囊尾蚴病、脑囊尾蚴病的治疗，效果好。

对于预防囊尾蚴病，首先必须广泛深入开展预防猪带绦虫与囊虫病卫生知识的宣传教育，注意个人卫生及饮食卫生，养成饭前便后洗手的习惯，以防误食虫卵。提高人们对猪囊尾蚴病的危害及感染途径和方式的认识，使预防知识家喻户晓，增强群众的自我保健意识。

案例二：

2004 年 1 月 27 日大理市喜洲镇仁里邑村一户人家杀猪请客，共屠宰生猪 8 头，均未检疫，参加者 1 920 人，从 2 月 9 日后部分村民陆续发生畏寒、发热(体温≥38.5 ℃)、乏力，全身疼痛，尤以四肢酸痛(双腿内侧、双臂内侧肌肉为甚)，颜面浮肿等症状，至 2 月 27 日有发热等症状病人达 132 人。仁里邑村居民多为白族，有吃生猪肉的习惯。132 例病人均在赴宴时进食生猪肉。随机抽取进食生猪肉并有症状者血清 7 份，采用酶联免疫吸附试验(ELISA 法)查旋毛虫抗体，结果均为阳性，结合流行病学调查，确定为一起食源性群体旋毛虫感染。经口服丙硫咪唑治疗，所有患者全部治愈，无一例死亡。

分析：

旋毛虫病是一种人兽共患寄生虫病。有 100 多种动物可感染旋毛虫病，家畜中猪的感染很常见。人由于食入含有活的旋毛虫幼虫包囊的猪肉后即被感染。

大理市是以白族为主的少数民族聚居地，历来有进食生猪肉的习俗。此次食源性群体旋毛虫感染因居民吃生猪肉引起，发病人数多、范围大。

丙硫咪唑为治疗旋毛虫病的首选药物，一般于服药后 2～3 d 体温下降、肌痛减轻、浮肿消失。

预防该病主要是加强卫生宣传教育，认清旋毛虫病对人畜的危害，养成良好的生活习惯，不食生的或未熟透的肉制品。加强对猪肉和其他肉类的管理和检疫，对不合格的猪肉，严禁投放市场。

案例三：

2002 年，山东省寄生虫病防治研究所傅斌老师采用问卷调查与血清学检测相结合的方法分别在济宁、枣庄、临沂随机选择 1～2 个居民区进行了弓形虫病流行因素的调查研究，目的是分析饲养宠物以及卫生状况与弓形虫病传播的关系。对养犬和养猫者进行问卷和血清流行病学调查，酶联免疫吸附法检测弓形虫抗体。共调查 368 户，442 人，63 人抗体阳性，整体阳性率为 14.25%，明显高于 10 年前的调查结果(1.53%)。不养宠物者抗体阳性率为 8.60%，养宠物者抗体阳性率为 19.91%，两者差异非常显著($P<0.01$)。单纯养犬者阳性率为16.54%(21/127)，单纯养猫者阳性率为 24.47%(23/94)。饭前便后每次洗手和经常洗手者感染率为 13.19%，偶尔和不洗手者感染率为 34.04%。吃生鸡蛋组感染率(21.05%)明显高于不吃生鸡蛋组(13.61%)。有喝生牛奶史者感染率高于无此习惯者。单纯养犬者中 52.38%的感染由养犬所致，单纯养猫者约 70.96%的感染因养猫所致。

分析：

本次调查结果显示，总体阳性率为 14.25%，约为 10 年前 1.53%的 10 倍，说明养犬或猫明显增加了感染弓形虫的机会。单纯养犬者的感染机会是对照组的 1.92 倍，单纯养猫者的感染机会是对照组的 2.84 倍。

养猫比养犬的感染机会更大，因为猫是弓形虫唯一的终宿主，卵囊随猫粪排出体外，污染环境，人类误食而感染，犬则通过机械携带卵囊污染环境，也进一步证实了粪口途径是人类感染的最为重要的途径。

结果显示，饭前便后每次洗手或经常洗手对防止弓形虫感染有很大作用，弓形虫感染率与洗手频率呈负相关，显而易见，不洗手增加了吞食卵囊而感染的机会。

鸡蛋的弓形虫感染率虽不明确，但本次调查结果提示鸡蛋中有弓形虫，并可通过消化道黏膜侵入人体，一部分人有生食鸡蛋习惯，对其进行适当的卫生宣传很有必要。

喝生牛奶可能感染弓形虫，人群中有此习惯者虽然不多，感染比例却很高(3/6)，杜绝这一不良习惯对防治弓形虫病的作用不可忽视。

养犬/猫与弓形虫感染密切相关。培养良好的卫生习惯，不吃生或不熟的食品，不喝生奶，对预防弓形虫感染有重要作用。

知识链接

弓形虫病与其他相似疫病的鉴别诊断

弓形虫病与猪瘟、流感、链球菌病的区别见表 4-1。

表 4-1　猪瘟、流感、链球菌病、弓形虫病鉴别诊断

疫病	猪瘟	流感	链球菌病	弓形虫病
流行特点	仅感染猪，其他动物不易感染	所有年龄的猪都易感且有明显季节性，流行快，病程短，死亡率低	一年四季均可发生，可感染多种动物，所有年龄的猪都可以感染发病	一年四季都可发生，各种猪群都可感染，青年母猪和小猪易感发病

续表 4-1

疫病	猪瘟	流感	链球菌病	弓形虫病
临床特征	体温升高达 40～41.5 ℃，先便秘，后转水样下痢，怕冷，皮肤弥漫性发绀	体温升高，厌食，精神沉郁，流鼻涕，呼吸困难，呈明显腹式呼吸	可分为 4 个型，分别为：败血型，脑膜炎型，关节炎型，化脓性淋巴结炎型	高热稽留，弓背厌食。严重病猪的耳部、四肢弥漫性发紫，呼吸困难
剖检特点	可见脾周边梗死，肾、膀胱、喉头有出血点，盲肠内膜纽扣状溃疡，淋巴结大理石样变	病变主要在呼吸道，咽喉出血，鼻腔至支气管黏膜潮红肿胀，肺肿大出血	败血型主要表现各器官充血、出血，神经症状的猪脑膜充血、出血，关节周围肿大、多液	皮下淋巴结充血、出血，肺肿胀，肾、脾、肝表面有白色或灰黄色坏死灶
实验室检查	应用 ELISA 检测猪瘟免疫抗体	用血凝抑制试验测定抗体	革兰氏染色镜检可见链球菌	吉姆萨染色可见月牙状的滋养体

复习思考题

一、名词解释

人兽共患寄生虫病、猪囊尾蚴病、旋毛虫病、弓形虫病、肉孢子虫病。

二、填空题

1. 常见的人兽共患寄生虫病有________、________、________、________等。
2. 粪地弓形虫的终末宿主是________，其中间宿主有________、________、________等。
3. 旋毛虫成虫的寄生部位在________。
4. 有钩绦虫孕卵节片子宫向两侧分支，每侧约有________个侧支。
5. 旋毛虫成虫和幼虫寄生于同一个宿主，动物感染后先作为________宿主。
6. 犊牛患肉孢子虫病时，剖检可见全身消瘦、血液稀薄、高度贫血、________。
7. 羊肉孢子虫呈卵圆或椭圆形，主要寄生于________、膈肌和心肌。
8. 肉孢子虫在不同发育阶段有不同的形态，分别是________和________。
9. 肉孢子虫卵囊存在于终末宿主________或________。内含________个孢子囊，每个孢子囊内有________个子孢子。
10. 弓形虫发育的全过程，可有 5 种不同形态的阶段，分别是____________、____________、________、________和________。在中间宿主体内的是________和________；在终末宿主体内的是________、________和________。
11. 弓形虫全部发育过程须经过三个阶段，分别是________、________和________。

三、选择题

1. 肉孢子虫的南雷氏小体是指(　　)。

A. 速殖子　　B. 缓殖子　　C. 米氏囊　　D. 大配子

2. 猪囊尾蚴病的病原体是寄生于人小肠内的(　　)。

A. 无钩绦虫　　B. 有钩绦虫
C. 泡状带绦虫　　D. 孟氏迭宫绦虫

3. 弓形虫的终末宿主为(　　)。
A. 草食动物　　B. 鱼类　　C. 蛙类　　D. 猫

四、简答题

1. 简述人兽共患寄生虫病的分类。
2. 影响人兽共患寄生虫病流行的因素是什么?
3. 简述人兽共患寄生虫病的预防和控制措施。
4. 简述猪囊尾蚴的生活史。
5. 简述旋毛虫的生活史。
6. 简述弓形虫的生活史。
7. 简述猪肉孢子虫的生活史。
8. 简述猪感染肉孢子虫的主要症状。
9. 猪囊虫病的流行特征是什么? 如何预防此病?
10. 弓形虫病流行特征是什么? 如何预防此病?
11. 弓浆虫病有几种病原体及感染途径? 人患弓浆虫病有何症状?

项目五 吸虫病的诊断与防治技术

◆ **参考学时** 8学时。

◆ **知识目标**

1. 了解吸虫的一般形态结构，掌握主要吸虫的形态结构和生活史。

2. 了解各常见吸虫病的流行病学、临床症状和剖检病变等特征，掌握动物主要吸虫病的诊断方法。

3. 了解当地主要吸虫病的流行规律，掌握其综合防治措施。

◆ **能力目标**

1. 识别主要吸虫病的病原，能正确区分各种吸虫的形态结构特点及其生活史的异同。

2. 通过对某些吸虫病的典型案例的诊断和分析，培养学生综合分析和诊断疾病的能力。

任务一 吸虫概述

吸虫属于扁形动物门吸虫纲，包括单殖吸虫、盾腹吸虫和复殖吸虫三大类。寄生于畜、禽的吸虫以复殖吸虫为主。

一、吸虫的形态结构

(一)外部形态

虫体多呈背腹扁平，为叶状、舌状，有的近似圆形或圆锥状；大小不一，长度在0.3～75 mm。体表光滑或有小刺、小棘等。通常具有两个肌质的杯状吸盘，一个是环绕着口孔的口吸盘，另一个为虫体腹部某处的腹吸盘。腹吸盘的位置前后不定。生殖孔通常位于腹吸盘的前缘或后缘处，排泄孔位于虫体的末后端。

(二)体壁

吸虫无表皮，体壁由皮层和肌层构成皮肌囊。无体腔，囊内由网状组织(实质)包裹着各器官。皮层从外向内由外质膜、基质和基质膜构成。外质膜的成分为酸性多糖或糖蛋白，具有抗宿主消化酶和保护虫体的作用。皮层具有分泌与排泄功能，可进行氧气和二氧化碳交换，还具有吸收营养的功能，其营养物质以葡萄糖为主，亦可吸收氨基酸。肌层由外环肌、内纵肌和中斜肌组成，是虫体伸缩活动的组织。

(三)消化系统

消化系统包括口、前咽、咽、食道和肠管。口通常位于虫体前端，由口吸盘围绕。前咽短小或缺，无前咽时，口下即为咽，呈球形。咽后接食道，下分两条位于虫体两侧的肠管，向后延伸至虫体后部，其末端为盲管称为盲肠。无肛门，肠内废物经口排出体外。吸虫的营养物质为宿主的上皮细胞、黏液、肝分泌物、血液，以及宿主已消化的消化道内容物等。

(四)排泄系统

排泄系统由焰细胞、毛细管、前后集合管、排泄总管、排泄囊和排泄孔等部分组成。焰细胞布满虫体的各部分，位于毛细管的末端，为凹形细胞，在凹入处有一束纤毛，纤毛颤动时很像火焰跳动，因而得名。复殖吸虫的排泄孔只有一个，位于虫体的后端。在吸虫的各幼虫期(毛蚴、胞蚴、雷蚴)都有一对靠近虫体后端的排泄孔，尾蚴的后端也有两个排泄孔，但在尾部生出后两个孔合为一个。排泄囊形状不一，呈现圆形、管形、“Y”形、“V”形等。焰细胞收集的排泄物，经毛细管、集合管集中到排泄囊，最后由排泄孔排出体外，排泄液含有尿素、尿酸和氨。排泄孔的括约肌司孔的开闭。焰细胞的数目与排列，在分类上具有重要意义。

(五)神经系统

咽的两侧各有一个神经节，彼此有横索相连，相当于神经中枢。两神经节向前后各发出三对神经干，分布在虫体背腹和两侧。向后发出的神经干有几条横索相连。由神经干发出的神经末梢分布到口、腹吸盘和咽等器官。在皮层中有许多感觉器官，某些吸虫在其发育中的毛蚴和尾蚴时期就具有眼点，它具备感觉器官的功能。

(六)生殖系统

除分体吸虫外，吸虫均为雌雄同体。生殖系统(图 5-1)发达。生殖孔均开口于生殖窦内，有的除口、腹吸盘外还有一个生殖吸盘，如异形吸虫。生殖孔常在口、腹吸盘之间(肝片吸虫)，但也有在边缘(斯孔吸虫)及背面的(双穴吸虫)。有些吸虫的生殖孔在口的一边(前殖吸虫)，另一些在腹吸盘的后面(后口吸虫)，少数在虫体后端(异幻吸虫)。

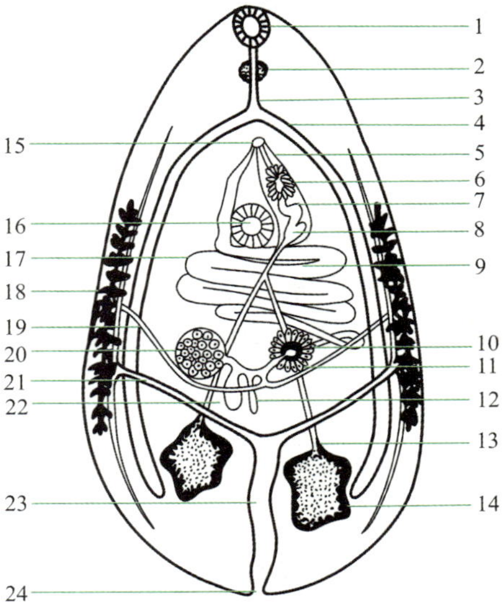

图 5-1　吸虫构造模式图

1. 口吸盘　2. 咽　3. 食道　4. 肠　5. 雄茎囊　6. 前列腺　7. 雄茎　8. 贮精囊　9. 输精管　10. 卵模　11. 梅氏腺　12. 劳氏腺　13. 输出管　14. 睾丸　15. 生殖孔　16. 腹吸盘　17. 子宫　18. 卵黄腺　19. 卵黄管　20. 卵巢　21. 排泄管　22. 受精囊　23. 排泄囊　24. 排泄孔

1. 雄性生殖系统

雄性生殖器官包括睾丸、输出管、输精管、贮精囊、射精管、前列腺、雄茎、雄茎囊和生殖孔等。一般有 2 个睾丸，圆形、椭圆形或分叶，左右或前后排列在腹吸盘后或虫体后半部，各有 1 条输出管，汇合为 1 条输精管，远端膨大为贮精囊，通入射精管，其末端为雄茎，开口于生殖孔。贮精囊和雄茎之间有前列腺。贮精囊、射精管、前列腺和雄茎包围在雄茎囊内。贮精囊在雄茎囊内时称为内贮精囊，在其外时称为外贮精囊。雄茎可伸出生殖孔外，与雌性生殖器官交配。

2. 雌性生殖系统

雌性生殖器官包括卵巢、输卵管、卵模、受精囊、梅氏腺、卵黄腺、子宫及生殖孔等。卵巢 1 个，其形态、大小和位置因种而异，常偏于虫体一侧，所发出的输卵管与受精囊及卵黄总管相接。劳氏管一端连接受精囊或输卵管，另一端开口于虫体背面或成为盲管，有时起阴道的作用。卵黄腺多在虫体两侧，由许多卵黄滤泡组成，左右两条卵黄管汇合为卵黄总管。卵黄总管与输卵管汇合处的囊腔为卵模，其周围的单细胞腺为梅氏腺。卵由卵巢排出后，与受精囊中的精子受精后向前进入卵模，卵黄腺分泌的卵黄颗粒进入卵模，与梅氏腺的分泌物共同形成卵壳。虫卵由卵模进入与此相连的子宫，成熟后通过子宫末端的阴道经生殖孔排出。阴道与雄茎多开口于共同的生殖腔，再经生殖孔通向体外。

另外，单盘类及对盘类吸虫中有类似淋巴系统的构造。由两对、三对或四对纵管及其附属部分组成。纵管一方面和肠管有复杂的联系，另一方面又和口、腹吸盘及淋巴窦相接。随着虫体的伸缩，淋巴液被输送至各组织器官，如睾丸、卵巢等。管壁上有扁平的实质细胞，管内淋巴液中有浮游细胞，即可看作游离在淋巴液中的实质细胞。上述情况也可说明淋巴系统与营养物质的输送有极大的关系。在那些没有明确的淋巴系统的吸虫中，实质间充满的液体，代替了部分或全部淋巴系统的作用。

二、吸虫的生活史

吸虫发育过程均需要中间宿主，有的还需要补充宿主。中间宿主为淡水螺或陆地螺；补充宿主多为鱼、蛙、螺或昆虫等。发育过程经历卵、毛蚴、胞蚴、雷蚴、尾蚴和囊蚴各期（图 5-2、图 5-3）。

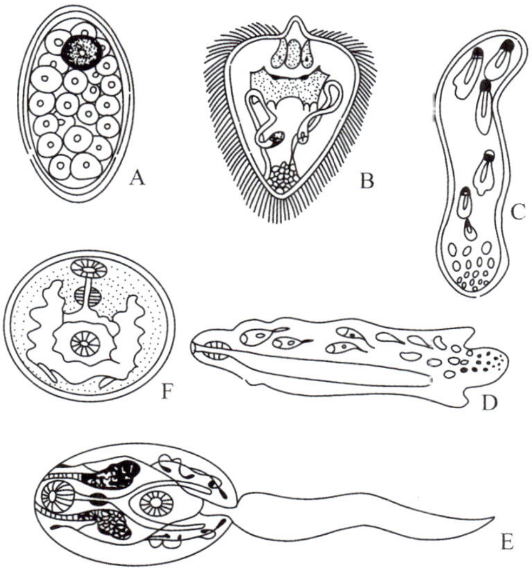

图 5-2　吸虫各期幼虫形态模式图

A. 虫卵　B. 毛蚴　C. 胞蚴　D. 雷蚴　E. 尾蚴　F. 囊蚴

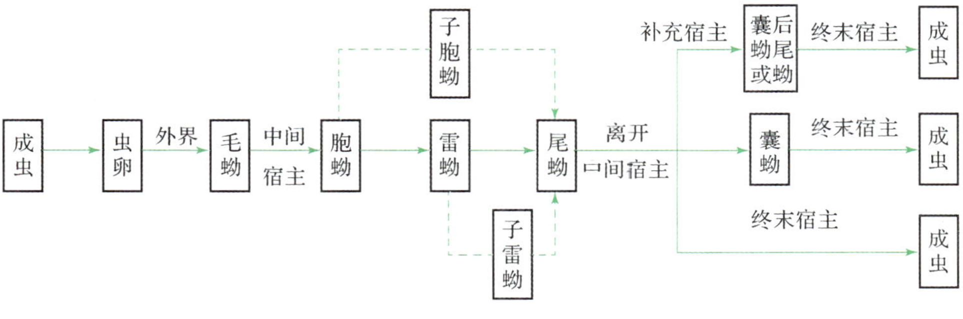

图 5-3　吸虫发育史示意图

1. 虫卵

吸毛的卵多呈椭圆形或卵圆形，为灰白、淡黄至棕色，具有卵盖（分体科吸虫除外）。卵在子宫内成熟后排出体外。有的吸虫卵在产出时仅含卵细胞和卵黄细胞，有的已有毛蚴，有的卵在子宫内已孵化，有的必须被中间宿主吞食后才孵化，但多数虫卵需在宿主体外孵化。

2. 毛蚴

毛蚴体形变化很大，运动时外形近于圆柱形，前部略圆，后端尖。不活动时，外观近似等边三角形，外被纤毛，前部宽、有头腺，一对眼点。在头部中心有一个向前突出的顶突，或称头乳突。后端狭小，体内有简单的消化道和胚细胞及神经和排泄系统。排泄孔多为一对。毛蚴运动十分活泼，其寿命取决于食物贮存量(因其不食)，一般在水中能存活1～2 d。在此期间若能遇到适当的中间宿主螺，即利用其顶突腺钻入螺体内，如触角、肉足或外套膜内，脱掉其被有纤毛的外膜层，移行到螺的淋巴管内，发育为胞蚴，逐渐移行至螺的肝脏。

3. 胞蚴

胞蚴呈包囊状，能钻入螺组织深部，通过体壁从宿主组织吸取营养，营无性繁殖，内含胚细胞、胚团及简单的排泄器。胚团或发育成另一代胞蚴(子胞蚴)，或与本身组织合并发育成雷蚴。

4. 雷蚴

雷蚴呈包囊状，有咽和一个袋状的盲肠，还有胚细胞和排泄器。有的雷蚴后方有一个产孔。在体长2/3处有一对后突起即运动器。营无性繁殖。有的吸虫只有1代雷蚴，有的则有母雷蚴和子雷蚴两期。雷蚴进一步发育为尾蚴，成熟后逸出螺体，游于水中。

5. 尾蚴

尾蚴由体部和尾部构成。在水中运动活跃。由体部和尾部构成，体表常有小棘，有1～2个吸盘。除原始的生殖器官外，其他器官均开始分化。尾蚴从螺体逸出，黏附在某些物体上形成囊蚴而感染终末宿主；或直接经皮肤钻入终末宿主体内，脱去尾部，移行到寄生部位发育为成虫。有些吸虫尾蚴需进入补充宿主体内发育为囊蚴，再感染终末宿主。

6. 囊蚴

尾蚴脱去尾部而形成包囊进而发育成为囊蚴。囊蚴呈圆形或卵圆形。有的囊蚴生殖系统只有简单的生殖原基细胞，有的则有完整的生殖器官。囊蚴通过其附着物或补充宿主进入终末宿主的消化道内，囊壁被消化液溶解，幼虫破囊而出，移行至寄生部位，发育为成虫(有些吸虫没有囊蚴阶段，尾蚴直接钻入终宿主皮肤，移行至寄生部位，发育为成虫)。

三、主要吸虫中间宿主

(一)螺贝壳的基本结构

贝壳不对称，呈陀螺形、圆锥形、塔形或耳形(图5-4)，多为右旋，少数为左旋。贝壳分螺旋部和体旋部。螺旋部是内脏盘存之处，一般分几个螺层，其顶部为壳顶，各螺层交界处为缝合线，计数螺层数时使螺口向下，缝合线数加1即为螺层数；体旋部有壳口，是身体外伸的出口。螺的大小计算：从壳顶至壳底的垂线为高，左右间最大距离为宽。当软体部分缩入贝壳底后，足的后端常分泌1个角质或石灰质的盖子封住壳口，起保护作用。

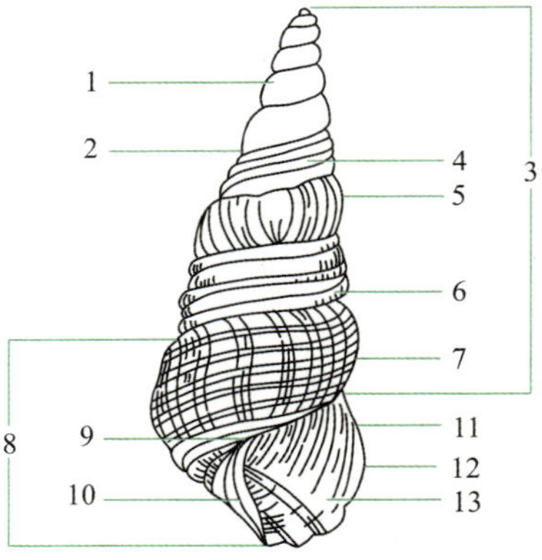

图 5-4　螺贝壳的基本构造

1. 螺层　2. 缝合线　3. 螺旋部　4. 螺旋纹　5. 纵肋　6. 螺棱　7. 瘤状结节　8. 体螺层　9. 脐孔　10. 轴唇(缘)　11. 内唇(缘)　12. 外唇(缘)　13. 壳口

(二)主要吸虫中间宿主

主要吸虫中间宿主的形态见图5-5、图5-6。

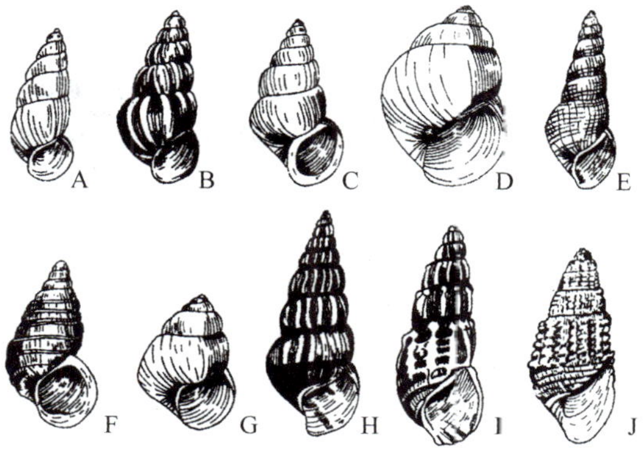

图 5-5　主要吸虫中间宿主(一)

A. 泥泞拟钉螺　B. 钉螺指名亚种　C. 钉螺闽亚种　D. 赤豆螺　E. 放逸短沟蜷
F. 中华沼螺　G. 琵琶拟沼螺　H. 色带短沟蜷　I. 黑龙江短沟蜷　J. 斜粒粒蜷

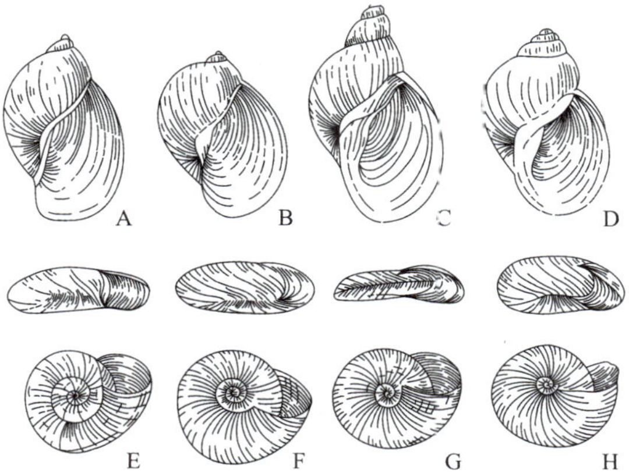

图 5-6　主要吸虫中间宿主(二)

A. 椭圆萝卜螺　B. 卵萝卜螺　C. 狭萝卜螺　D. 小土蜗　E. 凸旋螺
F. 大脐圆扁螺　G. 尖口圆扁螺　H. 半球多脉扁螺

四、吸虫分类

吸虫属于扁形动物门,吸虫纲,纲下分为 3 个目:单殖目、盾腹目、复殖目。有的分类学家将此 3 个目提升为亚纲。吸虫主要科的形态见图 5-7。与动物医学关系密切的为复殖目。

(一)复殖目吸虫的基本体形

(1)双(二)盘类　最常见的类型,虫体前端有一个环绕口孔的口吸盘,腹面某处(不是在后端)有一个腹吸盘。如肝片吸虫,为牛、羊肝脏的寄生虫。

(2)对盘类　大而多肌肉的吸虫,有一个虫体前面的口吸盘和一个位于虫体后端的腹吸盘,又叫后吸盘。如鹿同盘吸虫,为反刍兽瘤胃的寄生虫。

(3)单盘类　只有一个吸盘(常为口吸盘)或全无。如多变环腔吸虫为禽类气囊的寄生虫。

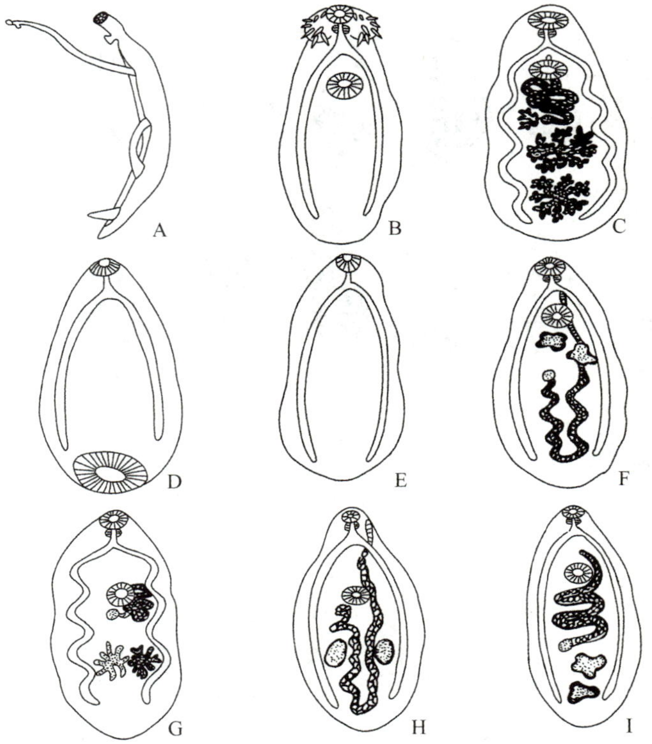

图 5-7　吸虫主要科鉴定略图

A. 分体科　B. 棘口科　C. 片形科　D. 前后盘科　E. 背孔科
F. 双腔科　G. 并殖科　H. 前殖科　I. 后睾科

(4)腹盘类　口位于虫体腹面中部,肠呈囊袋状。如多形牛首吸虫,为鱼类肠道的寄生虫。

(5)分体(裂体)类　虫体细长,雌雄异体,雄虫通常将雌虫抱在腹面的槽形沟(抱雌沟)内。如日本分体吸虫,为人及牛的血管内寄生虫。

(6)全盘类　体分前后两部分,体前半部含有口、腹两个吸盘,有的有黏附器;体后半部含有生殖腺。如优美异幻吸虫,为鸭、鹅肠道的寄生虫。

(7)棘口类　基本是两盘类型,但具有冠和头棘,腹吸盘与口吸盘相距甚近。如卷棘口吸虫,为鸡、鸭、鹅等禽类肠道的寄生虫。

(二)复殖目吸虫的重要科属

1. 片形科

大型虫体,扁平叶状,具有皮棘或缺。口、腹吸盘紧靠。有咽,食道短,肠管多分支或简单。卵巢分支,位于睾丸之前。睾丸前后排列,分叶或分支。雄茎及雄茎囊发达。生殖孔居体中线上,开口于腹吸盘前。卵黄腺充满体两侧,汇合于睾丸之后,延伸至体中央。受精囊不明显或无。子宫位于睾丸前。卵大、壳薄,呈椭圆形。寄生于哺乳类肝脏、胆管及肠道。

下级分类:片形属,姜片属。

2. 双腔科(歧腔科)

中、小型虫体,体呈扁平叶状、矛形、纺锤形或圆筒形。两个吸盘接近。睾丸离腹吸盘近,平行或斜位排列，在卵巢前方。雄茎囊发达，位于腹吸盘之前。生殖孔开口在肠分叉附近。子宫由许多上、下行的子宫圈组成，内含大量小型、深褐色卵，排出的卵内含有毛蚴。卵黄腺在体中部两侧。寄生于两栖类、爬虫类、鸟类及哺乳类的肝、肠及胰脏。

下级分类：双腔属（歧腔属），阔盘属。

3. 前殖科

小型虫体，前尖后钝。具有皮棘。口吸盘和咽发育良好，有食道，肠支简单，不抵达后端。腹吸盘位于体前半部。睾丸左右排列，在腹吸盘之后。雄茎囊长，雄茎和前列腺不发达。卵巢位于睾丸之间前方。生殖孔在口吸盘附近。卵黄腺呈葡萄状，位于体两侧。子宫盘曲于体后部。寄生于鸟类，较少在哺乳类。

下级分类：前殖属。

4. 并殖科

中型虫体，近卵圆形，肥厚。具有皮棘。肠管弯曲，抵达体后端。睾丸分支，位于体后半部。卵巢分叶，在睾丸前的一侧。子宫高度盘曲，与卵巢相对。卵黄腺发达呈网状。生殖孔在腹吸盘后缘。成虫寄生于猪、牛、犬、猫及人的肺脏。中间宿主为淡水螺，补充宿主为甲壳类。

下级分类：并殖属。

5. 后睾科

中、小型虫体，虫体扁平，前部较窄，透明。口、腹吸盘不发达，相距较近。具咽和食道。肠支抵达体后端。生殖孔开口于腹吸盘前。睾丸呈球形或分支、分叶，斜列或纵列体后部。缺雄茎囊。卵巢在睾丸前。子宫有许多弯曲。寄生于爬虫类、鸟类及哺乳类的胆管或胆囊。卵小，内含毛蚴。

下级分类：后睾属，支睾属，微口属，对体属，次睾属。

6. 棘口科

中、小型虫体，呈长叶形，体表有棘，有头冠，其上有 1～2 排头棘。睾丸前后排列或斜列，在虫体中后部。卵巢在睾丸之前。子宫长或短，在卵巢与腹吸盘之间。多数种类无受精囊。卵黄腺分布于腹吸盘后的体两侧。寄生于爬虫类、鸟类及哺乳类的肠道，偶尔在胆管及子宫。

下级分类：棘口属，棘隙属，棘缘属，低颈属，真缘属。

7. 前后盘科

虫体肥厚，呈圆锥形、梨形或圆柱状。活体时为白色、粉红色或深红色。体表光滑。有或无口吸盘，腹吸盘发达，在虫体后端。肠支简单，常呈波浪状延伸到腹吸盘。睾丸前后或斜列于虫体中部或后部。卵巢位于睾丸后。生殖孔在体前部。寄生于哺乳类的消化道。

下级分类：前后盘属，殖盘属，杯殖属，巨盘属，巨咽属，盘腔属，锡叶属。

8. 腹袋科

虫体圆柱形，前端较尖，后端较钝。在口吸盘后至腹吸盘的前缘具有腹袋。腹吸盘位于体末端。两肠支短或长而弯曲。生殖孔开口于腹袋内。睾丸左右或背腹排列于虫体后部腹吸盘前。无雄茎囊。寄生于反刍动物瘤胃。

下级分类：腹袋属，菲策属，卡妙属。

9. 腹盘科

虫体扁平，体后部宽大呈盘状，腹面有许多小乳突。口吸盘后有一对支囊，有食道球。睾丸前后排列或斜列，边缘有小缺刻。生殖孔位于肠分支前的食道中央。卵巢分瓣，位于睾丸后体中央。子宫弯曲沿两睾丸之间上升。卵黄腺分布于肠支外侧。

下级分类：平腹属，腹盘属，拟腹盘属。

10. 背孔科

虫体扁，长叶形或卵形，两侧缘较薄时向腹面卷折，背面稍隆。口吸盘小，腹吸盘缺。虫体腹面有 3 或 5 行纵列的腹腺。体表前侧方被有细刺。缺咽。食道短。肠支简单，延伸至体末端。生殖孔开口于口吸盘之后，雄茎囊发达，细长。睾丸并列，位于体末端的肠支的外侧。卵巢近圆形或分瓣，位于两睾丸之间，或前或后。卵黄腺占据体后部的侧方、睾丸之前。子宫回旋弯曲于肠管之间，从卵巢延伸至雄茎囊的后方。无受精囊。卵黄腺为滤泡状或管状，分布于睾丸前的肠支外侧。寄生于鸟类盲肠或哺乳类消化道后段。

下级分类：背孔属，槽盘属，同口属，下殖属。

11. 异形科

小型虫体。体后部宽，腹吸盘发达或退化，偶有缺如。食道长。生殖孔开口于腹吸盘附近。睾丸呈卵圆形或稍分叶，并列或前后排列于体后部。无雄茎囊。卵巢呈卵圆形或稍分叶，位于睾丸之前。卵黄腺位于体后两侧。子宫曲折在后半部，内含极少数虫卵。寄生于哺乳动物和鸟类肠道。

下级分类：异形属，后殖属。

12. 分体科

雌雄异体。虫体线形，雌虫较雄虫细，被雄虫抱在“抱雌沟”内。口吸盘和腹吸盘不发达并相距近，有的缺失。缺咽。肠支在体后部联合成单管，抵达体后端。生殖孔开口于腹吸盘之后。睾丸数目多在 4 个以上，居于肠联合之前或后。卵巢在肠联合处之前。子宫为直管。虫卵壳薄，无卵盖，在其一端常有小刺。寄生于鸟类或哺乳类动物的门静脉血管内。

下级分类：分体属，东毕属，毛毕属。

任务二 片形吸虫病

片形吸虫病又称肝蛭病，北方牧区称“水嗉子”，是由片形吸虫寄生于牛、羊等反刍动物肝脏胆管中的一种寄生虫病，以急性或慢性肝炎、胆管炎或肝硬化并伴有消化紊乱与营养障碍为特征，全国性流行，分布广、危害大，可感染人。

1. 病原

病原有肝片吸虫和大片形吸虫两种，成虫形态相似。

肝片吸虫的新鲜虫体呈棕红色，呈叶状（图 5-8）。虫体前端有锥状突起，称头锥。锥突底部两侧扩展为“肩”样突出，称肩部。虫体长 20～36 mm，宽 5～13 mm。雌雄同体。

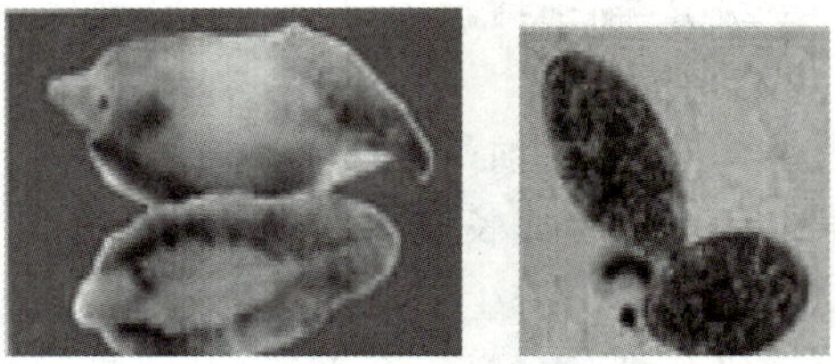

图 5-8 肝片吸虫虫体（左）及虫卵（右）

大片形吸虫，虫体较长，无明显的肩部，后端钝圆，虫体长 25～75 mm，宽 10～13 mm。

虫卵呈椭圆形，黄褐色或金黄色，有不明显的卵盖，卵内充满卵黄细胞。卵壳薄、较透明。

2. 发育史

中间宿主是椎实螺，在我国主要是小土蜗。

成虫寄生于宿主肝脏胆管内，虫卵随胆汁进入小肠。再随粪便排出体外，在外界环境中经7～14 d孵化出毛蚴，毛蚴在水中游动，钻入中间宿主内发育成尾蚴并逸出螺体，附着在水草及其他物体上变成囊蚴，当终末宿主吞食含囊蚴的水草，囊蚴即在宿主肠内脱囊，透过肠壁，进入腹腔，钻入肝实质或通过血流到达肝脏胆管内，经3～4个月发育成为成虫。成虫的寿命为3～5年。

3. 流行病学

片形吸虫病的感染来源主要是病畜和带虫者。多发生于潮湿、多雨季节，低洼多水地区，羊主要在夏秋两季易被感染，大片形吸虫主要见于南方。牛羊吞食囊蚴到粪中出现虫卵需2～3个月，成虫寄生期3～5年。在低洼和多沼泽地区放牧的牛羊多发本病。多雨年份本病多发。对幼龄牛羊尤其是羔羊危害严重。

4. 症状

片形吸虫病的临床表现分急性型和慢性型。

急性型多发于犊牛和羊，幼虫在肝组织移行而引起急性肝炎。病畜常表现为精神沉郁、体温升高，减食或停食、贫血、腹泻、消瘦、黄疸等。叩诊肝区疼痛，重者多在几天内死亡。

慢性型：成虫寄生于肝胆管内引起的慢性肝炎。动物食欲不振、逐渐消瘦，精神沉郁，被毛逆立、粗糙、无光泽、易脱落。下颌部、眼睑和胸腹下部明显水肿，触诊呈面团样、无热痛。高度贫血，黏膜苍白。周期性瘤胃膨胀，顽固性腹泻或腹泻与便秘交替出现。最终病畜可因衰竭、卧地难起而死亡。

5. 剖检

主要病变在肝脏。肝实质萎缩、变硬，胆管肥厚、扩张，呈绳索样突出于肝表面，胆管内壁粗糙，内含血性黏液和虫体。

急性病例：幼虫期虫体移行的机械性损害和带入的其他病原引起急性肝炎，肝肿大，包膜上有纤维素沉积、出血和虫道，虫道内有凝血块和童虫。有的可见腹膜炎。

成虫期：虫体的机械性刺激和毒素作用引起慢性肝胆管炎。肝硬化、萎缩，胆管扩张，呈黄白色绳索样凸出于肝表面；胆管壁增厚，内壁有磷酸钙、镁盐类沉积，粗糙，刀切有沙沙声；胆管管腔变窄甚至堵塞。胆囊肿大。胆管和胆囊内胆汁污浊浓稠，切开可见内有灰绿色虫体。尸体消瘦、贫血、水肿。

6. 诊断

根据症状、流行病学情况，病理剖检及粪便虫卵检查等进行综合判断。生前诊断：根据流行病学资料和临床症状可初诊，粪检查到虫卵确诊。EPG达牛100～200个、羊300～600个时应考虑驱虫。免疫学诊断研究较多，其中以ELISA最优，其特异性强，敏感性高，重复性好，可比粪检法提早2～3周做出诊断，阳性复合率达85%以上。

死后诊断：剖检的典型病理变化，结合肝实质内查到童虫或胆管、胆囊内查到成虫可确诊。

7. 防治

(1)治疗

硝氯酚(拜尔9015)：治疗牛羊肝片吸虫病的特效药之一。牛4～7 mg/kg，羊6～8 mg/kg。

三氯苯哒唑(肝蛭净):羊 10 mg/kg,牛 12 mg/kg。

硫双二氯酚(别丁):羊 80～100 mg/kg ;牛 40 mg/kg,或 60 mg/kg,分 2 次,隔天一次。

硫溴酚:牛、羊 40～60 mg/kg。

丙硫咪唑(抗蠕敏):30～40 mg/kg。

(2)预防

①定期驱虫。每年进行两次驱虫,第一次在秋末冬初,第二次在冬末春初。

②粪便处理。采用堆集发酵的方式杀灭虫卵。

③消灭中间宿主。灭螺是消灭片形吸虫的重要环节,配合农田水利建设,进行草地改良,化学药物及生物灭螺。亦可每年的 3—5 月用废弃的烤烟末抛洒在房前屋后和放牧地附近的沟渠及水田中灭螺。采用氨水、硫酸铜、茶籽饼液等均可收到灭螺的效果。

④加强饲养管理。改善饮水条件,选择干燥地区放牧。

任务三　姜片吸虫病

姜片吸虫是由布氏姜片吸虫的成虫寄生于猪和人的小肠而引起的疾病,亦可感染犬和兔。主要分布在我国的南方。

1. 病原

虫体肥厚、宽大、呈椭圆形,似姜片,大小为(20～70)mm×(8～20)mm。虫卵呈椭圆形,淡黄色,有一个不明显的卵盖,大小为(125～140)μm×(80～90)μm。

2. 发育史

姜片吸虫的中间宿主是扁卷螺,以荸荠、茭白、水葫芦、浮萍等水生植物为附着物完成其发育史。

姜片吸虫的成虫在小肠内产出虫卵,随粪便排出体外,在水中,如温度适宜(27～32 ℃)经 3～7 周孵化出毛蚴。毛蚴钻入扁卷螺体内发育成尾蚴,逸出附着在水生植物上发育成囊蚴。囊蚴随水生植物被宿主吞食,继而发育成成虫。整个发育过程需 3 个半月左右,成虫寿命为 10～13 个月。

3. 流行病学

姜片吸虫病多在 5—10 月份流行,6—9 月份为发病高峰期, 一般 3～6 月龄架子猪最易感染。

4. 症状

成年猪感染症状不明显,而当大量寄生时,能引起小肠黏膜出血、溃疡坏死。表现下痢、消瘦、贫血、被毛粗乱无光泽、腹痛、肠炎等。仔猪发病使生长发育停滞,泌乳母猪产乳量下降。

5. 诊断

根据流行病学、临床症状及粪检(沉淀法),即可确诊。

6. 防治

敌百虫、硫双二氧酚、吡喹酮等药物治疗效果好。

预防方法:

（1）加强粪便处理　人、猪粪不能未经处理直接入塘作为肥料，需经堆集发酵处理。

（2）灭螺　消灭中间宿主扁卷螺，如用 5 mg/kg 硫酸铜泼池塘或将池塘淤泥晒干积肥来灭螺。

（3）采用熟饲　杀灭水生植物上的囊蚴，改生饲为熟饲，亦可将水生植物贮存发酵一个月以后再饲喂。

（4）加强饲养管理　定期驱虫。

任务四　华支睾吸虫病

华支睾吸虫病又称为“肝吸虫病”，该病是由后睾科支睾属华支睾吸虫寄生于人、犬、猫、猪及其他野生动物的肝脏胆管和胆囊内所引起的一种人畜共患疾病。虫体寄生可使肝脏肿大并导致其他肝脏病变，多呈隐性感染和慢性经过。该病流行广泛，在水源丰富、淡水渔业发达的地区流行非常严重，主要分布于东亚诸国。

（一）病原

1. 形态结构

虫体（图 5-9）背腹扁平，呈叶状，前端稍尖，后端较钝，体表无棘，薄而透明，大小为（10～25）mm×（3～5）mm。口吸盘略大于腹吸盘，腹吸盘位于体前端 1/5 处。消化器官包括口、咽和短的食道及两条盲肠直达虫体的后端。两个大而呈树枝状的睾丸前后排列于虫体的后 1/3。无雄茎、雄茎囊及前列腺。卵巢呈分叶状，位于睾丸之前。睾丸与卵巢之间有发达的呈椭圆形的受精囊。卵黄腺呈细小颗粒状，分布于虫体中部两侧。生殖孔位于腹吸盘前缘，子宫盘曲于卵巢与腹吸盘之间，内充满虫卵。

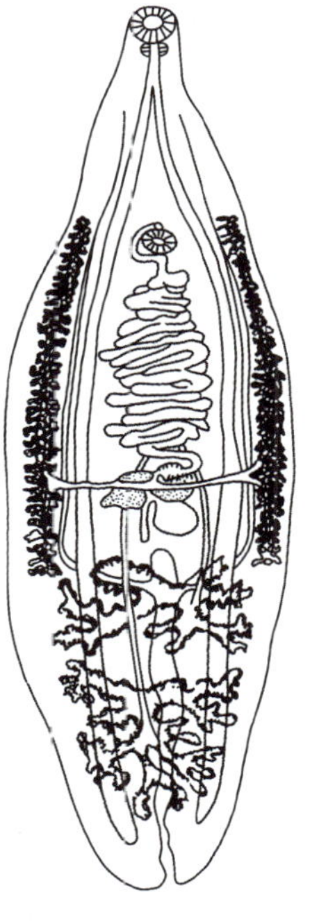

图 5-9　华支睾吸虫

虫卵很小，大小为（27～35）μm×（12～20）μm，黄褐色，形似灯泡，内含毛蚴，上端有卵盖，下端有一小突起。

2. 生活史

（1）终末宿主　人和猫、犬、猪、鼠类以及野生的哺乳动物，食鱼的动物如鼬、獾、貂、野猫、狐狸等。

（2）中间宿主　淡水螺类，在我国已证实有 3 属 7 种，其中以纹沼螺、长角涵螺、赤豆螺和方格短沟蜷 4 种螺分布最广泛，其生活于静水或缓流的坑塘、沟渠、沼泽中，活动于水底或水面下植物的茎叶上，对环境的适应能力很强，广泛存在于我国的南北各地。

（3）补充宿主　70 多种淡水鱼和虾。鱼多为鲤科，其中以麦穗鱼感染率最高，还有草鱼、青鱼、鳊鱼、鲤鱼、鲢鱼等；淡水虾如米虾、沼虾等。

（4）发育过程　成虫寄生于终末宿主的肝脏胆管内，所产虫卵随粪便排出体外，被中间宿主吞食后，在其体内约经 1h 毛蚴孵出。毛蚴进入螺的淋巴系统及肝脏，发育为胞蚴、雷蚴和尾蚴。在适宜的水温下，尾蚴从螺体逸出，游于水中，当遇到适宜的补充宿主时，即钻入其体内发育成囊蚴。终末宿主吞食了生的或半生的含有囊蚴的补充宿主而感染，囊蚴在十二指肠脱囊，一般认为童虫沿着胆汁流动逆方向移行，经胆总管到达肝胆管，在肝胆管发育为成虫(图 5-10)。

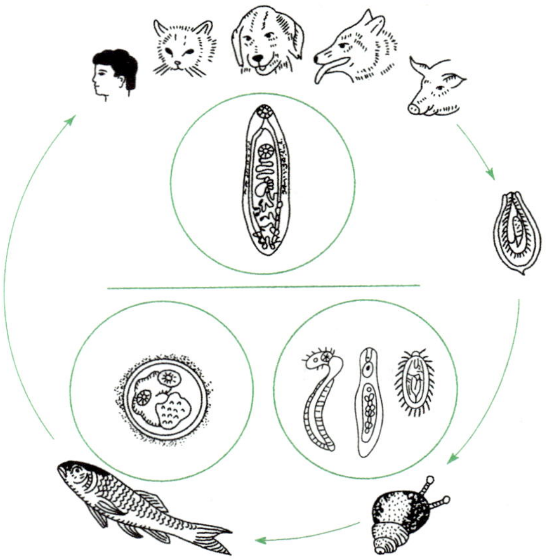

图 5-10　华支睾吸虫生活史

(5)发育时间　进入中间宿主体内的虫卵发育为尾蚴需 30～40 d；进入终末宿主体内的囊蚴发育为成虫约需 30 d。在适宜的条件下，完成全部发育过程约需 100 d。

(6)成虫寿命　在犬、猫体内可分别存活 3.5 年和 12 年以上；在人体内可存活 20 年以上。

(二)流行病学

(1)感染源　患病或带虫动物和人。

(2)感染途径　经口感染。虫卵存在于感染动物的粪便中，患病动物和人的粪便未经处理倒入鱼塘，螺感染后使鱼的感染率上升，有些地区可达 50%～100%。囊蚴遍布鱼的全身，以肌肉中最多。动物感染多因食人生鱼、虾饲料或厨房废弃物而引起。

(3)易感动物　主要侵害犬、猫、猪等动物和人。

(4)流行特点　华支睾吸虫宿主广泛，所引起的疾病具有自然疫源性，是一种重要的人兽共患寄生虫病。在水源丰富、淡水渔业发达地区流行严重。

猫、犬靠食生鱼类而感染，猪散养或以生鱼及其内脏等作为饲料而受感染，人的感染多半是因食生的或未煮熟的鱼虾类而遭感染。

在流行区，粪便污染水源是影响淡水螺感染率高低的重要因素，如南方地区，厕所多建在鱼塘上，猪舍建在塘边，用新鲜的人、畜粪直接在农田上施肥，含大量虫卵的人、畜粪便直接进入水中，使螺、鱼受到感染，易促成本病的流行，

囊蚴对高温敏感，90 ℃时立即死亡，有食生鱼菜肴、烫鱼、生鱼粥等习惯的地区，人的感染率很高。

(三)临床症状

多数动物为隐性感染，临床症状不明显。严重感染时，主要表现为消化不良、食欲减退、下痢、贫血、水肿甚至腹水，逐渐消瘦和贫血，肝区叩诊有痛感。病程多为慢性经过，易并发其他疾病而死亡。

人主要表现胃肠道不适，食欲不佳，消化障碍，腹痛，有门静脉淤血症状，肝脏肿大，肝区隐痛，轻度浮肿，或有夜盲症。

(四)病理变化

虫体寄生于动物的胆管和胆囊内，由于虫体的机械性刺激，引起胆管炎和胆囊炎。虫体分泌的毒素，可引起贫血。少量虫体寄生时无明显病变。大量虫体寄生时，可造成胆管阻塞，使胆汁分泌障碍，并出现黄疸现象。寄生时间长久之后，肝脏结缔组织增生，肝细胞变性萎缩，毛细胆管栓塞形成，引起肝硬化。剖检可见卡他性胆管炎和胆囊炎，胆管变粗，胆囊肿大，胆汁浓稠呈草绿色，肝脏脂肪变性、结缔组织增生和硬化。

(五)诊断

根据流行病学、临诊症状、粪便检查和病理变化等综合诊断。在流行区，动物有生食或半生食淡水鱼、虾史，临床上表现为消化障碍，肝脏肿大，叩诊肝区时敏感，严重病例有腹水，结合粪便检查(因虫卵小，粪便检查可用漂浮法，沉淀法亦可，但不如前者检出率高)发现虫卵或尸体剖检发现虫体即可确诊。近年来在临床上也应用间接血凝试验(IHA)或酶联免疫吸附试验(ELISA)作为辅助诊断。

(六)防治

1. 治疗

(1)吡喹酮　应作为首选药物:犬、猫每千克体重 50～60 mg，1 次口服，隔周服用 1 次。

(2)丙硫咪唑　口服每千克体重 30 mg，每日 1 次，连用 12 d。

(3)六氯对二甲苯(血防 846)　犬、猫口服，每千克体重 50 mg，每天 3 次，连用 5 d，总量不超过 25 g。出现毒性反应后立即停药。

(4)硫双二氯酚(别丁)　口服，每千克体重 80～100 mg/kg。

2. 预防措施

流行区的猪、猫和犬要定期进行检查驱虫；禁止以生的或半生的鱼虾饲喂动物，厨房废弃物经高温处理后再作为饲料；防止终末宿主粪便污染水塘；禁止在鱼塘边盖猪舍或厕所。消灭中间宿主淡水螺类；人禁食生鱼、虾，改变不良的鱼、虾烹调习惯，做到熟食。

任务五　阔盘吸虫病

阔盘吸虫病又称胰吸虫病，本病是由双(歧)腔科阔盘属的阔盘吸虫寄生于牛、羊等反刍动物胰管内(偶尔寄生于胆管和十二指肠)引起的疾病。主要特征:轻度感染时不显症状,严重感染时表现营养障碍、腹泻、消瘦、贫血、水肿。除反刍兽外,猪和人也有寄生的报道。

该病流行广泛,以胰阔盘吸虫和腔阔盘吸虫流行最广,与陆地螺和草螽的分布广泛密切相关;主要发生于放牧牛、羊,而舍饲牛、羊少发;主要分布于亚洲、欧洲及南美洲,在我国各地均有报道,但东北、西北、内蒙古等广大草原上流行较广,危害较大,感染率在60%~70%,一个患畜的含虫量可达数百至数千条。长江流域、西南各省份和广东、福建均有本病的发生。流行区中的患畜常在冬、春季因自然气候不良、饲料不足而大批死亡;有的羊群因本病而使羊毛的产量和质量显著降低。

(一)病原

阔盘吸虫在我国报道的有三种:胰阔盘吸虫、腔阔盘吸虫和支睾阔盘吸虫(图5-11)。其中胰阔盘吸虫分布最广,危害也较大。

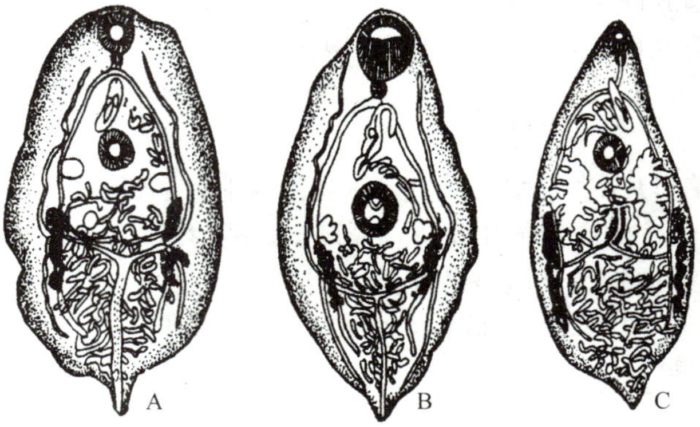

图5-11 阔盘吸虫

A.腔阔盘吸虫 B.胰阔盘吸虫 C.支睾阔盘吸虫

1.形态结构

上述三种阔盘吸虫,我国均有存在。虫体呈棕红色,长椭圆形,扁平、稍透明,吸盘发达。大小在(4.5~16)mm×(2.2~5.8)mm。它们的区别如下。

(1)胰阔盘吸虫 胰阔盘吸虫较大,呈长椭圆形,长8~16 mm,宽5~5.8 mm。口吸盘大于腹吸盘,睾丸并列在腹吸盘后缘两侧,呈圆形,边缘有缺刻或有小分叶。卵巢分叶3~6瓣,位于睾丸之后。受精囊呈圆形,靠近卵巢。子宫有许多弯曲,位于虫体后半部,内充满棕色虫卵。卵黄腺呈颗粒状,位于虫体中部两侧。寄生于羊、牛、人。

(2)腔阔盘吸虫 腔阔盘吸虫比前种短小,呈短椭圆形,体后端中央有明显的尾突。长7~8 mm,宽3~5 mm;口吸盘小于或等于腹吸盘。睾丸大都为圆形或椭圆形,少数的有不整齐的缺刻。卵巢大多边缘完整,少数有缺刻或分叶。寄生于牛、羊。

(3)支睾阔盘吸虫 此种少见。支睾阔盘吸虫为三种中之最小者,体形呈前尖后钝的瓜子形。口吸盘明显地小于腹吸盘。睾丸较大而分支,卵巢有5~6个分叶。寄生于牛、羊、鹿、麂。

阔盘吸虫的虫卵大小为(34~52)μm×(26~34)μm,呈棕色椭圆形,两侧稍不对称,一端有卵盖。成熟的卵内含有毛蚴,透过卵壳可以看到其前端有一条锥刺,后部有两个圆形的排泄泡,在锥刺的后方有一横椭圆形的神经团。

2. 生活史

3 种阔盘吸虫的生活史相似(图 5-12)。

(1)中间宿主　陆地螺,主要为条纹蜗牛、枝小丽螺、中华灰蜗牛等。

(2)补充宿主　胰阔盘吸虫的补充宿主为中华草螽;腔阔盘吸虫的补充宿主为红脊草螽和尖头草螽;支睾阔盘吸虫的补充宿主为蟋蟀科的针蟋。

(3)发育过程　胰阔盘吸虫在终末宿主胰管内产卵,虫卵随胰液进入肠道,再随粪便排出体外,被中间宿主吞食后,在其体内孵出毛蚴,发育为母胞蚴、子胞蚴。成熟的子胞蚴体内含有许多尾蚴,尾蚴逸出螺体,被补充宿主吞食,发育为囊蚴。终末宿主吞食含有囊蚴的补充宿主而感染,囊蚴在十二指肠内脱囊,进入胰管内发育为成虫。

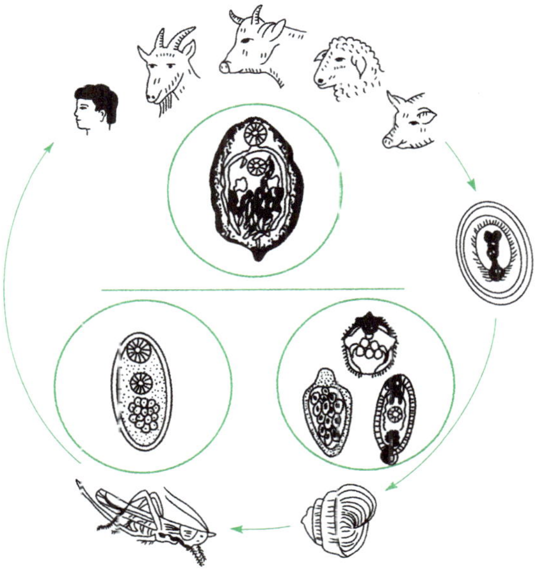

图 5-12　阔盘吸虫生活史

(4)发育时间　进入中间宿主体内的虫卵发育为尾蚴需 5～6 个月;补充宿主体内的子胞蚴发育为囊蚴需 23～30 d,终末宿主体内的囊蚴发育为成虫需 80～100 d,整个发育期为 10～16 个月。

(二)流行病学

(1)感染源　患病或带虫反刍动物,虫卵随粪便排出体外,污染周围环境。

(2)感染途径　终末宿主经口感染。

(3)易感动物　主要侵害牛、羊等反刍动物,还可感染兔、猪,人亦可感染。

(4)流行特点　7—10 月份草螽最为活跃,但被感染后活动能力降低,故此时很容易被牛、羊随草一起吞食,多在冬、春季节发病。

(三)临床症状

症状取决于虫体寄生强度和动物体况。轻度感染时症状不明显。严重感染时,牛、羊发生代谢失调和营养障碍,表现为消化不良,精神沉郁,消瘦,贫血,下颌及前胸水肿,腹泻,粪便中带有黏液。严重者可因恶病质而导致死亡。

(四)病理变化

阔盘吸虫在牛、羊的胰管中,由于虫体的机械性刺激和排出的毒素的作用,使胰管发生慢性增生性炎症,致使胰管增厚,管腔狭小,严重感染时,可导致管腔堵塞,胰液排出障碍。胰脏肿大,其内有紫黑色斑块或条索,胰管增厚,增生性炎症,胰管黏膜有乳头状小结节。切开可见大量虫体。患病动物消化不良,消瘦,下痢,粪便常含有黏液,毛干,易脱落,贫血,颌下、胸前出现水肿,严重时可导致死亡。

(五)诊断

根据流行病学特点、临诊症状、粪便检查和剖检发现虫体等进行综合诊断。粪便检查用沉淀法,发现大量虫卵时方可确诊。

(六)防治

1. 治疗

(1)吡喹酮　牛 35～45 mg/kg,羊 60～70 mg/kg,1 次口服,或牛、羊均按 30～50 mg/kg,用液体石蜡或植物油配成灭菌油剂,腹腔注射。

(2)六氯对二甲苯　牛 300 mg/kg,羊 400～600 mg/kg,口服,隔天 1 次,3 次为 1 个疗程。

2. 预防措施

治疗患病动物,驱除成虫,消灭其病原;定期预防性驱虫,并加强粪便管理,堆积发酵,以杀死虫卵;消灭中间宿主;避免到补充宿主活跃地带放牧,放牧地区实行轮牧。

任务六　前殖吸虫病

前殖吸虫病是由前殖科前殖属前殖吸虫寄生于家禽及鸟类的输卵管、法氏囊(腔上囊)、泄殖腔及直肠所引起的疾病。常引起输卵管炎,病禽产畸形蛋,有的继发腹膜炎。该病呈世界性分布,在我国的许多地区均有报道,主要分布于华东、华南地区。

(一)病原

前殖吸虫种类较多,但以卵圆前殖吸虫和透明前殖吸虫分布较广。其他还有楔形前殖吸虫、鲁氏前殖吸虫和家鸭前殖吸虫。

1. 形态结构

(1)卵圆前殖吸虫　虫体前端狭,后端钝圆,呈梨形,体表有小刺。大小为(3～6)mm×(1～2)mm。口吸盘小,呈椭圆形,位于虫体前端,腹吸盘位于虫体前 1/3 处。睾丸不分叶,呈椭圆形,并列于虫体中部。卵巢分叶,位于腹吸盘的背面。子宫盘曲于睾丸和腹吸盘前后。卵黄腺在虫体中部两侧。生殖孔开口于口吸盘的左前方。虫卵呈棕褐色椭圆形,大小为(22～24)μm×(13～16)μm,一端有卵盖,另一端有小刺,内含卵细胞。

(2)透明前殖吸虫　前端稍尖,后端钝圆(图 5-13),体表前半部有小棘。大小为(6.5～8.2)mm×(2.5～4.2)mm。口吸盘近圆形,位于虫体前端,腹吸盘呈圆形,位于虫体前 1/3 处,口吸盘等于或略小于腹吸盘。睾丸卵圆形,并列于虫体中央两侧。卵巢多分叶,位于腹吸盘与睾丸之间。卵黄腺起于腹吸盘后缘终于睾丸之后。生殖孔开口于口吸盘的左前方。虫卵与卵圆前殖吸虫卵基本相似,大小为(26～32)μm×(10～15)μm。

2. 生活史

(1)终末宿主　家鸡、鸭、鹅、野鸭及其他禽类。

(2)中间宿主　淡水螺类。

(3)补充宿主　蜻蜓及其稚虫。

(4)发育过程　前殖吸虫的发育均需两个中间宿主,第一中间宿主为淡水螺类,第二中间宿主为各种蜻蜓及其稚虫(图 5-14)。成虫在终末宿主的寄生部位产卵,虫卵随终末宿主粪便和排泄物排出体外,虫卵被第一中间宿主吞食(或遇水孵出毛蚴)发育为毛蚴,毛蚴在螺体内发育为胞蚴和尾蚴,无雷蚴阶段。尾蚴成熟后逸出螺体,游于水中,遇到第二中间宿主蜻蜓或稚虫时,由其肛孔进入肌肉形成囊蚴。当蜻蜓稚虫越冬或变为成虫时,囊蚴在其体内仍保持生命力。

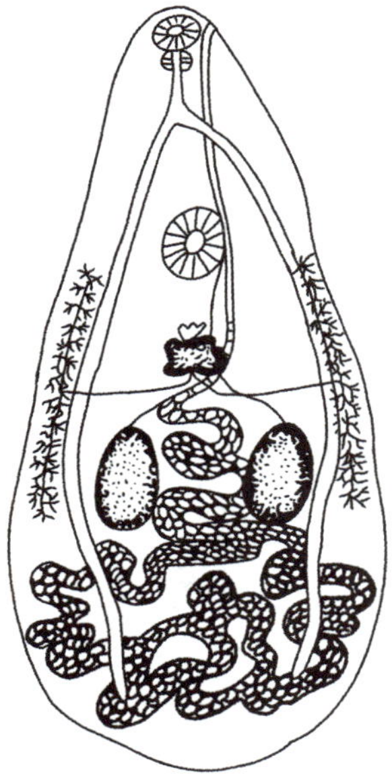

图 5-13　透明前殖吸虫

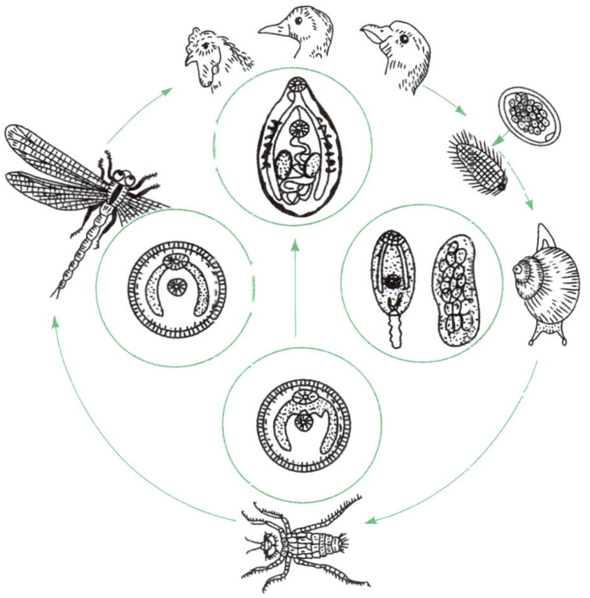

图 5-14　前殖吸虫生活史

家禽由于啄食了含有囊蚴的蜻蜓稚虫或成虫而遭到感染。在消化道内囊蚴壁被消化,幼虫逸出后经肠进入泄殖腔,再转入输卵管或法氏囊发育为成虫 。

(5)发育时间　侵入蜻蜓稚虫的尾蚴发育为囊蚴约需 70 d;进入鸡体内的囊蚴发育为成虫需 1～2 周,在鸭体内约需 3 周。

(6)成虫寿命　在鸡体内 3～6 周,在鸭体内 18 周。

(二)流行病学

(1)感染源　患病或带虫鸡、鸭、鹅等,虫卵存在于患病或带虫动物的粪便和排泄物中。

(2)感染途径　终末宿主经口感染。

(3)易感动物　家鸡、鸭、鹅、野鸭和鸟类。

(4)流行特点　前殖吸虫病多呈地方性流行,流行季节与蜻蜓的出现季节相一致。家禽的感染多因到水池岸边放牧,捕食蜻蜓所引起。

(三)临床症状

本病主要危害鸡,特别是产蛋鸡,对鸭的致病性不强。初期患鸡症状不明显,食欲、产蛋和活动均正常，有时产薄壳蛋且易破，随后产蛋率下降，逐渐产畸形蛋或流出石灰样的液体。随着病情发展，病鸡食欲减退，消瘦，羽毛蓬乱、脱落，腹部膨大、下垂，产蛋停止，后期体温升高，渴欲增加，全身乏力，腹部压痛，泄殖腔突出，肛门潮红，腹部及肛周围羽毛脱落，严重者可致死。

（四）病理变化

主要病变是输卵管炎，输卵管黏膜充血，极度增厚，在黏膜上可找到虫体。患腹膜炎时腹腔内有大量黄色浑浊的液体，腹腔器官粘连。脏器被干酪样物黏着在一起，肠管间可见到浓缩的卵黄，浆膜呈现明显的充血和出血。有时出现干性腹膜炎。

（五）诊断

根据临床症状和剖检所见病变，并发现虫卵或用水洗沉淀法检查粪便发现虫卵，便可确诊。

（六）防治

1. 治疗

（1）四氯化碳　2～3 mL，胃管投入或嗉囊注射。

（2）丙硫咪唑　120 mg/kg，1 次口服。

（3）吡喹酮　60 mg/kg，1 次口服。

（4）氯硝柳胺　100～200 mg/kg，1 次口服。

2. 预防措施

定期驱虫，在流行区根据该病的季节动态有计划地进行驱虫，消灭第一中间宿主，驱出的虫体以及排出的粪便应堆积发酵处理后再利用；避免在蜻蜓出现的时间（早、晚和雨后）或到其稚虫栖息的池塘岸边放牧，以防感染。

任务七　双腔吸虫病

双腔吸虫病是由双腔科双腔属的矛形双腔吸虫和中华双腔吸虫（图 5-15）寄生于牛、羊、鹿和骆驼等反刍动物的肝脏、胆管和胆囊内所引起的一种肝脏吸虫病。在我国西北、内蒙古、东北、华东地区最为常见，人也有病例报道，其既可单独感染，也可与肝片吸虫混合感染。主要特征为胆管炎、肝硬化及代谢、营养障碍。

（一）病原

1. 形态结构

（1）矛形双腔吸虫　又称支双腔吸虫，虫体扁平而透明呈棕红色，可见到内部器官，表面光滑，窄长呈矛形。前端较尖锐，体后半部稍宽。虫体大小为（6.7～8.3）mm×（1.6～2.1）mm，长宽比例为（3～5）∶1。腹吸盘大于口吸盘。口吸盘位于前端，腹吸盘位于体前 1/5 处；消化系统有口、咽、食道和两条简单的肠管。两睾丸前后排列或斜列在腹吸盘后方成四块状，边缘不整齐或分叶。睾丸后方偏右为卵巢及受精囊，卵巢分叶或呈圆形。子宫弯曲，充满虫体后半部，生殖孔开口于腹吸盘前方肠管分叉处。卵黄腺呈细小颗粒状，位于虫体中部两侧。

虫卵呈卵圆形，黄褐色，一端有卵盖，左右不对称，内含毛蚴。虫卵大小为(34～44)μm×(29～33)μm。

(2)中华双腔吸虫　与矛形双腔吸虫相似，但虫体较宽，腹吸盘前方部分呈头锥状，其后两侧肩样突起。体较宽扁，两个睾丸呈圆形，边缘不整齐或稍分叶，并列于腹吸盘之后。卵巢在一个睾丸之后略靠体中线。虫体大小为(3.5～9.0)mm×(2.0～3.1)mm，长宽之比为(1.5～3)∶1。与矛形双腔吸出的主要区别为两个睾丸边缘不整齐或稍分叶，左右并列于腹吸盘后。

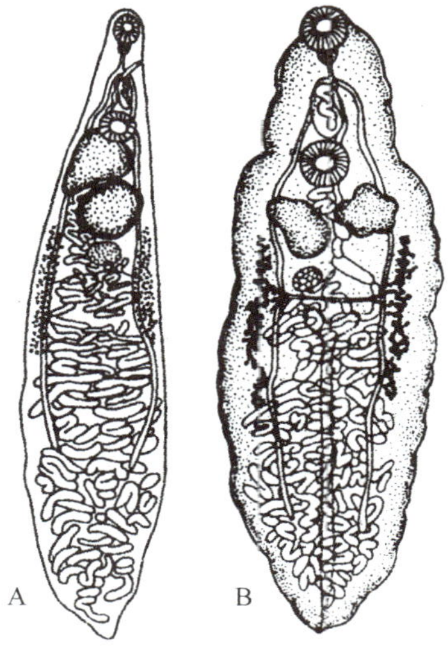

图 5-15　双腔吸虫

A. 矛形双腔吸虫　B. 中华双腔吸虫

两种双腔吸虫的虫卵极为相似，为不对称的卵圆形，少数椭圆形，咖啡色，一端具稍倾斜的卵盖，壳口边缘有齿状缺刻，透过卵壳可见到包在胚膜中的毛蚴。毛蚴体前端神经团呈三角形，体后部有两个圆形的排泄囊泡。

2. 生活史

(1)中间宿主　陆地螺，主要为条华蜗牛、枝小丽螺等。

(2)补充宿主　蚂蚁。

(3)发育过程　成虫在终末宿主胆管及胆囊内产卵，虫卵随胆汁进入肠道，再随粪便排出体外。虫卵被中间宿主吞食后，在其体内孵出毛蚴，经过母胞蚴、子胞蚴发育为尾蚴。众多尾蚴聚集形成尾蚴群囊，外被黏性物质包裹成为熟性球，从螺的呼吸腔排出，黏附于植物叶片及其他物体上，被蚂蚁吞食后，很快在其体内形成囊蚴。终末宿主吞食了含有囊蚴的蚂蚁而感染，囊蚴脱囊后，由十二指肠经总胆管进入胆管及胆囊内发育为成虫(图 5-16)。

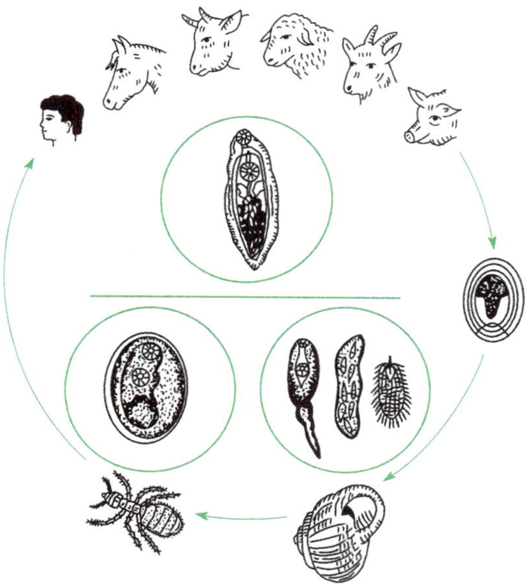

图 5-16　双腔吸虫生活史

(4)发育时间　进入中间宿主体内的虫卵发育为成蚴需 82～150 d；进入终末宿主体内的囊蚴发育为成虫需 72～85 d。整个发育期为 160～240 d。

(二)流行病学

(1)感染源　患病或带虫牛、羊等反刍动物，虫卵存在于粪便中。

(2)感染途径　经口感染。

(3)易感动物　主要感染牛、羊、鹿、骆驼等反刍动物,马属动物、猪、犬、兔、猴等也可感染,偶见于人。

(4)流行特点　本病几乎遍及世界各地,但多呈地方流行。在我国主要分布于东北、华北、西北和西南地区,以西北地区和内蒙古较为严重。

宿主范围广,现已记录的哺乳动物达 70 余种,除牛、羊、鹿、骆驼、马、兔等家畜外,许多野生的偶蹄类动物均可感染。

在温暖潮湿的南方地区,蜗牛和蚂蚁可全年活动,因此,动物几乎全年都可感染;而在寒冷干燥的北方地区,中间宿主要冬眠,动物的感染明显具有春秋两季的特点,但动物发病多在冬、春季节。

动物随年龄的增长,其感染率和感染强度也逐渐增加,感染的虫体数可达数千条,甚至上万条,这说明动物获得性免疫力较差。

虫卵对外界环境条件的抵抗力较强,在土壤和粪便中可存活数月,仍具感染性。对低温的抵抗力更强,虫卵和在第一、二中间宿主体内各期幼虫均可越冬,且不丧失感染性。

(三)临床症状

轻度感染时症状不明显。严重感染时,尤其在早春症状明显。一般表现为慢性消耗性疾病症状,精神沉郁,食欲不振,逐渐消瘦,可视黏膜苍白、黄染,下颌水肿,腹泻,行动迟缓,喜卧等。本病常与肝片吸虫混合感染,症状加剧,并可致死亡。

(四)病理变化

由于虫体的机械性刺激和毒素作用,致使胆管卡他性炎症,胆管壁增厚,肝脏肿大,肝被膜肥厚。严重感染的患畜,可见到黏膜黄疸,逐渐消瘦,颌下和胸下水肿,下痢,并可致死亡。

(五)诊断

根据流行病学资料,结合临诊症状、粪便检查和剖检发现虫体综合诊断。粪便检查用沉淀法。因带虫现象极为普遍,发现大量虫卵时方可确诊。

(六)防治

1. 治疗

(1)三氯丙酰嗪(海涛林)　牛 30～40 mg/kg,羊 40～50 mg/kg,配成 2%混悬液,经口灌服。

(2)丙硫咪唑　牛 10～15 mg/kg,羊 30～40 mg/kg,1 次口服。用其油剂腹腔注射,效果良好。

(3)六氯对二甲苯(血防 846)　牛、羊均按 200～300 mg/kg,1 次口服,连用 2 次。

(4)吡喹酮　牛 35～45 mg/kg,羊 60～70 mg/kg,1 次口服。

2. 预防措施

定期驱虫,最好在每年的秋后和冬季驱虫,以防虫卵污染牧地;在同一牧地上放牧的所有牲畜都要同时驱虫,坚持 2～3 年后可达到净化草场的目的。并要注意加强粪便管理,进行生物热发酵,以杀死虫卵。

消灭中间宿主，灭螺灭蚁，因地制宜，结合开荒种草或烧荒等措施消灭中间宿主。

加强饲养管理，尽量不要在低洼潮湿地带放牧，以减少感染的机会。

任务八 并殖吸虫病

并殖吸虫病是由并殖科并殖属的卫氏并殖吸虫寄生于犬、猫等多种动物和人肺脏中引起的疾病，又称为“肺吸虫病”。本虫主要分布于东亚及东南亚。在我国的东北、华北、华南、西南等地区均有报道，是一种重要的人兽共患寄生虫病。主要特征为引起肺炎和囊肿，痰液中含有虫卵，异位寄生时引起相应症状。

中间宿主螺多滋生于山间小溪及溪底布满卵石或岩石的河流中。补充宿主溪蟹类主要分布于小溪河流旁的洞穴及石块下，蝲蛄多居于水流清澈河流的岩石缝内。本病的发生和流行与中间宿主的分布一致。

(一)病原

1. 形态结构

并殖吸虫种类很多，主要是卫氏并殖吸虫(图 5-17)，虫体肥厚，卵圆形，腹面扁平，背面隆起，体表被有小棘，活体呈红褐色。长 7.5～16 mm，宽 4～6 mm。口腹吸盘大小相近，腹吸盘位于体中横线之前。肠纹呈波浪状弯曲，终于体末端。卵巢分 5～6 个叶，形如指状，位于腹吸盘的左后侧。子宫内充满虫卵与卵巢左右相对，其后是并列的分支状睾丸。卵黄腺由密集的卵黄滤泡组成，分布于虫体两侧。

虫卵呈金黄色，椭圆形，卵壳薄厚不均，卵内有十余个卵黄细胞，卵盖。虫卵大小为(75～118)μm×(48～67)μm。

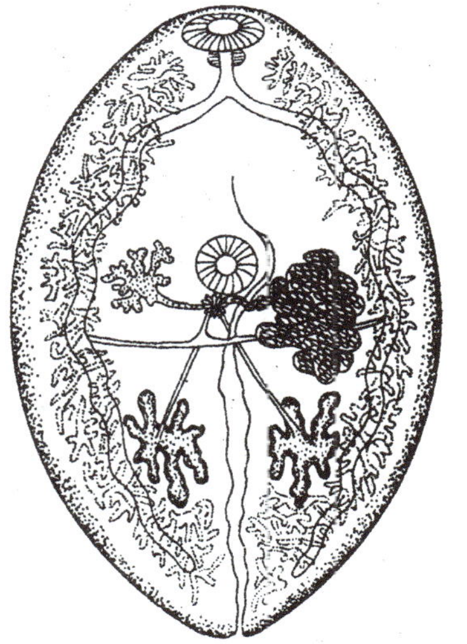

图 5-17 卫氏并殖吸虫

2. 生活史

(1)中间宿主 淡水螺类的短沟蜷和瘤拟黑螺。

(2)补充宿主 溪蟹类和蝲蛄。

(3)发育过程 成虫在终末宿主肺脏产卵，虫卵上行进入支气管和气管，随着宿主的痰液进入口腔，被咽下进入肠道随粪便排出体外，落于水中的虫卵在适宜的温度下孵出毛蚴，毛蚴侵入中间宿主体内发育为胞蚴、母雷蚴、子雷蚴及短尾的尾蚴。尾蚴离开螺体在水中游动，遇到补充宿主即侵入其体内变成囊蚴。终末宿主吃到含有囊蚴的补充宿主后，幼虫在十二指肠破囊而出，穿过肠壁进入腹腔，在脏器间移行窜扰后进入胸腔，钻过肺膜进入肺脏发育为成虫。成虫常成对被包围在肺组织形成的包裹内，包囊以微小管道与气管相通，虫卵则由此管道进入小支气管(图 5-18)。

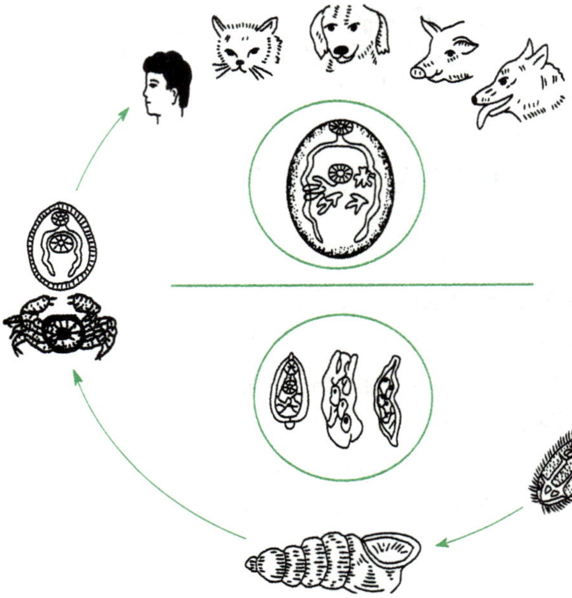

图 5-18 并殖吸虫生活史

(3)发育时间 在外界中的虫卵孵出毛蚴需 2～3 周;从毛蚴进入中间宿主至补充宿主体内出现囊蚴约需 3 个月;进入终末宿主的囊蚴经移行到达肺脏需 5～23d,到达肺脏的囊蚴发育为成虫需 2～3 个月。

(4)成虫寿命 成虫寿命 5～6 年,甚至 20 年。

(二)流行病学

(1)感染源 病畜或带虫家畜,虫卵存在于粪便中。

(2)感染途径 终末宿主经口感染。

(3)易感动物 犬、猫和猪等动物和人易感,还见于野生的犬科和猫科动物中狐狸、狼、貉、猞猁、狮、虎、豹等。

(4)流行特点 由于中间宿主和补充宿主分布特点,加之卫氏并殖吸虫的终末宿主范围又较广泛,因此,本病具有自然疫源性。在补充宿主体内的囊蚴抵抗力强,经盐、酒腌浸大部分不能杀死,被浸在酱油、10%～20%盐水或醋中,部分囊蚴可存活 24 h 以上,但加热到 70 ℃ 3 min 时可全部死亡。

(三)临床症状

患病动物表现精神不佳,食欲不振,消瘦,咳嗽,气喘,胸痛,血痰,湿性啰音。因并殖吸虫在体内有到处窜扰的习性,有时出现异位寄生。寄生于脑部时,表现头痛、癫痫、瘫痪等;寄生于脊髓时,出现运动障碍,下肢瘫痪等;寄生于腹部时,可致腹痛、腹泻、便血,肝脏肿大等;寄生于皮肤时,皮下出现游走性结节,有痒感和痛感。

(四)病理变化

主要是虫体形成囊肿,以肺脏最为常见,还可见于全身各内脏器官中。肺脏中的囊肿多位于浅层,有豌豆大,稍凸出于肺表面,呈暗红色或灰白色,单个散在或积聚成团,切开时可见黏稠褐色液体，有的可见虫体，有的有脓汁或纤维素，有的成空囊。有时可见纤维素性胸膜炎、腹膜炎并与脏器粘连。

（五）诊断

根据临诊症状，结合流行病学，并检查痰液及粪便中虫卵确诊。痰液用10%氢氧化钠溶液处理后，离心沉淀检查。粪便检查用沉淀法。亦可用X线机检测和血清学方法诊断，如间接血凝试验及酶联免疫吸附试验等。

（六）防治

1. 治疗

（1）硫双二氯酚（别丁）　50～100 mg/kg，每日或隔日给药，10～20个治疗日为1个疗程。

（2）丙硫咪唑　50～100 mg/kg，连服2～3周。

（3）吡喹酮　50 mg/kg，1次口服，效果良好。

（4）硝氯酚　剂量为每天1 mg/kg，连服3 d或2 mg/kg，分两次，隔日服药。

2. 预防措施

在流行区防止易感动物及人生食或半生食溪蟹和蝲蛄；粪便无害化处理；患病脏器应销毁；搞好灭螺工作。

任务九　东毕吸虫病

东毕吸虫病是由分体科东毕属的各种吸虫寄生于动物门静脉、肠系膜下静脉血管中所引起的一类疾病。主要感染牛、羊、鹿、骆驼等反刍兽；其次是马、驴等单蹄兽。人患此病是尾蚴侵入皮肤而引起皮炎，故称稻田皮炎、游泳皮炎或尾蚴性皮炎。在我国分布极其广泛，主要分布于地势低洼、江河沿岸、水稻种植区等水源较丰富的地区，以内蒙古和西北地区较为严重，可引起动物的死亡。

（一）病原

1. 形态结构

病原体种类较多，常见的虫种是寄生于牛、羊的土耳其斯坦东毕吸虫和程氏东毕吸虫。

（1）土耳其斯坦东毕吸虫　雌雄异体，但雌雄经常呈合抱状态。虫体呈线状。雄虫为乳白色，长3～9 mm，宽0.4～0.5 mm；体表光滑无结节，呈“C”字形，腹面有抱雌沟；睾丸数目78～80个，呈颗粒状，位于腹吸盘下方，呈不规则的双行排列；生殖孔开口于腹吸盘后方。雌虫比雄虫纤细，略长，长3.9～5.7 mm，宽0.07～0.116 mm；卵巢呈螺旋状扭曲，位于两肠管合并处之前；卵黄腺在肠单管两侧；子宫短，在卵巢前方，子宫内通常只有一个虫卵。虫卵椭圆形，无色，无卵盖，一端有一纽状物，另一端有一小刺，内含毛蚴。虫卵大小为(72～74)μm×(22～26)μm。

（2）程氏东毕吸虫　体表有结节。雄虫粗大，长3.12～4.99 mm，宽0.23～0.34 mm，抱雌沟明显。雌虫比雄虫细短，长2.63～300 mm，宽0.09～0.14 mm。雄虫睾丸较大，数目在

53～99个之间，拥挤重叠，单行排列。虫卵大小(80～130)μm×(30～50)μm。

2. 生活史

(1)中间宿主　为椎实螺类，有耳萝卜螺、卵萝卜螺、小土蜗。它们栖息于水田、池塘、水流缓慢及杂草丛生的河滩、死水洼、草塘和水溪等处。

(2)发育过程　成虫寄生于牛、羊等哺乳动物的肠系膜下静脉及门脉中产卵，虫卵在肠壁黏膜或被血流冲积到肝脏内形成虫卵结节，结节在肠壁处可破溃而使虫卵进入肠腔；在肝脏处的虫卵或被结缔组织包埋，钙化而死亡；或破坏结节随血流或胆汁而注入小肠，后随粪便排出体外。虫卵在适宜的条件下，经10 d左右孵出毛蚴。毛蚴在水中遇到适宜的中间宿主淡水螺，迅速钻入其体内，经过母胞蚴、子胞蚴发育至尾蚴。尾蚴自螺体逸出，在水中遇到牛、羊等即经皮肤侵入，移行至肠系膜血管内发育为成虫。

(3)发育时间　毛蚴侵入螺体发育至尾蚴约需1个月。在终末宿主体内发育为成虫需2～3个月。

(二)流行病学

(1)感染源　病畜或带虫家畜，虫卵随粪便排出体外。

(2)感染途径　终末宿主经口感染。

(3)易感动物　主要感染牛、羊、鹿、骆驼等反刍兽；其次是马、驴等奇蹄兽。

(4)流行特点　东毕吸虫在我国的分布相当广泛，在黑龙江、吉林、辽宁、北京、山西、陕西、甘肃、宁夏、青海、新疆、内蒙古、四川、云南、广西、广东、贵州、湖北、湖南、江西、福建、上海、江苏等地均有报道。本病常呈地方性流行，在青海和内蒙古的个别地区十分严重，感染强度往往高达1万～2万条/头，引起不少羊只死亡。

宿主动物有绵羊、山羊、黄牛、水牛、骆驼和马属动物及一些野生的哺乳动物，主要危害牛和羊。

中间宿主为椎实螺类，有耳萝卜螺、卵萝卜螺和小土蜗。它们栖息于水中、池塘、水流缓慢及杂草丛生的河滩、死水洼、草塘和小溪等处。

本病具有一定的季节性，一般在5—10月份感染流行，北方地区多于6—9月份牛、羊在牧地放牧时，在水中吃草或饮水时经皮肤感染。成年牛、羊的感染率往往比幼龄的高，黄牛和羊的感染率又比水牛为高。

(三)临床病状

本病多为慢性经过。患畜表现精神不振，食欲减退，贫血，水肿，消瘦，发育不良，长期腹泻，粪便中混有黏液、黏膜和血丝。如饲养管理不善，可因恶病质而死亡。幼牛和羔羊发育不良，妊娠牛易流产，乳牛产乳量下降。严重感染的畜群，可引起急性发作，表现为体温上升到40 ℃以上，精神沉郁，食欲减退，呼吸促迫，腹泻，直至死亡。

人感染后几小时，皮肤出现米粒大红色丘疹，1～2 d内发展成绿豆大，周围有红晕及水肿，有时可连成风疹团，剧痒。注意挠痒破溃后继发感染。

(四)病理变化

尸体消瘦，贫血，腹腔内有大量积水。肠系膜淋巴结肿大。肝脏表面凸凹不平、质硬，有大小不等散在的灰白色的虫卵结节。肝脏在病的初期呈现肿大，后期萎缩，硬化。小肠壁肥厚，黏膜上有出血点或坏死灶。

（五）诊断

根据流行病学、病状及粪便检查确诊。粪便检查用毛蚴孵化法。

剖检尸体可见典型病理变化。肠壁血管、肠系膜下静脉及门静脉中可发现虫体，牛有数万条之多，绵羊可达万条，能引起羊只死亡。

（六）防治

1. 治疗

治疗日本分体吸虫的药物均可试用。

（1）硝硫氰胺　绵羊 50 mg/kg，一次内服；牛 20 mg/kg，连用 3 d 为一疗程；也可用 2%混悬液静脉注射，绵羊 2～3 mg/kg，牛 1.5～2 mg/kg。

（2）六氯对二甲苯　绵羊 100 mg/kg，一次内服；牛 350 mg/kg，内服，连用 3 d。

（3）吡喹酮　牛、羊 30～40 mg/kg，内服，每天一次，2 d 为一疗程。

2. 预防措施

根据流行病学特点，采取综合性防治措施。

（1）定期驱虫　一般应在尾蚴停止感染的秋后进行冬季驱虫，既可治疗病畜，又可消灭感染源。

（2）消灭中间宿主　根据椎实螺的生态学特点，因地制宜，结合农牧业生产，采取有效措施，改变淡水螺的生存环境条件，进行灭螺；也可用杀螺剂，如五氯酚钠、氯硝柳胺、氯乙酰胺等灭螺。

（3）加强饲养卫生管理　严禁接触和饮用“疫水”，特别是在流行区里不得饮用池塘、水田、沟渠、沼泽、湖里的水，最好饮用井水或自来水。

（4）加强粪便管理　将粪便堆积发酵，以杀灭虫卵。

案例分析

案例一：华支睾吸虫典型病例

曹某，男，28 岁，木材加工厂工人，从小在遂宁农村长大，有在溪河边捉鱼煎烤的嗜好。在工作后还常利用业余时间到河塘捕捉鱼虾做烧烤出售。

近 2 个月来患者有食欲不振、腹泻、上腹疼痛、腹胀、肝区不适等症状。近日患者因腹泻、乏力加剧伴呕吐来院就诊。患者表现精神差，消瘦，巩膜及皮肤轻度黄染，疑为黄疸型肝炎。实验室检查结果：黄疸指数 16 mg/dL，总胆红素 27 μmol/L，谷丙转氨酶 56 mg/dL。小便常规正常，大便常规经生理盐水直接涂片查见华支睾吸虫卵。当即送患者到四川省寄生虫病防治研究所做进一步检查。用 Kato-Katz 氏法查获华支睾吸虫卵，EPG 为 2712。鉴于患者无厌油史并结合近 2 月来的临床症状及病原学检查结果，确诊为华支睾吸虫病。采用吡喹酮 15 mg/kg，3 次/d，5 d 驱虫治疗，并用肝血宁、联苯双酯、维生素 C 和复合 B 族维生素等保肝药物，经 1 月住院治疗后，痊愈出院。两年后回访该患者未出现前述症状，粪便复查也未见华支睾吸虫卵。

案例二：并殖吸虫典型病例

患者××，男，22岁，云南盐津人，小学教师。

主诉反复咳嗽，胸痛，胸闷伴气紧一年多，于1995年11月入院。患者于1995年6月不明原因地出现畏寒，双侧胸痛，咳嗽，食欲减退。于当地县医院就医，拍摄胸片发现右侧胸腔积液，诊断为结核性胸膜炎。经抗炎、抗结核治疗近5个月后，上述症状明显好转。但同年10月又出现胸痛、咳嗽、咳痰，并较上次症状加重。故往上级医院就医，同日住院治疗。

检查：一般情况尚好，浅表淋巴结不大，心脏检查未见异常，右肺下部呼吸音减弱。腹部检查正常。血常规嗜酸性粒细胞增高，痰抗酸杆菌阴性，胸片示右侧胸腔积液，胸膜增厚，仍诊断为结核性胸膜炎。经抗结核治疗1个多月，复查胸片，右胸积液消失，右下肺出现胸膜增厚，怀疑原诊断。追问病史，患者在1994年曾多次生食溪蟹。查嗜酸性粒细胞计数 2.6×10^{8}/L。免疫学检查：肺吸虫抗原皮内试验阳性；ELISA阳性（1∶1 280）。痰查肺吸虫卵阴性。考虑肺吸虫病。经药物治疗，患者所有症状消失，痊愈出院。

复习思考题

简答题

1. 简述吸虫的形态构造和生活史。
2. 简述吸虫病的病原体、虫卵特征、中间宿主、补充宿主、终末宿主及寄生部位。
3. 简述当地重要吸虫病的诊断、治疗和防治措施。
4. 列举当地流行的主要人兽共患吸虫病，并阐明防止人类感染的主要措施。

项目六 绦虫病的诊断与防治技术

◆ **参考学时** 10 学时。

◆ **知识目标**

1. 了解绦虫的一般形态结构，掌握主要绦虫的形态结构和生活史。
2. 了解各常见绦虫病的流行病学、临床症状和剖检病变等特征，掌握动物主要绦虫病的诊断方法。
3. 了解当地主要绦虫病的流行规律，掌握其综合防治措施。

◆ **能力目标**

1. 通过对主要绦虫病病原的识别，学生能正确区分各种绦虫的形态结构特点及其生活史的异同。
2. 通过对某些绦虫病的典型案例的诊断和分析，培养学生综合分析和诊断疾病的能力。

任务一 绦虫概述

绦虫病是由扁形动物门、绦虫纲的多节绦虫亚纲所属的各种寄生性绦虫寄生于动物和人体内而引起的一类蠕虫病。其中只有圆叶目和假叶目绦虫对畜禽和人具有感染性，绦虫的成虫和绦虫蚴均可致人畜严重的疾患。

绦虫又称带虫，属于扁形动物门、绦虫纲的多节绦虫亚纲，该纲绦虫全部营寄生生活。绦虫和其他扁形动物一样，缺乏体腔。绦虫的成虫绝大多数寄生在脊椎动物的消化道中。生活史均需 1～2 个中间宿主，但个别的无须中间宿主。在中间宿主中的各期称为中绦期，有不同的类型。

一、绦虫的形态结构

(一)一般形态

成虫呈背腹扁平的带状,大多分节。为白色或乳白色,不透明,虫体大小有很大差异,小的仅有几毫米,大的可达 10 m 以上,最长可达 25 m 以上。雌雄同体。虫体从前至后分为头节、颈节与体节三部分。

1. 头节

头节细小,位于虫体前端,为固着器官,绦虫依靠头节固着在宿主肠壁上。一般分为 3 种类型:吸盘型、吸槽型和吸叶型。吸盘型头节多呈球形,具有 4 个圆形吸盘,对称地排列在头节的四面,有的绦虫头节顶端中央有顶突,其上有一排或数排小钩;吸槽型头节呈梭形,在背腹面各具有一向内凹入的沟样吸槽。吸叶型具有 4 个长形叶状的吸着器官,分别附在可弯曲的小柄上或直接长在头节上。

2. 颈节

颈节短而较纤细,不分节,具有生发功能,体节的节片均由颈节从前向后生长而成。

3. 体节

颈部以后是分节的体节(又称链体),是虫体最显著的部分,由 3～4 个节片至数千个节片组成,越往后越宽大。根据发育程度不同分成三个部分,靠近颈部的节片较细小,其内的生殖器官尚未发育成熟,称为未成熟节片(简称幼节);其后的节片较大,已形成两性生殖器官,故称为成熟节片(简称成节);最后部分节片的生殖器官萎缩退化,只有充满虫卵的子宫,故称为孕卵节片(简称孕节)。末端的孕节可从链体上脱落,新的节片又不断从颈部长出,这样就使绦虫得以始终保持一定的长度。

(二)体壁

绦虫无体腔,体壁分为两层,即皮层和肌层(皮下层)。体表为皮层,其下为肌层,肌层由环肌、纵肌、少量的斜肌组成,在节片成熟后,节片间的肌纤维会逐渐退化,因而孕节能自链体脱落。

皮层外表面具有无数微小的指状细胞质突起,称微绒毛,其末端呈尖棘状。微绒毛遍被整个虫体,包括吸盘表面。

绦虫没有消化系统,通过体表的渗透作用吸收营养物质。

(三)实质

绦虫无体腔,由体壁围成一个囊状结构,称为皮肤肌肉囊,皮肌囊内充满海绵样的实质,各器官均埋藏于实质内。

(四)消化系统

无口和消化道。靠体壁微绒毛的渗透作用吸收营养。而且绒毛尖端能擦伤宿主肠黏膜上皮细胞,从而使高浓度且富有营养的肠上皮细胞胞浆渗出在虫体周围。另外,绒毛还具有吸附能力,可防止虫体被宿主从消化道排出。

(五)神经系统

神经中枢在头节中,自中枢发出两条大的和几条小的纵神经干,贯穿于各个链节,直达虫体后端。

(六)排泄系统

由若干焰细胞和与其相连的四根纵行的排泄管组成,排泄管贯穿链体,每侧有背、腹两条,腹面的较粗大。排泄系统起始于焰细胞,由焰细胞发出来的细管汇集成为较大的排泄管,与虫体两侧的纵排泄管相连,纵排泄管与每一体节后缘的横管相通,在最后体节后缘中部有一个总排泄孔通向体外。

(七)生殖系统

绦虫多为雌雄同体,每个节片中都具有雄性和雌性生殖系统各一组或两组(图 6-1)。

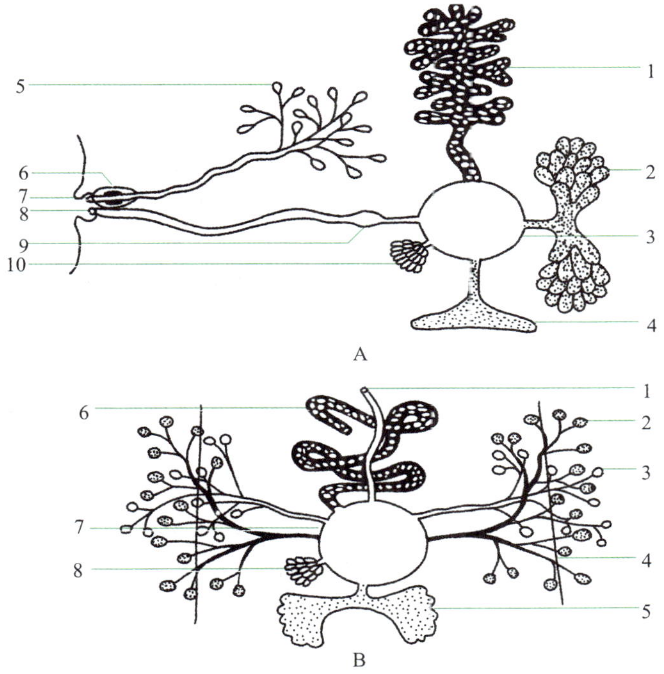

图 6-1　绦虫生殖系统构造模式图

A. 圆叶目:1. 子宫　2. 卵巢　3. 卵模　4. 卵黄腺　5. 睾丸　6. 雄茎囊　7. 雌性生殖孔　8. 雄性生殖孔　9. 受精囊　10. 梅氏腺

B. 假叶目:1. 雌性生殖孔　2. 睾丸　3. 卵黄腺　4. 排泄管　5. 卵巢　6. 子宫　7. 卵模　8. 梅氏腺

1. 雄性生殖器官

有一个至数百个圆形或椭圆形的睾丸,连接着输出管,输出管再互相连接成网状,在节片中央部附近汇合成输精管,输精管曲折向节片边缘,并有两个膨大部,一个在雄茎囊外,称为外贮精囊,另一个在雄茎囊内,称为内贮精囊。输精管末端为射精管和雄茎,雄茎可自生殖腔伸出体节边缘,向生殖腔开口,生殖腔在边缘开口处为生殖孔。内贮精囊、射精管、前列腺及雄茎的大部分均包含在圆形的雄茎囊内。

2. 雌性生殖器官

卵模处在雌性生殖器官的中心位置。卵巢在节片的后半部，一般呈两瓣状，均为许多细胞组成，各细胞有小管，最后汇合成一支输卵管通入卵模。阴道的膨大部分为受精囊，近端通入卵模，远端开口于生殖腔的雄茎下方。卵黄腺分为两叶或一叶，位于卵巢附近（圆叶目），或成泡状散在（假叶目），由卵黄管通向卵模。圆叶目绦虫的子宫一般为盲囊状，无子宫孔，故虫卵不能自动排出，随着其内虫卵的增多和发育而膨大，或向两侧分支，几乎占满整个节片，等到孕卵节片脱落破裂时才散出虫卵。而假叶目绦虫子宫有子宫孔通向体外，成熟的虫卵可由子宫孔排出，故子宫不如圆叶目绦虫的子宫发达，成节和孕节结构相似。

圆叶目绦虫节片受精后，雄性生殖系统逐渐萎缩直至消失，而雌性生殖系统则加快发育，最终充满虫卵的子宫占有整个节片，而雌性器官的其他部分逐渐萎缩，直至消失，此即成为孕节。

二、绦虫生活史

绦虫成虫多寄生在脊椎动物的消化道中，多数绦虫的发育都需要一个或两个中间宿主，才能完成其整个生活史。绦虫的发育过程经虫卵、中绦期（绦虫蚴期）、成虫期三个阶段。在中间宿主体内发育的时期称为中绦期，各种绦虫的中绦期结构和名称不同。

1. 圆叶目绦虫的发育史

圆叶目绦虫生活史只需一个中间宿主，个别种类甚至可以无需中间宿主。圆叶目绦虫成虫寄生于终末宿主的小肠内，孕卵节片（或孕卵节片先已破裂释放出虫卵）随粪便排出体外，被中间宿主吞食后，卵内六钩蚴（具有三对小钩的胚胎）逸出，然后钻入宿主肠壁，随血流到达组织内，发育成各种中绦期幼虫。如果以哺乳动物作为中间宿主，在其体内发育为囊尾蚴、多头蚴、棘球蚴等类型的幼虫；如果以节肢动物和软体动物等无脊椎动物作为中间宿主，则发育为似囊尾蚴。以上各种类型的中绦期幼虫被各自固有的终末宿主吞食后，在肠道内受胆汁的刺激才能翻出头节或脱囊，逐渐发育为成虫。成虫在终宿主体内存留的时间随种类不同而不同，从几天到几周，甚至长达几十年。

圆叶目绦虫卵的发育是在成虫体内进行的。卵内有已在母体内发育成熟的六钩蚴。卵呈圆形，无卵盖（图 6-2）。卵壳脆弱，多在未离母体前脱落。圆叶目绦虫无子宫孔，虫卵须待孕节自链体脱落后，由于孕节的活动挤压或破裂才得以散出。

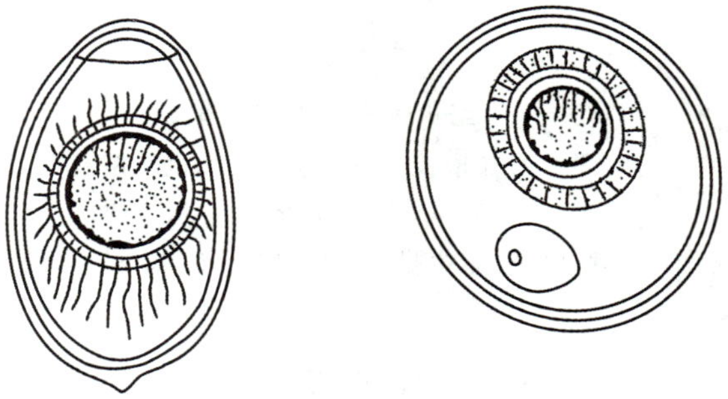

A　　　　B

图 6-2　绦虫卵模式构造

A. 假叶目绦虫卵　B. 圆叶目绦虫卵

圆叶目绦虫的中绦期有似囊尾蚴和囊尾蚴两种类型。似囊尾蚴前端为一个含有凹入头节的双层囊状体，后部则是实心的带小钩的尾状结构。囊尾蚴俗称囊虫，是半透明的囊体，其中充满囊液，囊壁上有一个向内翻转的头节；有的囊内有多个似头节样的原头蚴，称多头蚴；还有的囊内有无数生发囊，每个生发囊内有许多原头蚴，称棘球蚴；此外，还有链状囊尾蚴，其头节在体前端，小囊泡在体末端，头节与囊泡间是长且分节但无性器官的链体。多头蚴、棘球蚴、链状囊尾蚴结构与囊尾蚴相似，故归在囊尾蚴里（图 6-3）。

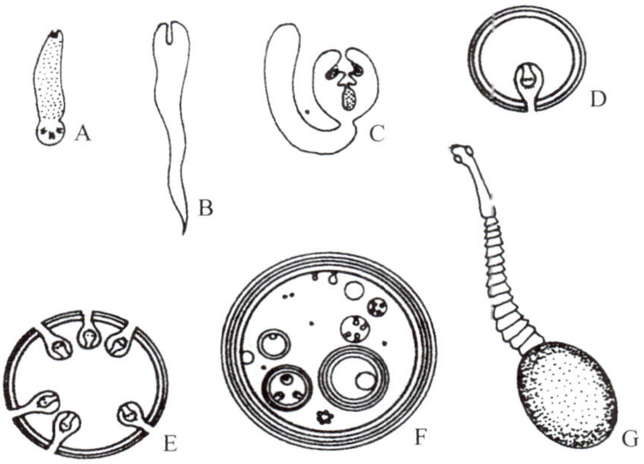

图 6-3　绦虫蚴构造模式图

A. 原尾蚴　B. 裂头蚴　C. 似囊尾蚴　D. 囊尾蚴　E. 多头蚴　F. 棘球蚴　G. 链尾蚴

2. 假叶目绦虫的发育史

假叶目绦虫的生活史中需要两个中间宿主。假叶目绦虫的虫卵随宿主粪便排出体外后，必须进入水中才能继续发育，孵出的幼虫亦有 3 对小钩，但体外被有一层纤毛，能在水中游动，称为钩毛蚴或钩球蚴。钩球蚴被第一中间宿主（甲壳纲昆虫）如剑水蚤吞食后，在其体内发育成原尾蚴；含有原尾蚴的剑水蚤被第二中间宿主（鱼、蛙、蝌蚪等）吞食后，在第二中间宿主体内，由原尾蚴继续发育为实尾蚴（或称裂头蚴）。成熟的裂头蚴被终末宿主吞食后，在胃肠道内经消化液作用，蚴体逸出，头节外翻，并用附着器官吸附在肠壁上，发育成成虫。

假叶目虫卵与吸虫卵相似，呈椭圆形，卵壳厚，一端有卵盖，新排出虫卵内充满卵黄细胞，胚细胞团无六钩蚴，在外界水中经过发育，变为有 3 对小钩的钩毛蚴（胚膜上密布纤毛）。

假叶目绦虫的中绦虫期类型为实心结构的原尾蚴和实尾蚴。原尾蚴存在于第一中间宿主剑水蚤等体内，为实心结构，体后端有一小尾球，3 对小钩在尾球内。实尾蚴（或称裂头蚴）存在于第二中间宿主鱼、蛙、蝌蚪等体内，已具成虫样的头节，无小钩，白色，带状，但不分节，仅具不规则的横皱褶，链体和生殖器官尚未发育成熟。

三、绦虫分类

绦虫隶属于扁形动物门绦虫纲，与畜禽和人类关系较大的有两个目。分别是圆叶目和假叶目，其中以圆叶目绦虫为多见。

（一）圆叶目

头节上有 4 个吸盘，顶端常带有顶突，其上有钩或无钩。体节明显。生殖孔开口于体节侧缘，无子宫孔。缺卵盖，内含六钩蚴。主要有以下几个科。

1. 裸头科

此科为大、中型虫体。头节上有吸盘，但无顶突及小钩。每体节有一组或两组生殖器官。睾丸数目多。子宫为横管或网管状。幼虫为似囊尾蚴，寄生于无脊椎动物（地螨）体内；成虫寄生于马、牛、羊等哺乳动物。裸头科绦虫包括以下属：莫尼茨属，裸头属，副裸头属，无卵黄腺属，曲子宫属。

2. 带科

此科为大、中、小型虫体，头节上有 4 个吸盘，其上无小棘。顶突不能回缩，上有两行钩（牛带绦虫除外）。生殖孔明显，不规则地交替排列。睾丸数目众多。卵巢双叶，子宫为管状，孕节子宫有主干和许多侧分支。幼虫为囊尾蚴、多头蚴或棘球蚴，寄生于草食动物或杂食动物（包括人）；成虫寄生于食肉动物或人。带科绦虫包括以下属：带属，多头属，棘球属，带吻属，泡尾带属。

3. 戴文科

此科为中、小型虫体，头节上有 4 个吸盘，吸盘上有细小的小棘。顶突上有 2 或 3 排斧形小钩，每节有一套生殖器官（偶有两套），卵袋取代孕节的子宫。幼虫寄生于无脊椎动物；成虫一般寄生于鸟类，有的寄生于哺乳动物。戴文科绦虫包括以下属：赖利属，戴文属。

4. 膜壳科

此科为中、小型虫体，头节上有可伸缩的顶突，具有 8～10 个单行排列的小钩。节片通常宽大于长，每节有一套生殖系统。生殖孔为单侧。睾丸大，一般不超过 4 个。孕节子宫为横管。通常以无脊椎动物作为中间宿主，个别虫种甚至可以不需要中间宿主而能直接发育；成虫寄生于脊椎动物。膜壳科绦虫包括以下属：膜壳属，伪膜壳属，皱褶属，剑带属。

5. 中绦科

此科为中、小型虫体，头节上有 4 个突出的吸盘，无顶突。生殖孔位于腹面的中线上。虫卵居于厚壁的副子宫器内。成虫寄生于鸟类和哺乳动物。中绦科绦虫主要包括中绦属。

6. 双壳科

此科为中、小型虫体，头节上有 4 个吸盘，上有或无小棘。有可伸缩的顶突（极少数无顶突），上有 1 行、2 行或多行小钩。每节有一或两组生殖器官。睾丸数目很多。孕节子宫为横的袋状或分叶状，或为副子宫器或卵囊。成虫寄生于鸟类和哺乳动物（如犬、猫）。双壳科绦虫主要包括复孔属。

（二）假叶目

头节一般为双槽型。分节明显或不明显。生殖器官每节常有一组，偶有两组者。生殖孔位于体节中间或边缘。睾丸众多，分散排列。孕卵节片子宫常呈弯曲管状。卵通常有卵盖。在第一中间宿主体内发育为原尾蚴，在第二中间宿主体内发育为实尾蚴，成虫大多数寄生于鱼类。

1. 双叶槽科

此科为大、中型虫体，头节上有吸槽。分节明显。子宫孔、生殖孔同在腹面。卵巢位于体后部的髓质区内。子宫为螺旋的管状。卵有盖，产出后孵化。成虫主要寄生于鱼类，此外，也可寄生于爬行类、鸟类和哺乳动物。双叶槽科绦虫主要包括：双叶槽属，迭宫属，舌形绦属。

2. 头槽科

成虫寄生于鱼类的肠道。主要有头槽属。

任务二　棘球蚴病

棘球蚴又名包虫，是带科棘球属的棘球绦虫的中绦期，寄生于牛、羊、猪、马、骆驼等家畜及多种野生动物和人的肝、肺及其他器官内。其引起的棘球蚴病是一种严重的人兽共患病。成虫棘球绦虫，寄生于犬、狼、狐狸等动物的小肠。

棘球蚴生长迅速，体积大，不仅压迫周围组织使之萎缩和发生功能障碍，还易造成继发感染。如果蚴体包囊破裂，还可引起过敏反应，严重时可导致死亡。在动物中，棘球蚴病对绵羊和骆驼的危害最为严重。该病呈世界性分布。

（一）病原形态

棘球蚴的形状常因其寄生部位的不同而异，一般近似球形，直径为 5～10 cm，小的仅有黄豆大，巨大的虫体直径可达 50 cm，含囊液 10 余升。棘球蚴的囊壁分为两层，外为乳白色的角质层，内为生发层，生发层含有丰富的细胞结构，并有成群的细胞向囊腔内芽生出有囊腔的子囊和原头节，有小蒂与母囊的生发层相连接或脱落后游离于囊液中（图 6-4）。子囊壁的构造与母囊相同，其生发层同样可以芽生出不同数目的孙囊和原头节（有些子囊不能长孙囊和原头节，称为不育囊，能长孙囊和原头节的子囊称为育囊）。原头节和成虫头节的区别是：体积小而无顶突腺。母囊向内芽生子囊，子囊再向内芽生孙囊，且它们都能芽生原头节。所以在一个发育良好的棘球蚴内产生的原头节数可多达 200 万个。

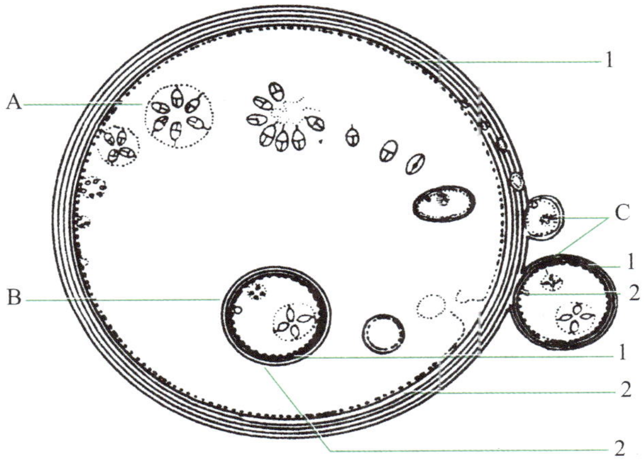

图 6-4　棘球蚴构造模式

A. 生发囊　B. 内生性子囊　C. 外生性子囊

1. 角皮层　2. 胚层

细粒棘球绦虫寄生于犬科动物的小肠中，虫体很小，全长 2～7 mm，由一个头节和 3～4 个节片构成。头节上有吸盘、顶突，顶突上有 36～40 个小钩。成节含雌、雄生殖器官各一套，生殖孔位于节片侧缘后半部，睾丸 35～55 个；卵巢左右两瓣，孕节子宫膨大为盲囊状，内充满虫卵。虫卵直径为 30～36 μm，外被一层辐射状的胚膜（图 6-5）。

图 6-5　细粒棘球绦虫

多房棘球绦虫虫体与细粒棘球绦虫相似，但更小，仅 1.2～4.5 mm。顶突上有 14～34 个小钩。睾丸 14～35 个。生殖孔位于节片侧缘前半部。孕节内子宫呈袋状，无侧支。虫卵大小为（30～38）μm×（29～34）μm。

（二）发育史

细粒棘球绦虫寄生于犬、狼、狐狸的小肠，虫卵和孕节随终末宿主的粪便排出体外，中间宿主因食入被虫卵污染的饲草、饲料、饮水而感染，虫卵内的六钩蚴在消化道逸出，钻入肠壁，随血流或淋巴散布到体内各处，以肝、肺最常见。经 6～12 个月的发育为具有感染性的棘球蚴。犬等终末宿主吞食了含有棘球蚴的中间宿主的脏器而感染，经 40～50 d 发育为细粒棘球绦虫（图 6-6）。成虫在犬等体内的寿命为 5～6 个月。

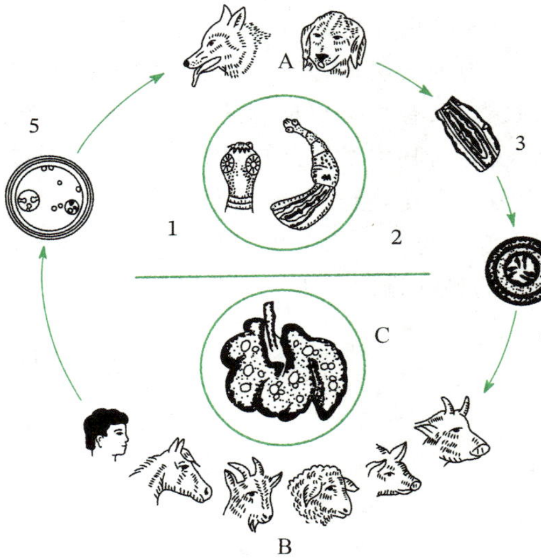

图 6-6　棘球绦虫发育史

A. 终末宿主　B. 中间宿主　C. 病变肝脏
1. 头节　2. 成虫　3. 孕节　4. 虫卵　5. 棘球蚴

多房棘球蚴寄生于啮齿类动物的肝脏，在肝脏中发育很快。狐狸、犬等吞食含有棘球蚴的肝脏后经 30～33 d 发育为成虫，成虫的寿命为 3～3.5 个月。

（三）流行病学

棘球绦虫有 4 种，其中细粒棘球绦虫和多房棘球绦虫在国内有分布，少节棘球绦虫和福氏棘球绦虫主要分布在南美洲，国内未见报道。

细粒棘球蚴病呈世界性分布，尤以牧区为多。我国有 23 个省（直辖市、自治区）有报道，西北地区、内蒙古、西藏和四川流行严重，其中以新疆最为严重。绵羊感染率最高，受威胁最大。其他动物，如山羊、牛、马、猪、骆驼、野生反刍兽等亦可感染。犬、狼、狐狸是散布虫卵的主要来源，尤其是牧区的牧羊犬。

多房棘球蚴在新疆、青海、宁夏、内蒙古、四川和西藏等地亦有发生，以宁夏为多发区。国内已证实的终末宿主有沙狐、红狐、狼及犬等，中间宿主有布氏田鼠、长爪沙鼠、黄鼠和中华鼢鼠等啮齿类。

两种棘球蚴均感染人。人的感染多因直接接触犬、狐狸，致使虫卵粘在手上而经口感染，或因吞食被虫卵污染的水、蔬菜等而感染，或在处理和加工狐狸、狼等的皮毛过程中而感染。

(四)症状与病变

棘球蚴病症状的轻重取决于棘球蚴的大小、寄生的部位及寄生数量。棘球蚴主要寄生于动物的肝脏,其次为肺脏。绵羊棘球蚴70%在肝脏,25%在肺脏,马和牛棘球蚴90%以上在肝脏。机械性压迫可使寄生部位周围组织发生萎缩和功能严重障碍,代谢产物被吸收后,使周围组织发生炎症和全身过敏反应,严重者可致死。绵羊对细粒棘球蚴敏感,死亡率较高,严重者表现为消瘦、被毛逆立、脱毛、咳嗽、倒地不起。牛严重感染时,常见消瘦、衰弱、呼吸困难或轻度咳嗽,剧烈运动时症状加重,产奶量下降。各种动物都可因囊泡破裂而产生严重的过敏反应,突然死亡。剖检可见,肝脏、肺脏等器官有粟粒大到足球大,甚至更大的棘球蚴寄生。

棘球蚴对人的危害尤为明显,多房棘球蚴比细粒棘球蚴对人的危害更大。人体棘球蚴病以慢性消耗为主,往往使患者丧失劳动能力。

成虫对犬等的致病作用不明显,一般无明显的临床表现。

(五)诊断

动物棘球蚴病的生前诊断比较困难。根据流行病学资料和临床症状,采用皮内变态反应、IHA和ELISA等方法对动物和人的棘球蚴病有较高的检出率。对动物尸体剖检时,在肝、肺等处发现棘球蚴可以确诊。对人和动物也可用X射线和超声波诊断本病。

(六)治疗

在早期诊断的基础上尽早用药,方可取得较好的效果。

(1)丙硫咪唑　绵羊剂量为90 mg/kg,连服2次,对原头蚴的杀虫率为82%~100%。

(2)吡喹酮　剂量为25~30 mg/kg(总剂量为125~150 mg/kg),每天服一次,连用5 d,有较好的疗效。

人体内的棘球蚴可通过外科手术摘除,也可用吡喹酮和丙硫咪唑等治疗。

对犬棘球绦虫的治疗可采用吡喹酮5 mg/kg、甲苯咪唑8mg/kg或氢溴酸槟榔碱2 mg/kg,一次口服。

(七)预防

预防本病的关键是不以病畜内脏喂,以及对犬定期驱虫,防止其散播病原。

①禁止用感染棘球蚴的动物肝、肺等器官组织喂犬。

②对家犬和牧羊应定期驱虫,以根除感染源,驱虫后的犬粪,要进行无害化处理,杀灭其中的虫卵。

③保持畜舍、饲料和饮水卫生,防止被犬粪污染。

④人与犬等动物接触或加工毛皮时,应注意个人防护,以免感染。

任务三　牛囊尾蚴病

牛囊尾蚴病是由带科带吻属的肥胖带吻绦虫的中绦期牛囊尾蚴寄生于牛的肌肉内而引起的一种寄生虫病。肥胖带吻绦虫又称牛带绦虫、无钩绦虫，寄生于人的小肠。牛囊尾蚴又称牛囊虫。本病在人和牛之间传播，属人兽共患病。

1. 病原形态

牛囊尾蚴外形与猪囊尾蚴相似，为灰白色、椭圆形半透明囊泡，(5～9)mm×(3～6)mm。囊壁上有一内陷的乳白色头节，头节上有4个吸盘，但没有顶突和小钩，这是与猪囊尾蚴的主要区别。

牛带吻绦虫体长5～10 m，最长可达25 m，由1 000～2 000个节片组成。头节上有4个吸盘(图6-7)，但无顶突和小钩。每个成熟节片含有雌、雄生殖器官各一组，其生殖孔不规则地交替开口于节片侧缘。睾丸数目为300～400个。卵巢分两大叶。孕节子宫每侧有15～30个分支。每个孕节约含卵为10万个。

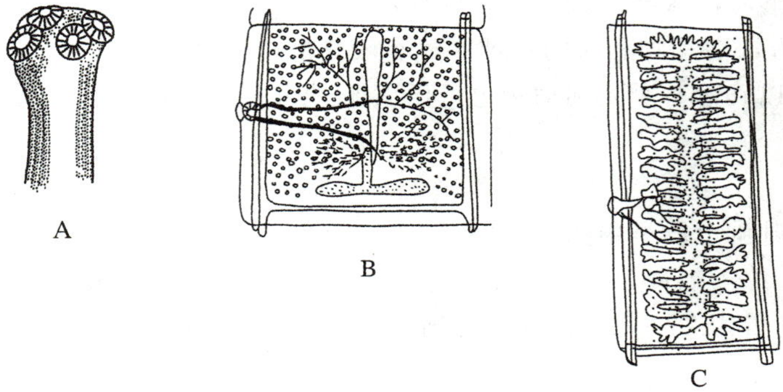

图6-7　牛带吻绦虫

A. 头节　B. 成节　C. 孕节

虫卵近圆形，黄褐色，胚膜甚厚，具辐射纹，卵的大小为(30～40)μm×(20～30)μm，内有一个六钩蚴。

2. 发育史

牛带绦虫成虫寄生在人小肠中，孕节能自动地爬出肛门，或随粪便排出；虫卵散出，污染饲料、饮水及牧场，中间宿主牛食入虫卵后，六钩蚴在小肠逸出，并钻入肠壁，随血流到达牛的心肌、舌肌、嚼肌等各部分肌肉中，经10～12周发育为成熟的囊尾蚴。

人食用生的或未煮熟含有囊尾蚴的牛肉后，囊尾蚴在小肠内经2～3个月发育为成虫。成虫在人体内可生存20～30年，也有生存60年的报道。

3. 流行病学

牛带吻绦虫分布于世界各地，以亚洲和非洲较多，在北美洲和欧洲多零星发生。在我国西藏、内蒙古、四川、贵州、广西等有吃生的或未熟的牛肉习惯的地区呈地方性流行，其余地区多系散发。

牛感染囊尾蚴与人的粪便管理不当有关。凡患牛带绦虫病的病人，所排粪便中必有孕节或虫卵。虫卵在外界可存活 200 d 以上，如果牧地、饲料与饮水受到污染被牛吞食后牛就会感染。在牛囊尾蚴流行地区，往往是人们不习惯使用厕所，致使人粪污染牧场、水源的机会增加。还有将粪便直接排在牛栏里的，在这些地方，牛群的囊尾蚴感染率很高，有的地方可高达 40%。犊牛较成年牛易感，还发现有经胎盘感染的犊牛。

4. 症状

牛感染囊尾蚴初期，由于六钩蚴在体内移行，症状明显，表现为体温升高到 40～41 ℃，食欲不振，虚弱，腹泻，甚至导致反刍消失，长时间躺卧，有时可引起死亡。在肌肉内定居和发育时症状即消失。

牛带吻绦虫可引起人腹痛、腹泻、恶心、消瘦、贫血等症状。

5. 病理变化

牛囊尾蚴的分布很不均匀，以咬肌、舌肌、心肌、肩胛外侧肌、臀肌、腰肌等处较多，除寄生于肌肉组织外，也可寄生于脂肪、肝脏、肾脏和肺脏等处，在寄生部位形成囊肿块。组织内的囊尾蚴 6 个月后多已钙化，形成钙化灶。

6. 诊断

牛囊尾蚴的生前诊断较困难，可采用血清学方法进行诊断。宰后尸体剖检发现囊尾蚴即可确诊，但一般感染度较低，应仔细进行肉品检验。

对人体牛带绦虫病的诊断主要是检查粪便中的孕节和虫卵，也可用棉签拭抹病人肛门周围做涂片检查。

7. 治疗

牛囊尾蚴治疗困难，可试用吡喹酮、丙硫咪唑或甲苯咪唑。人的牛带吻绦虫可用氯硝柳胺、吡喹酮、丙硫咪唑等治疗。

8. 预防

预防本病的关键是不让牛吃到人粪，同时人不吃生的和未熟的牛肉，这样本病基本可以逐渐消灭。

①在本病流行区应对人的牛带绦虫病进行普查，对患者必须进行驱虫。

②做好人粪便的管理，防止人粪污染牲畜饲料、饮水与牧场；改进牛的饲养管理方法，防止牛接触人粪污染的饲草、饮水等。

③加强肉品卫生检验，凡查出有牛囊尾蚴者须无害化处理后才能出售(牛肉肉品检验常规和猪囊尾蚴相同)。

④不吃生的或未熟的牛肉，同时生熟菜刀及砧板应分开。

任务四 多头蚴病

多头蚴病是由带科带属的多头带绦虫或称多头绦虫的幼虫——多头蚴(俗称脑包虫)寄生于牛、羊等反刍兽大脑、脊髓等内所引起的一种寄生虫病。成虫寄生于终末宿主犬、豺、狼、狐狸等的小肠内。幼虫主要寄生于绵羊、山羊、黄牛、牦牛等动物的大脑、延脑、脊髓等处，偶见于骆驼、猪、马及其他野生反刍兽，极少见于人，是危害羔羊和犊牛的一种重要的寄生虫，尤以2岁以下的绵羊易感。

(一)病原形态

多头蚴呈乳白色、半透明囊泡状，囊体由豌豆到鸡蛋大，囊内充满透明液体(图 6-8)。囊壁由两层膜组成，外膜为角皮层，内膜为生发层。生发层上有 100～250 个直径为 2～3 mm 原头蚴。

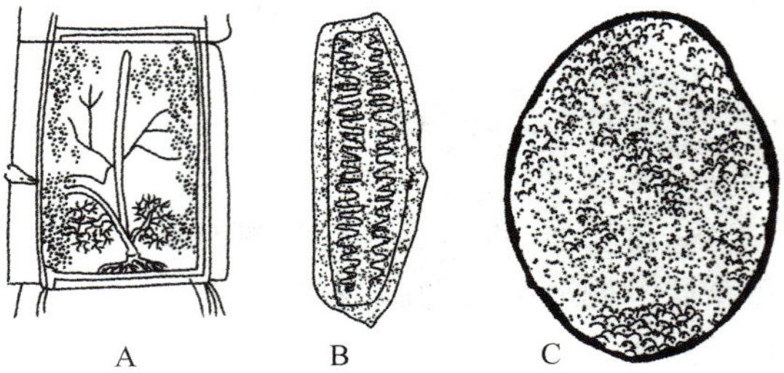

图 6-8　多头绦虫及脑多头蚴

A. 成节　B. 孕节　C. 脑多头蚴

多头绦虫体长 40～100 cm，节片 150～250 个；头节上有 4 个吸盘，顶突上有 22～32 个小钩，分两圈排列。每个成熟节片内有一组生殖器官，生殖孔不规则地交替开口于节片侧缘稍后部。睾丸约 300 个。卵巢分两叶，孕节子宫内充满虫卵，子宫每侧有 14～26 个侧支。卵为圆形，直径 29～37 μm，内含六钩蚴。

(二)发育史

寄生在终末宿主体内的成虫，其孕节和虫卵随宿主粪便排出体外，牛、羊等中间宿主食入虫卵后，六钩蚴在消化道逸出，并钻入肠黏膜血管内，随血流被带到脑脊髓中，经 2～3 个月发育为多头蚴。如果被血流带到身体其他部位，则不能继续发育而迅速死亡。犬、狼、狐狸等食肉兽吞食了含有多头蚴的病畜的脑脊髓后，原头蚴附着在小肠壁上逐渐发育，经 41～73 d 发育成熟。成虫在犬的小肠中可生存数年之久。

(三)流行病学

本病为全球性分布。欧洲、美洲及非洲绵羊的多头蚴病均极为常见；我国北京、黑龙江、吉林、辽宁、新疆、内蒙古、宁夏、甘肃、青海、山西、陕西、江苏、四川、贵州、福建与云南等地均有绵羊多头蚴病分布。

多头蚴病的流行原因和棘球蚴病基本相似，特别在牧区，由于有牧羊犬，若在屠宰羊只时将羊头喂犬，就造成了犬感染多头蚴病的机会；犬排出的粪便，有可能带有病原而污染草场、饲料或饮水，造成多头蚴病的流行。在非牧区，只要有病原存在，有养犬的习惯，绵羊或牛也均可能感染本病。多头绦虫在犬的小肠中可以生存数年之久，所以一年四季，牲畜都有被感染之可能。

(四)致病作用

感染初期，因虫体移行，机械性地刺激与损伤脑组织，导致脑炎与脑膜炎。随着虫体逐渐增大，虫体在脑内移行逐渐缓慢，继而停止，并固定于寄生部位。这时初期症状消失，患畜在外观上表现正常。但当多头蚴继续发育增大，压迫脑脊髓时，就会引起脑缺血、萎缩，眼底充血以及脑脊髓液黏度增高，并出现嗜酸性粒细胞增多等现象。随着多头蚴不断发育增大，对脑脊髓的压迫也随之增强，导致患畜症状逐渐严重，如半身不遂，视神经营养不良，以及运动机能受破坏而出现强迫运动、并发痉挛等。脑多头蚴病的致病作用，不仅局限于多头蚴的寄生部位，尚可波及脑的各部分，甚至间接地影响全身脏器，结果可使患畜出现贫血及恶病质而死亡。

前期急性死亡的病畜剖检可见到有脑膜炎及脑炎病变，还可能见到六钩蚴在脑膜中移行时留下的弯曲痕迹。在后期病程中剖检时，可以找到一个或更多的囊体，有时在大脑、小脑或脊髓表面，有时嵌入脑组织中。与病变或虫体接触的头骨，骨质变薄、松软，甚至穿孔，致使皮肤向表面隆起。靠近多头蚴的脑组织，有时出现坏死。

（五）症状

前期症状一般表现为急性型，后期为慢性型；后期症状又因病原体寄生部位的不同及其体积增大程度的不同而异。

（1）前期症状　以羔羊的急性型最为明显，感染初期，六钩蚴移行引起脑部炎症，表现为体温高，脉搏、呼吸加快，甚至强烈兴奋，做回旋、前冲或后退运动；有时沉郁，长期躺卧，脱离畜群。部分羊只在 5～7 d 内因急性脑膜炎而死，若耐过急性期则转为慢性症状。

（2）后期症状　急性症状逐渐消失后有一段时间病状不明显。感染后 2～7 个月，逐渐产生明显的典型症状，且随着时间的推移而加剧。但这种典型症状随囊体寄生部位不同而异。由于虫体寄生在大脑半球表面的出现率最多，其形成的典型症状为“转圈运动”，所以通常又将多头蚴病的后期症状称为“回旋病”。

当多头蚴寄生在大脑半球时，除常向着被虫体压迫的一侧进行“转圈”运动外（多头蚴囊体越大，动物转圈越小），对侧视神经乳突常有充血与萎缩，造成视力障碍以至失明。叩诊头骨，患区有浊音；患部头骨常萎缩变薄，甚至穿孔，该部皮肤隆起，有压痛。病畜精神沉郁，对声音刺激反应弱，严重时食欲消失，身体消瘦，卧地不起，终致死亡。

多头蚴寄生在大脑正前部，除有上述症状外，病畜脱离畜群（这种表现主要发生在绵羊），常不能自行回转，在碰到障碍物时，即把头抵在物体上呈呆立状。

当多头蚴寄生在大脑后部时，主要典型症状为头高举或做后退运动，甚至倒地不起；且头颈部肌肉痉挛，头向上仰，有时可致头背部相接；如果痉挛仅涉及一侧肌肉，头则偏向一侧。

当多头蚴寄生在小脑时，常使患畜神经过敏，易受惊，对任何喧哗、甚至极小的声音均表现不安，以致将头高举，向与声源相反的方向走。四肢做痉挛性或蹒跚的步态，无论站立或运动均常失去平衡，如站立时四肢常外展或内收，行走时步伐常加长，且易跌倒。

当多头蚴寄生在脊髓时，主要表现为步伐不稳，在转弯时较明显；囊体压力过大时引起后肢麻痹。有时膀胱括约肌发生麻痹，使小便失禁。

但多发病例的症状仍是回旋运动及视神经萎缩，并多以极度消瘦和死亡告终。

（六）诊断

由于多头蚴病经常有特异的症状，容易与其他疾病相区别；但要注意与某种特殊情况下的莫尼茨绦虫病、羊鼻蝇蚴病以及脑瘤或其他脑病相区分，这些疾病一般不会有头骨变薄、变软和皮肤隆起的现象。也可用X射线或超声波进行诊断，尸体剖检时发现虫体即可确诊。此外还可用变态反应原(用多头蚴的囊液及原头蚴制成乳剂)注入羊的上眼睑内做诊断。感染多头蚴的羊于注射1 h后，皮肤呈现肥厚肿大(1.75～4.2 cm)，并保持6 h左右。近年来采用酶联免疫吸附试验诊断，有较强的特异性、敏感性，且没有交叉反应，是多头蚴病早期诊断的好方法。

(七)治疗

在后期多头蚴发育增大能被发现时，可根据包囊的所在位置，用外科手术将头骨开一圆口，先用注射器吸去囊中液体，使囊体缩小，而后摘除之。但这种方法，一般只能应用于脑表面的虫体。在深部的囊体，如能采用X射线或超声波诊断确定其部位，也有施行手术的可能。

近年来用吡喹酮和丙硫咪唑治疗获得了较好的效果。

(八)预防

只要不让犬吃到带有多头蚴的牛、羊等动物的脑和脊髓，即可控制此病。

①患畜的头颅、脊髓应予烧毁。禁止将病畜的脑、脊髓喂犬。

②对犬定期驱虫，对患多头绦虫的犬进行治疗，对犬粪便进行无害化处理。

③对野犬、豺、狐狸等终末宿主应予猎杀。

④人应养成良好的饮食习惯，尤其尽可能不用手抚摸犬，以免感染。

任务五　细颈囊尾蚴病

图6-9　细颈囊尾蚴

细颈囊尾蚴(图6-9)是泡状带绦虫的中绦期，寄生于猪、绵羊、山羊、黄牛等多种家畜及野生动物的肝脏浆膜、大网膜及肠系膜等处，严重感染时还可进入胸腔，寄生于肺部。成虫为泡状带绦虫，寄生于犬、狼等食肉兽的小肠。细颈囊尾蚴病呈世界性分布，我国各地普遍流行，尤其是猪，感染率为50%左右，个别地区高达70%，且大小猪只都可感染，除影响仔猪的生长发育和增重外，严重时可引起仔猪死亡；对于肉类加工业，可因屠宰失重和胴体品质降低而导致巨大的经济损失。

1. 病原形态

细颈囊尾蚴俗称“水铃铛”，呈乳白色、囊泡状，大小不等，可达鸡蛋大或更大。囊壁上有一乳白色结节，为颈和内凹的头节，如将结节内凹部翻转出来，则可见一细长的颈部和游离端的头节，故称细颈囊尾蚴。囊内含透明液体和一个白色的头节。脏器中的囊体常被一层宿主组织产生的厚膜所包围，故不透明，易与棘球蚴相混淆。

泡状带绦虫（图 6-10）呈乳白色或淡黄色，体长可达 5 m，头节稍宽于颈节，顶突上有 26～46 个小钩，排成两圈；前部的节片宽而短，向后逐渐加长，孕节的长度大于宽度。孕节子宫每侧有 5～16 个粗大分支，每支又有小分支，全被虫卵充满。虫卵近似椭圆形，内含六钩蚴，大小为（36～39）μm×（31～35）μm。

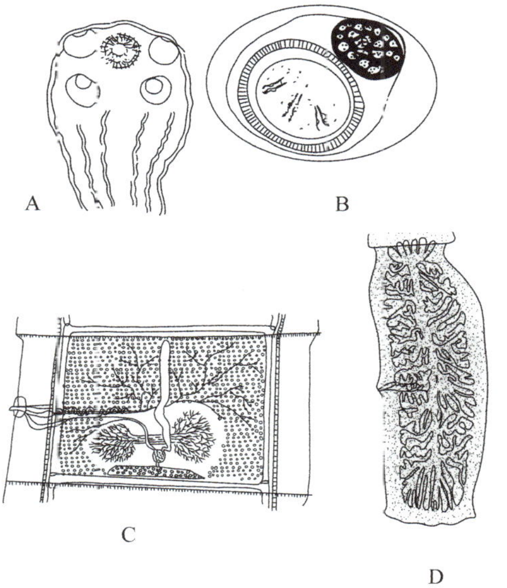

图 6-10　泡状带绦虫

A. 头节　B. 虫卵　C. 成节　D. 孕节

2. 发育史

成虫寄生于犬、狼等食肉兽的小肠中，孕卵节片随粪便排出体外，散出虫卵，污染草地、饲料和饮水，猪、羊等动物采食时受到感染，在消化道内六钩蚴逸出，并钻入肠壁，随血液到达肝实质，再由肝实质移行到肝脏表面，进入腹腔，附在肠系膜、大网膜等处，2～3 个月后发育成细颈囊尾蚴。含有细颈囊尾蚴的脏器被犬等终末宿主吞食后，细颈囊尾蚴在其小肠内翻出头节，附着在肠壁上，经约 51 d 发育为成虫，成虫在犬的小肠可生存一年之久。

3. 流行病学

本病分布广泛，凡有犬分布的地方，一般都有牲畜感染细颈囊尾蚴，以猪的感染最为普遍。流行原因主要是由于感染泡状带绦虫的犬、狼等动物的粪便中排出绦虫的节片或虫卵，它们随着终末宿主的活动污染了牧场、饲料和饮水而使猪等中间宿主遭受感染。每逢农村宰猪或牧区宰羊时，犬多守立于旁，凡不宜食用的废弃内脏便丢弃在地，任犬吞食，这是犬易于感染泡状带绦虫的主要原因；犬的这种感染方式和这种形式的循环，在我国不少地方的农村是很常见的。

4. 致病作用

细颈囊尾蚴对幼畜致病力强，尤其以仔猪、羔羊与犊牛为甚。六钩蚴由肝实质向肝包膜移行时，可造成孔道，引起急性出血性肝炎。当大部分幼虫最后到达大网膜、肠系膜或其他浆膜发育时，其致病力即行减弱，但有时可引起局限性或弥漫性腹膜炎。严重感染时，细颈囊尾蚴还能侵入胸腔、肺实质及其他脏器，引起胸膜炎或肺炎。

5. 症状

多呈慢性经过，感染早期，大猪一般无明显症状。但仔猪可能出现急性出血性肝炎和腹膜炎症状，体温升高，腹部因腹水或腹腔内出血而增大，可能于急性期死亡；耐过者生长发育受阻，但多数仅表现虚弱，消瘦。

6. 病理变化

急性病例，可见到肝脏肿大，肝表面有很多小结节和出血点，实质中能找到虫体移行的虫道。初期虫道内充满血液，以后逐渐变为黄灰色。有时腹腔内有大量带血色的渗出液和幼虫。

慢性病例，肝脏局部组织色泽变淡，呈萎缩现象，肝浆膜层发生纤维素性炎症，形成所谓“绒毛肝”。肠系膜、大网膜和肝脏表面有大小不等的“水铃铛”。

7. 诊断

本病生前诊断比较困难，可用血清学方法诊断；尸体剖检时发现虫体即可确诊。肝脏中的细颈囊尾蚴应注意与棘球蚴相区别，前者只有一个头节，且囊壁薄而透明，后者囊壁厚而不透明。

8. 治疗

治疗可采用吡喹酮，按 50 mg/kg，与液体石蜡按 1∶6 比例混合研磨均匀，分两次间隔 1 d 深部肌内注射，可全部杀死虫体；或硫双二氯酚 0.1 g/kg 喂服。

9. 预防

本病重在预防，而不是治疗，必须采取综合性预防措施。

①禁止犬类进入屠宰场，禁止把含细颈囊尾蚴的脏器丢弃喂犬。

②防止犬进入猪舍，避免饲料、饮水被犬粪便污染。

③对犬定期驱虫，扑杀野犬。

任务六　反刍动物绦虫病

反刍动物绦虫病是由裸头科莫尼茨属的扩展莫尼茨绦虫和贝氏莫尼茨绦虫，裸头科曲子宫属的盖氏曲子宫绦虫，裸头科无卵黄腺属的中点无卵黄腺绦虫，寄生于牛、羊、骆驼等反刍兽的小肠内而引起的一种重要寄生虫病。我国各地均有报道，多呈地方性流行。

（一）病原形态结构

1. 莫尼茨绦虫

莫尼茨绦虫病分布于世界各地，多呈地方性流行，主要危害羔羊和犊牛，影响幼畜生长发育，严重感染时，可导致大批死亡。

莫尼茨绦虫（图 6-11）均为大型绦虫，外观相似，头节小，近似球形，上有 4 个吸盘，无顶突和小钩。体节宽而短，成节内有两套生殖器官，每侧一套，生殖孔开口于节片的两侧。扇形的卵巢和块状的卵黄腺在体两侧构成花环状。睾丸数百个，分布于两纵排泄管间。子宫呈网状。两种虫体各节片的后缘均有横列的节间腺。虫卵直径 56～67 μm，内含梨形器，梨形器内含六钩蚴。

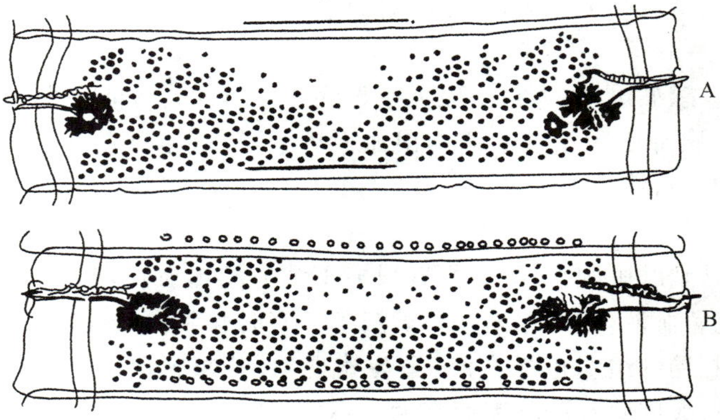

图 6-11　莫尼茨绦虫成节

A. 贝氏莫尼茨绦虫　B. 扩展莫尼茨绦虫

扩展莫尼茨绦虫长可达 10 m，宽可达 1.6 cm，呈乳白色。一排节间腺呈大囊泡状，沿节片后缘分布，范围大。虫卵近似三角形。

贝氏莫尼茨绦虫长可达 4 m，宽可达 2.6 cm，呈黄白色。节间腺呈小点密布的横带状，位于节片后缘的中央部位。虫卵为四角形。

2. 曲子宫绦虫

成虫乳白色，带状，体长可达 4.3 m，最宽为 8.7 mm，大小因个体不同有很大差异。头节小，圆球形，直径不到 1 mm，上有 4 个吸盘，无顶突。节片较短，每节内含有一套生殖器官，生殖孔位于节片的侧缘，左右不规则地交替排列。睾丸为小圆点状，分布于纵排泄管的外侧；子宫管状，呈波状弯曲，几乎横贯节片的全部。虫卵呈椭圆形，直径为 18～27 μm，无梨形器，每 5～15 个虫卵被包在一个副子宫器内。

3. 无卵黄腺绦虫

虫体窄而长，可达 2～3 m 或更长，宽度仅 2～3 mm。头节上有 4 个吸盘，无顶突和小钩。节片极短，且分节不明显。成节内有一套生殖器官，生殖孔左右不规则地交替排列在节片的边缘。睾丸位于纵排泄管两侧。卵巢位于生殖孔一侧。子宫呈囊状，在节片中央。无卵黄腺和梅氏腺。虫卵被包在副子宫器内。虫卵内无梨形器，直径为 21～38 μm。

(二)发育史

莫尼茨绦虫、曲子宫绦虫的中间宿主为地螨，易感的地螨有肋甲螨和腹翼甲螨。虫卵和孕节随终末宿主的粪便排至体外，虫卵被中间宿主吞食后，六钩蚴穿过消化道壁，进入体腔，发育成具有感染性的似囊尾蚴。动物吃草时吞食了含似囊尾蚴的地螨而受感染，在其体内经 45～60 d 发育为成虫。成虫在动物体内的寿命为 2～6 个月，后自动排出体外(图 6-12)。

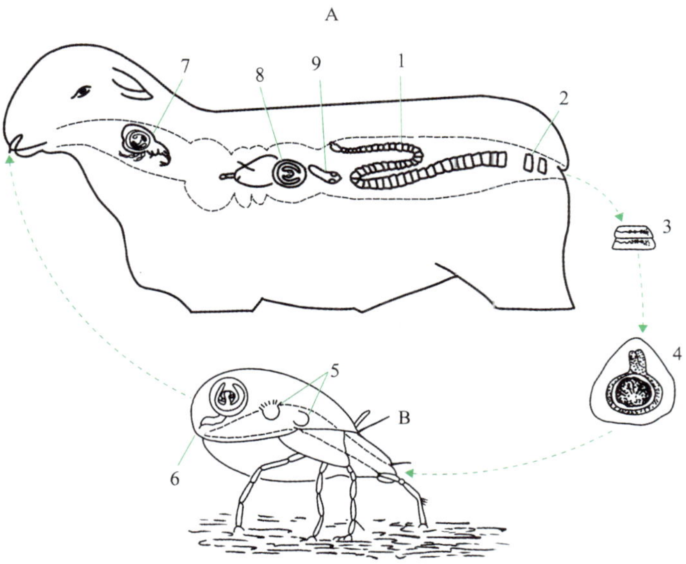

图 6-12　莫尼茨绦虫发育史

A. 终末缩主　B. 中间宿主　1. 小肠中的成虫　2. 孕节随粪便排出　3. 孕节　4. 虫卵释出
5. 地螨吞食了虫卵，卵在肠内孵化，六钩蚴移行到体腔发育　6. 发育成熟的似囊尾蚴　7. 地螨被吞食
8. 地螨被消化，似囊尾蚴释出　9. 头节伸出吸附在肠壁上，5～6 周发育为成虫

无卵黄腺绦虫发育史尚不完全清楚，现已确认弹尾目的长角跳虫为其中间宿主。它食入虫卵后，经 20 d 可在其体内形成似囊尾蚴，羊食入含似囊尾蚴的小昆虫而受感染，在羊体内约经 1.5 个月的发育变为成虫。

(三)流行病学

反刍动物绦虫为世界性分布，莫尼茨绦虫和盖氏曲子宫绦虫分布于全国各地，中点无卵黄腺绦虫主要分布在高寒、干燥地区。在我国主要在东北、西北和内蒙古的牧区流行广泛；农区不严重。

莫尼茨绦虫主要危害 1.5～8 月龄的羔羊和当年生的犊牛。有明显的季节性，这与地螨的习性和分布密切相关。各地主要感染期有所不同，南方感染高峰在 4—6 月份，北方主要在 5—8 月份。

动物对曲子宫绦虫具有年龄免疫性，4～5 月龄前的羔羊不感染曲子宫绦虫，故多见于 6～8 月龄以上的绵羊。当年生的犊牛也很少感染，见于老龄动物。秋季曲子宫绦虫与贝氏莫尼茨绦虫常混合感染，发病多见于秋季到冬季。

绵羊无卵黄腺绦虫病的发生具有明显的季节性，多发于秋季与初冬季节，且常见于 6 月龄以上的绵羊和山羊。

(四)致病作用

莫尼茨绦虫的致病作用主要表现在机械损伤、夺取营养和毒素作用三方面。

(1)机械损伤　莫尼茨绦虫为大型虫体，长可达 10 m，宽可达 2 cm 以上，大量寄生时，集聚成团，造成肠腔狭窄，影响食糜通过，甚至发生肠阻塞、套叠或扭转，严重时导致肠破裂引起腹膜炎而死亡。

(2)夺取营养　虫体在肠道内生长很快，每昼夜可生长 8 cm，必然要从宿主体内夺取大量营养，以满足其生长的需要，故影响幼畜的生长发育，使之迅速消瘦，体质衰弱。

(3)毒素作用　虫体的代谢产物和分泌的毒性物质被宿主吸收后，可引起各组织器官发生炎症和退行性病变，使血液成分改变，红细胞数减少，血红蛋白降低，出现低色素红细胞。中毒作用还破坏神经系统和心脏及其他器官的活动。

(五)症状

反刍动物绦虫病主要危害幼畜，成年动物一般无临床症状。幼畜最初的表现是精神不振，消瘦，离群，粪便变软，后发展为腹泻，粪中含黏液和孕节片，进而衰弱，贫血。有的病畜有明显的神经症状，如无目的地运动，步样蹒跚，有时有震颤。神经型病畜往往以死亡告终。

(六)病理变化

尸体贫血，消瘦，黏膜苍白。胸腹腔有多量渗出液。肠有时发生阻塞或扭转。肠黏膜出血，小肠内有虫体。

(七)诊断

根据患病犊牛或羔羊粪球表面有黄白色的孕节片，形似煮熟的米粒，孕节涂片检查时，可见到大量灰白色、特征性的虫卵；或用饱和盐水浮集法检查粪便，发现虫卵，结合临床症状和流行病学资料等分析即可确诊。或死后剖检，在小肠内发现虫体也可确诊。

（八）治疗

常用的驱虫药物有：

（1）硫双二氯酚　剂量为羊 75～100 mg/kg，牛 50 mg/kg，一次口服。

（2）氯硝柳胺（灭绦灵）　剂量为羊 75～80 mg/kg，牛 60～70 mg/kg，制成 10%水悬液灌服。

（3）丙硫咪唑　剂量为牛、羊 10～20 mg/kg，制成 1%水悬液灌服。

（4）吡喹酮　剂量为羊 10～15 mg/kg，牛 5～10 mg/kg，一次口服。

（九）预防

由于反刍动物绦虫病主要危害犊牛和羔羊，因此要做好幼畜的防护。

①鉴于幼畜在开春一放牧即可感染，故应在放牧后 4～5 周时进行"成虫期前驱虫"，间隔 2～3 周，再进行第二次驱虫。驱虫的对象应是幼畜；但成年动物一般为带虫者，是重要的感染源，因此也应定期驱虫。

②污染的放牧地空闲两年后可以净化。

③土地经过几年的耕作后，地螨量可大大减少，有利于莫尼茨绦虫的预防。

④避免在湿地放牧，避免在清晨、黄昏和雨天放牧，以减少感染机会。

任务七　膜壳绦虫病

膜壳绦虫病主要是由膜壳科剑带属的矛形剑带绦虫、皱褶属的片形皱褶绦虫（图 6-13）及膜壳属的鸡膜壳绦虫和冠状膜壳绦虫寄生于禽的小肠而引起的一种寄生虫病，散发或呈地方性流行。

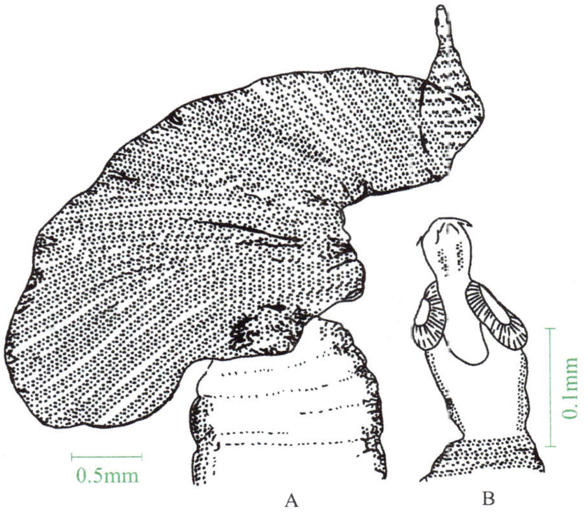

图 6-13　片形皱褶绦虫

A. 假头节　B. 头节

(一)病原形态

病原主要是矛形剑带绦虫、片形皱褶绦虫和禽膜壳绦虫。

1. 矛形剑带绦虫

此种绦虫寄生于鸭、鹅等水禽的小肠。虫体呈乳白色,体长 6～16 cm。虫体前窄后宽,形似矛头。头节小、呈梨形,上有 4 个圆形或椭圆形的吸盘,其上无棘。顶突上具 8 个小钩。颈部短宽。生殖器官一套。睾丸 3 枚,圆形或椭圆形,横列于节片中部偏生殖孔侧(某些变态节片可有 4 个睾丸)。卵巢呈瓣状分支,有左右两部分。孕节中子宫呈长囊状,横于节片中。成熟的虫卵呈卵圆形,薄而透明,大小为 100 μm×(82～83)μm。主要分布于江苏、江西、福建、四川、湖南、吉林、黑龙江等省。

2. 片形皱褶绦虫

此种绦虫寄生于家鸭、鹅、鸡及其他雁形目鸟类的小肠中。其形态特点是体前部有一个扩展的皱褶状假头节,假头节长 1.9～6.0 mm,宽 1.5 mm,由许多无生殖器官的节片组成,为虫体的附着器官。虫体全长 20～40 cm。真头节位于假头节顶端,上有四个吸盘,顶突上有 10 个小钩。生殖孔位于一侧。卵巢呈网状,串联于全部成节。子宫贯穿整个链体。孕节子宫为短管状,内充满虫卵。虫卵呈椭圆形,两端稍尖,大为 131 μm×74 μm。我国台湾、福建、湖北、宁夏等地均有发现。

3. 禽膜壳绦虫

这类绦虫寄生于陆栖禽和水禽小肠中。禽膜壳绦虫种类繁多,我国已知的达 20 多种,且分布广泛。寄生于陆栖禽类的代表种为鸡膜壳绦虫,寄生于鸡和火鸡的小肠中,虫体长 3～8 cm,细似棉线。节片多达 500 个,头节纤细,易断裂,顶突无钩,3 个睾丸。寄生于水禽类的代表种为冠状膜壳绦虫,寄生于鸭、鹅及其他水禽的小肠中,虫体长 12～19 cm,顶突上有 20～26 个小钩,排成一圈,呈冠状,3 个睾丸排成等腰三角形。

(二)发育史

矛形剑带绦虫的中间宿主为剑水蚤(图 6-14),片形皱褶绦虫的中间宿主为镖水蚤、剑水蚤等,鸡膜壳绦虫的中间宿主为食粪的甲虫和刺蝇,冠状膜壳绦虫的中间宿主为甲壳类和螺类。

寄生于禽肠道中的成熟虫体定期脱落孕卵节片,孕节和虫卵随宿主粪便排出体外,散出的虫卵被中间宿主吞食后,在其体内发育为成熟的似囊尾蚴。禽食入了含似囊尾蚴的中间宿主后,似囊尾蚴释出,伸出头节,借助于附着器官固着于肠黏膜上,发育为成虫。

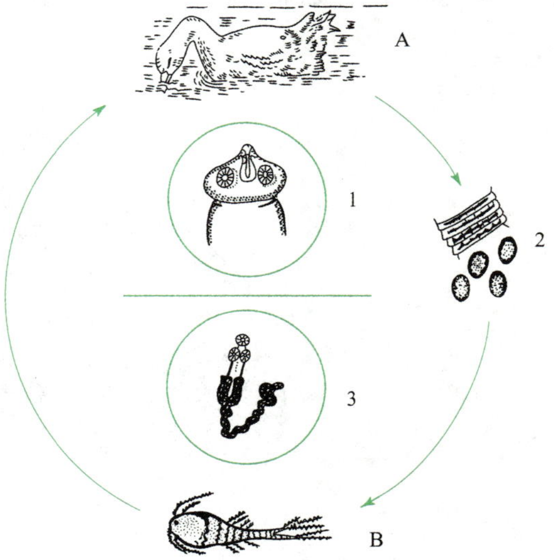

图 6-14 剑带绦虫发育史

A. 终末宿主(水禽) B. 中间宿主(剑水蚤)
1. 剑带绦虫头节 2. 孕节及虫卵 3. 似囊尾蚴

(三)致病作用与症状

膜壳绦虫寄生于禽的小肠,以其吸盘或吻

突的小钩固着于肠壁，引起机械损伤和炎症，扰乱消化机能，同时夺取机体大量营养物质，导致病禽出现食欲减退或废绝；腹泻，粪便中有时可见混杂其中的虫体节片；贫血、消瘦，精神委顿。另外，虫体排出的代谢产物，可使宿主中毒，引发神经功能异常。雏禽严重感染时可导致死亡。

(四)诊断

用淘洗法检查粪便，查找虫体节片，或用漂浮法检查粪便中有无虫卵。也可进行诊断性驱虫，必要时可剖检病禽，将肠管放于清水中漂洗，检查虫体。

(五)治疗

一般可采用下列药物：

(1)吡喹酮　按 10～20 mg/kg，口服。

(2)丙硫咪唑　按 10～15 mg/kg，一次口服或拌料。

(3)氯硝柳胺　按 50～60 mg/kg，口服。

(4)氢溴酸槟榔碱　按 1～1.5 mg/kg 溶于水中内服。

(5)硫双二氯酚　按 30～50 mg/kg，口服。

(六)预防

①应选择岸边无水草的水池或水流较急的河岸水域放牧，以减少感染。

②定期驱虫，消灭病原。在流行地区，成年鹅、鸭应每年春秋放牧结束后和春季开始放牧前各驱虫一次，以驱除体内成虫及防止放牧时虫卵落入水中感染中间宿主。

③经常清扫禽舍和运动场，将粪便堆积发酵，杀死虫卵。

任务八　戴文绦虫病

禽戴文绦虫病是由戴文科赖利属和戴文属的绦虫寄生于禽类小肠而引起的一种寄生虫病。

(一)赖利绦虫病

赖利绦虫病是由戴文科赖利属的绦虫寄生于鸡、火鸡等禽类小肠中而引起的一类寄生虫病。常见的赖利绦虫有三种：棘沟赖利绦虫、四角赖利绦虫和有轮赖利绦虫，此外还有小钩赖利绦虫、台湾赖利绦虫、山东赖利绦虫、拟四角赖利绦虫、穿孔赖利绦虫等。

1. 病原形态

禽赖利绦虫病的病原主要是四角赖利绦虫、棘沟赖利绦虫和有轮赖利绦虫。

(1)四角赖利绦虫　成虫可寄生于鸡、火鸡、吐绶鸡、孔雀等的小肠，为大型绦虫。虫体长 98～250 mm，最大体宽 2～4 mm。头节类球形，上有四个长椭圆形的吸盘，吸盘上有 8～10 圈小钩(图 6-15)。顶突小，上有 90～130 个小钩，排成 1～3 圈。颈部明显。节片宽而短。有睾丸 18～37 个，分布于卵巢两侧。生殖孔位于单侧（偶见个别节片有交叉）。卵巢如花朵样分瓣，位于节片中央。卵黄腺呈豆状，位于卵巢下方。每个孕节内含 34～103 个卵袋，每个卵袋内含 6～12 个虫卵。

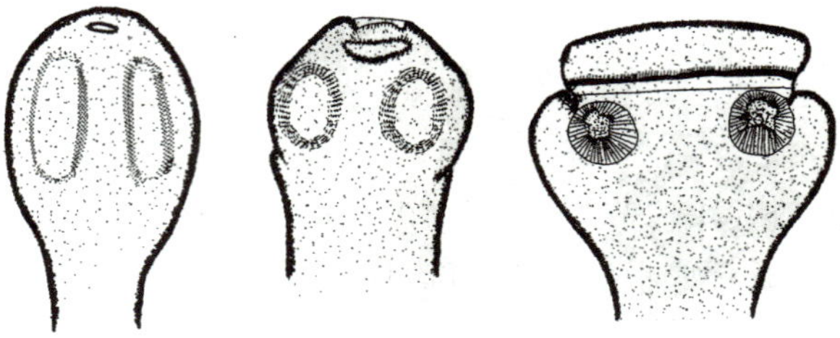

图 6-15　赖利绦虫头节

A. 四角赖利绦虫　B. 棘沟赖利绦虫　C. 有轮赖利绦虫

(2)棘沟赖利绦虫　成虫寄生于鸡、火鸡等的小肠。虫体长 85～240 mm，最大宽度约 3 mm。头节上有 4 个圆形吸盘，吸盘上有 8～10 圈小钩。顶突上有 198～244 个小钩排成两圈。颈部肥而短，几乎与头节一样宽大。生殖孔多位于节片单侧，少数呈左右交叉。睾丸 28～35 个，分布于卵巢两侧和卵黄腺之后缘。卵巢瓣状分叶如花朵或扇叶状，位于节片中央，其后有肾形的卵黄腺。每个孕节内含 90～150 个卵袋，每个卵袋内含 6～12 个虫卵。虫卵直径 25～40 μm，六钩蚴大小约 21 μm×22 μm。

(3)有轮赖利绦虫　成虫寄生于鸡、火鸡、雉和珠鸡的小肠。虫体一般不超过 40 mm，也有的可达 150 mm。头节大，上有 4 个不具小棘的吸盘。顶突呈轮盘状，突出于前端，上有 400～500 个小钩，排成两圈。生殖孔不规则地交替开口于节片侧缘。睾丸 15～29 个，分布于节片中央的后半部。孕节中有许多卵袋，每个卵袋中只有一个虫卵。虫卵直径 75～88 μm。

2. 发育史

赖利绦虫的发育均需要中间宿主：四角赖利绦虫和棘沟赖利绦虫的中间宿主为蚂蚁；有轮赖利绦虫的中间宿主为金龟子、蝇类等昆虫(图 6-16)。

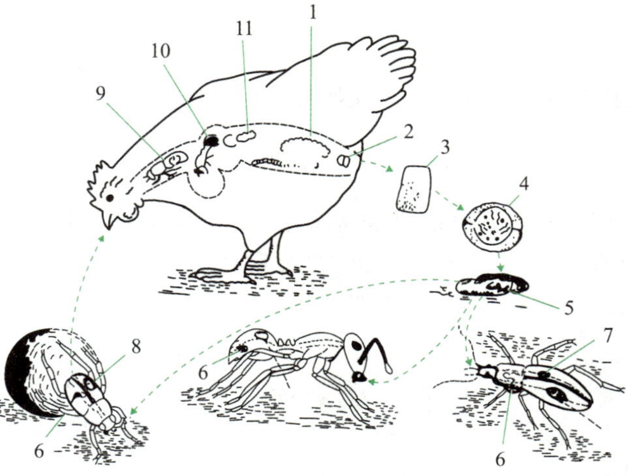

图 6-16　赖利绦虫发育史

1. 成虫在小肠中　2. 孕节　3. 排出的孕节　4. 虫卵　5. 粪便中的节片　6. 卵在中间宿主体内孵化出六钩蚴　7. 六钩蚴移行至体腔　8. 似囊尾蚴　9. 中间宿主被终宿主吞食　10. 似囊尾蚴释出　11. 头节翻出，吸附于肠壁发育为成虫成虫寄生在小肠，孕节脱落后随粪便排出，节片在外界破裂，虫卵逸出，四处散播。当虫卵被蚂蚁等中间宿主吞食后，在其体内经 2 周发育为似囊尾蚴。禽啄食了带有似囊尾蚴的中间宿主而感染。中间宿主被禽消化后，逸出的似囊尾蚴进入小肠，以吸盘和顶突固着于小肠壁上，经 2～3 周发育为成虫。

3. 流行病学

据林宇光等调查(1984)：福建地区鸡有轮赖利绦虫、棘沟赖利绦虫和四角赖利绦虫的自然感染率分别为 5.2%、15.6%和 1.37%，后二者感染强度分别为每只鸡 4～15 条和 1～8 条。而在 20 世纪 50—60 年代对散养鸡的调查表明，感染率和感染强度远高于此。

鸡绦虫病流行的主要因素有：中间宿主种类较多，分布广泛，从而提供了感染的有利条件；感染鸡排孕节(虫卵)的持续期较长，且发育周期较短，在适宜温度下，从六钩蚴感染到似囊尾蚴在中间宿主体内发育成熟，再感染鸡至成虫排卵，前后不过 1 个月。

尽管各种年龄的鸡均能感染赖利绦虫，但最易感者为 2 周龄左右的雏鸡，饲养条件及环境不良，使用低劣饲料的鸡群，最易发生暴发流行。饲养管理条件好的鸡群，由于不易啄食到中间宿主，一般不易发生本病。

4. 致病作用

赖利绦虫是鸡的大型绦虫，其致病作用主要是机械刺激、阻塞肠管、代谢产物的毒素作用及夺取鸡的营养物质等。头节小钩的刺激可损伤肠上皮引起肠炎；虫体聚集成团时可导致肠阻塞，严重时引起肠破裂；虫体的代谢产物有时可引起神经症状。

棘沟赖利绦虫致病力最强。其幼虫以其多棘的顶突深入肠黏膜，导致产生类似于肠结核样病变的寄生虫性肉芽肿结节(鸡结节病)，并可使鸡失重 50%。据 Nadakal 等(1973)报道，人工感染 200 个似囊尾蚴后 6 个月，在头节附着处产生的肉芽肿结节直径可达 1～6 mm，病鸡同时伴有卡他性增生性肠炎，有淋巴细胞、多形核白细胞和嗜酸性粒细胞浸润。四角赖利绦虫也有类似作用，给每只鸡感染 50 个似囊尾蚴后，表现产蛋量下降，体重降低。

5. 症状

轻度感染时可能没有明显症状。当严重感染时，特别是雏鸡，呈现消化功能紊乱，食欲减退，饮欲增加。常有下痢，粪便可混有淡黄色血样黏液，有时发生便秘。精神沉郁，不爱活动；两翅下垂，羽毛蓬乱，黏膜初呈苍白继则黄染，而后变蓝色。蛋鸡产蛋量显著减少甚至停产。雏鸡生长发育受阻。常见雏鸡因体弱消瘦或伴发其他疾病而死亡；有时可突然引起死亡并伴有抽搐。

6. 病理变化

剖检时除可在肠道发现虫体外，还可见尸体消瘦、肠黏膜肥厚，有时肠黏膜上有出血点。肠管内有多量恶臭黏液。棘沟赖利绦虫感染时，十二指肠黏膜有肉芽肿性结节，其中央有粟粒大小呈火山口状的凹陷。

7. 诊断

检查粪便中的绦虫节片及虫卵。对疑有感染的鸡群，可剖检患禽以便诊断。剖检时除注意肠黏膜的病变之外，应用水漂洗肠黏膜看是否有虫体存在。也可对鸡群尤其是开产前的蛋鸡群进行诊断性驱虫。

8. 治疗

常选用下列药物：

(1)丙硫咪唑　按 15～20 mg/kg，一次内服。

(2)氢溴酸槟榔碱　按 3 mg/kg,配成 0.1%水溶液口服;也可用槟榔按 1~1.5 g/kg,内服或煎服。

(3)氯硝柳胺　鸡按 50~60 mg/kg,火鸡、鸽 200 mg/kg,一次口服。

(4)硫双二氯酚　按 80~100 mg/kg,一次口服。

9. 预防

(1)消灭中间宿主　对易滋生蚂蚁、金龟子等的场地应做好杀虫工作。场地要坚实、平整,在禽舍附近避免堆放碎石、朽木、垃圾等物品,以杜绝中间宿主的滋生。

(2)定期检查鸡群,及时进行驱虫,消灭传染源　对雏鸡应定期驱虫,在不安全鸡场,蛋鸡开产前一个月要驱虫一次。及时清除粪便和垫料,并进行发酵,杀灭其中的虫卵。

(二)节片戴文绦虫病

节片戴文绦虫病是由戴文科戴文属的节片戴文绦虫(图 6-17)寄生于鸡、鸽、鹌鹑十二指肠内而引起的一种绦虫病,分布于世界各地,我国各地均有报道,对雏禽危害较严重。

1. 病原形态

节片戴文绦虫为小型绦虫,虫体全长仅 0.5~3.0 mm,只有 4~9 个节片。整体似舌形,由前往后逐渐增宽。头节细小,顶突呈轮状,其上具有 60~95 个小钩,排成 2 圈。吸盘上具有 3~6 列小棘,但易脱落,一般不易看到。生殖孔有规则地交叉分列于节片的侧缘前部。有睾丸 12~15 个,分布于节片的后半部。卵巢分左右两瓣。孕节中的子宫分裂为许多卵袋,每个卵袋内有一球形的虫卵,直径 28~40 μm,内含六钩蚴 。

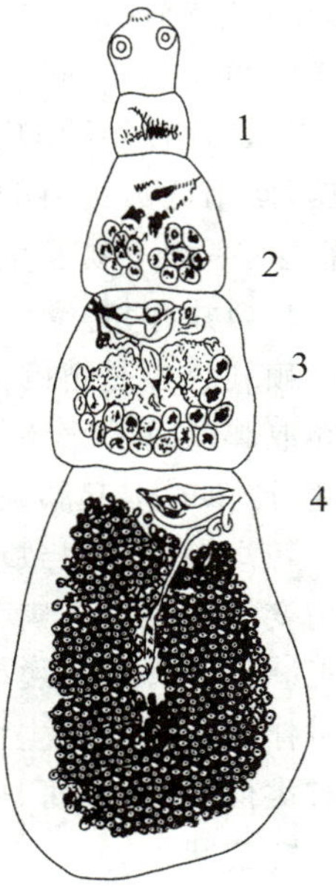

图 6-17　节片戴文绦虫
1. 头节　2. 未成熟节片
3. 成熟节片　4. 孕卵节片

2. 发育史

成虫寄生于鸡、鹌鹑、鸽等十二指肠内,孕节随粪便排出体外,虫卵被陆地蜗牛和蛞蝓类中间宿主所吞食。在温暖条件下经 3 周发育为成熟的似囊尾蚴。鸡啄食蛞蝓或蜗牛后,似囊尾蚴在鸡十二指肠中约经 2 周即可发育为成虫并排出孕节和虫卵(图 6-18)。

3. 流行病学

本病主要危害雏鸡,但各种年龄的鸡都能感染。

从宿主体内排出的虫卵在阴暗潮湿的环境中能生存 5 d,这种环境正适宜于蜗牛和蛞蝓类滋生繁衍。曾在一只蛞蝓的消化道中发现 1 500 个以上的似囊尾蚴,且能保持感染力达 11 个月以上。因此鸡在潮湿温暖的环境中放牧极易感染。成虫在鸡体内可保持生命力达 3 年之久,并不断排出孕节。由于虫体较小,鸡的荷虫量可能很大。曾有报道在一只鸡中发现有 3 000 条以上的虫体。

4. 致病作用与症状

虫体在鸡十二指肠中依靠头节深入肠壁,可造成微血管破裂,引起肠炎或继发性感染。虫体分泌的毒素可使鸡发生麻痹。对雏鸡,节片戴文绦虫是致病力相当强的一种绦虫,据报道可引起生长率降低 12%。病鸡表现精神委顿,消瘦,羽毛粗乱、污秽;腹泻,粪便中含有大量黏膜或带血;有时发生两腿至全身的麻痹并致死亡。

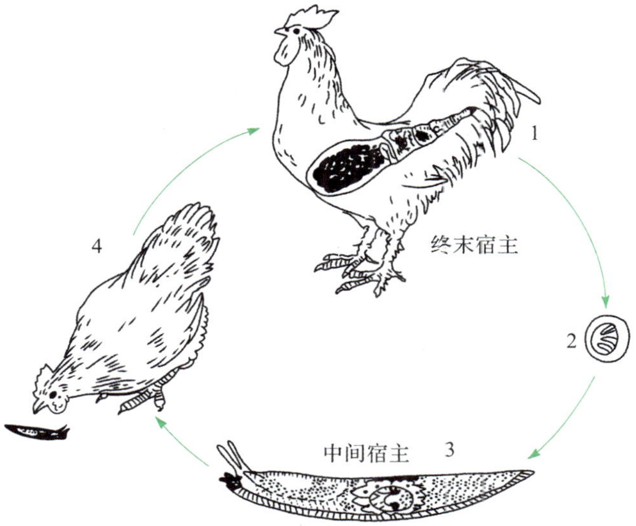

图 6-18　节片戴文绦虫发育史

1. 成虫寄生于小肠内　2. 节片随粪便排出，内含六钩蚴

3. 六钩蚴被蛞蝓食入，在其体内形成似囊尾蚴

4. 鸡食入含有似囊尾蚴的蛞蝓而感染绦虫

5. 诊断

剖检找到虫体或水洗沉淀法检查粪便中的孕节或虫卵可确诊。由于虫体小，每天仅排出一个孕节，因此应收集一天的粪便进行检查。

6. 防治

治疗方法和药物可参照赖利绦虫病。鸡舍和运动场要保持洁净干燥，运动场要定期翻耕，多施含钾肥料，以制止软体动物滋生。有本病流行的鸡场，每年应进行 2～3 次定期驱虫。

任务九　犬、猫绦虫病

犬、猫绦虫病是由多种绦虫寄生于犬、猫的小肠内而引起的疾病的总称。寄生于犬、猫的绦虫种类很多，这些绦虫成虫对犬、猫的健康危害很大，它们的幼虫期多以其他动物（或人）为中间宿主，严重危害动物和人体健康。

（一）病原与生活史

寄生于犬、猫体内的绦虫种类较多。

1. 犬复孔绦虫病

犬复孔绦虫病是由双壳科复孔属的犬复孔绦虫成虫寄生于犬、猫的小肠内而引起的一种常见的寄生虫病，偶见于人。虫体为淡红色，长 15～50 cm，宽约 3 mm，约有 200 个节片。体节外形呈黄瓜子状，故又称“瓜实绦虫”。头节上有 4 个吸盘，顶突上有 4～5 圈小钩。每个成熟节片具有两套生殖器官，生殖孔开口于两侧缘中线稍后方。睾丸 100～200 个，分布在纵排泄管内侧。卵巢呈花瓣状。孕卵节片中的子宫分为许多卵袋，每个卵袋内含有数个至30个以上的虫卵。虫卵呈圆球形，直径35～50 μm，卵壳较透明，内含六钩蚴。

中间宿主是犬蚤、猫蚤和犬毛虱。孕节自犬、猫的肛门逸出或随粪便排出体外，破裂后，虫卵散出，被蚤类食入，在其体内发育为似囊尾蚴。一个蚤体内可有多达50余个似囊尾蚴。犬、猫咬食蚤而感染，约经3周后发育为成虫。儿童常因与犬、猫的密切接触，误食被感染的蚤和虱被感染。

本病广泛分布于世界各地。无明显季节性，宿主范围广泛，犬和猫的感染率较高，狐和狼等野生动物也可感染；人体主要是儿童受到感染。轻度感染时不显症状。幼犬严重感染时可引起食欲不振，消化不良，腹泻或便秘，肛门瘙痒等症状。大量感染时还可能发生肠梗阻。犬粪便中找到孕节后，在显微镜下观察到具有特征性的卵囊，即可确诊。

2. 泡状带绦虫病

泡状带绦虫病是由带科带属的泡状带绦虫寄生于犬、猫的小肠而引起的一种寄生虫病。猪、羊、鹿等为其中间宿主，其幼虫为细颈囊尾蚴，常寄生于猪、羊等的大网膜、肠系膜、肝脏、横膈膜等处，引起细颈囊尾蚴病，严重感染时可进入胸腔寄生于肺。

泡状带绦虫新鲜时呈黄白色。体长60～500 cm，宽0.1～0.5 cm。头节有4个吸盘，分布于周边部。顶突上有两圈大小相间排列的小钩。前部的节片宽而短，向后逐渐加长，孕节长大于宽。睾丸540～700个，主要分布在节片两侧排泄管内侧。卵巢分左右两叶。生殖孔不规则地交替开口于节片两侧中部偏后缘处。子宫呈管状，有波纹状弯曲。孕节子宫每侧有5～16个粗大分支，每支又有小分支，其间全部被虫卵充满。虫卵为卵圆形，大小为(36～39)μm×(31～35)μm，胚膜厚，有放射状条纹，内含六钩蚴。

3. 多头绦虫病

多头绦虫病是由带科多头属的多头绦虫寄生于犬科动物的小肠而引起的疾病。寄生于犬科动物小肠中的多头绦虫有以下三种。

(1)多头多头绦虫　成虫长40～100 cm，有200～250个节片。头节上有4个吸盘，顶突上有22～32个小钩。孕节子宫有14～26对侧支。其幼虫为脑多头蚴，寄生于绵羊、山羊、黄牛、牦牛、骆驼等的脑内，有时也能在延脑或骨髓中发现，人也偶然感染。

(2)连续多头绦虫　成虫长10～70 cm。头节上有4个吸盘，顶突上有26～32个小钩，排成两圈。孕节子宫有20～25对侧支。其幼虫为连续多头蚴，常寄生于野兔、家兔、松鼠等啮齿动物的皮下、肌肉间、腹腔脏器、心肌、肺脏等处，直径4 cm或更大，囊壁上有许多原头蚴。

(3)斯氏多头绦虫　成虫体长20 cm。头节呈梨形，有4个吸盘，顶突上有32个小钩，分两圈排列。睾丸主要分布在两排泄管的内侧。子宫每侧有20～30个侧支，内含充满虫卵。其幼虫为斯氏多头蚴，寄生于羊、骆驼的肌肉、皮下、胸腔与食道等处，偶见于心脏与骨骼肌。

4. 细粒棘球绦虫病

细粒棘球绦虫病是由带科棘球属的细粒棘球绦虫寄生于犬、豺、狼等犬科食肉动物的小肠而引起的一种寄生虫病。中间宿主是羊、牛和骆驼等食草动物和人，幼虫(棘球蚴)可引起中间宿主严重的棘球蚴病。

成虫体长2～7mm。由一个头节和3～4个体节组成，分别是头节、颈节、幼节、成节和孕节。头节上有4个吸盘，顶突上有两圈小钩，共36～40枚，排列整齐呈放射状。成节含雌、雄生殖器官各一套。睾丸35～55个。卵巢呈蹄铁状，子宫呈棒状。生殖孔位于体侧中央或中央偏后。最后一节为孕节，其长度超过虫体全长的一半。孕节的子宫具有侧支和侧囊，内充满虫卵。虫卵大小为(32～36)μm×(25～30)μm，外层是具有辐射状的线纹较厚的外膜，内含六钩蚴。

成虫寄生于终末宿主的小肠内，以顶突上的小钩和吸盘固着于肠黏膜上，孕节或虫卵随宿主粪便排出体外。中间宿主吞食了虫卵或孕节，六钩蚴在肠道内孵出，钻入肠壁，经血流到肝、肺等器官，经 3～5 个月发育成直径为 1～3 cm 的棘球蚴。随着寄生时间的延长，棘球蚴不断长大，最大的可达 30～40 cm。终末宿主犬、狼等因食入了含棘球蚴的动物内脏而感染，其所含的每一个原头蚴都可以发育为一条成虫。从感染到发育成熟排出虫卵或孕节约需 8 周。成虫寿命为 5～6 个月。

细粒棘球绦虫病呈世界性分布，畜牧业发达的地区较为流行，在我国，主要流行于西北、华北、东北以及西南广大农牧区。动物和人感染棘球蚴的主要来源是野犬和牧羊犬；而牧羊犬由于常吃到含有棘球蚴的动物内脏，造成棘球绦虫在绵羊和犬之间的传播。

5. 中线绦虫病

中线绦虫病是由中绦科中绦属的中线绦虫寄生于犬、猫的小肠中而引起的疾病，偶尔寄生于人。成虫长 30～250 cm，乳白色。头节上有 4 个椭圆形的吸盘，无顶突和小钩。每个成节有一组生殖器官。子宫位于节片中央。孕节内有子宫和一卵圆形的副子宫器，副子宫器内含成熟虫卵。

地螨为第一中间宿主，在其体内发育为似囊尾蚴；第二中间宿主为各种啮齿类、禽类、爬虫类和两栖类动物，它们吞食了含似囊尾蚴的地螨后，在其体内发育为 1～2 cm 长的、具有四个吸盘的四盘蚴，这些中间宿主或四盘蚴被终末宿主吞食后，在其小肠发育为成虫。

6. 曼氏迭宫绦虫病

曼氏迭宫绦虫病是由双槽科迭宫属的曼氏迭宫绦虫(图 6-19)寄生于犬、猫以及虎、豹等肉食动物的小肠内而引起的疾病，对犬、猫危害较大。成虫体长 40～60 cm，有的可长达 100 cm 以上，最宽处为 8 mm。头节细小，呈指状或汤匙状，背、腹各有一个纵行的吸槽。颈节细长。成熟体节有一组生殖器官，睾丸 320～540 个，为小泡型，散布在体节两侧背面。卵巢分左右两瓣，位于节片后部中央。子宫位于体节中部，形成 3～5 个螺旋状盘曲，紧密地重叠，略呈金字塔状。孕节子宫发达、充满虫卵。虫卵呈椭圆形，浅灰褐色，有卵盖，大小为(52～76)μm×(31～44)μm，内有一个卵细胞和多个卵黄细胞。

曼氏迭宫绦虫的发育过程(图 6-20)需要两个中间宿主：第一中间宿主为剑水蚤，在其体内发育为原尾蚴，第二中间宿主为蛙类(蛇类、鸟类、鱼类、人可作为转续宿主)，在其体内发育为裂头蚴。国内报道猪的腹腔网膜、肠系膜、脂肪及肌肉中也发现本虫的裂头蚴。犬、猫等终末宿主吞食了含有裂头蚴的第二中间宿主或转续宿主后，裂头蚴在其小肠内发育为成虫。一般在感染后 3 周可在粪便中检出虫卵。成虫在猫体内的寿命约为 3 年半。

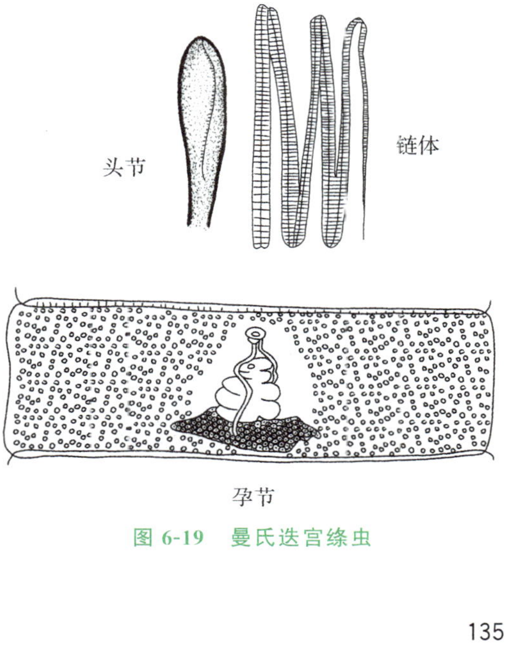

图 6-19　曼氏迭宫绦虫

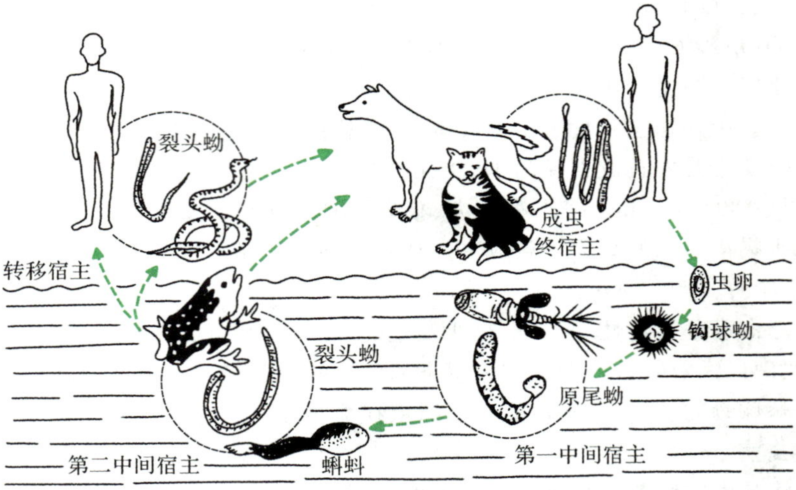

图 6-20 曼氏迭宫绦虫发育史

7. 宽节双叶槽绦虫病

宽节双叶槽绦虫病是由双叶槽科双叶槽属的宽节双叶槽绦虫，又称阔节裂头绦虫，寄生于犬、猫等的小肠而引起的疾病。成虫长达 2～12m，最宽处达 20 mm。体节数达 3 000～4 000 个，为绦虫中最大的一种。头节背、腹各有一个纵行而深凹的吸槽。睾丸 750～800 个，与卵黄腺一起散布于体两侧。卵巢分两叶，位于体中央后部；子宫盘曲呈玫瑰花状。孕节结构与成节基本相同。虫卵呈卵圆形，淡褐色，具卵盖，大小为(67～71)μm×(40～51)μm。

发育过程需要两个中间宿主：第一中间宿主为剑水蚤，第二中间宿主为鱼。人以及犬、猫等肉食动物是终末宿主，终末宿主因吃入含有裂头蚴的生鱼或未煮熟的鱼而感染，感染后经 5～6 周发育为成虫。

流行地区人或犬、猫粪便污染水源，是剑水蚤受感染的一个重要原因。另外，多种野生动物可以感染，成为该病的自然疫源地。宽节双叶槽绦虫主要分布于欧洲、美洲和亚洲的亚寒带和温带地区，我国仅黑龙江和台湾有过报道。

(二)致病作用

当大量虫体寄生时，由于虫体以其小钩和吸盘固着于肠黏膜上，常导致肠黏膜的炎症、损伤；虫体聚集成团时，可堵塞小肠腔，导致腹痛、肠扭转甚至肠破裂。此外，虫体夺取机体的大量营养，造成幼犬生长发育障碍；虫体分泌的毒素作用于神经系统，可引起宿主强烈兴奋、癫痫。当其他哺乳动物和人作为中间宿主时，虫体多寄生于内脏器官，常引起严重的疾患。

(三)症状

犬绦虫病常呈慢性经过。犬轻度感染时常无明显的症状。严重感染时，可出现呕吐，慢性肠卡他，食欲反常，异嗜，贪食，病犬精神不振，营养不良，渐进性消瘦，有的呈现剧烈兴奋(假狂犬病)，病犬扑人，有的发生痉挛或四肢麻痹。

(四)诊断

依据临床症状，结合饱和盐水漂浮法检出粪便中虫卵，可以确诊。如发现病犬肛门常夹着尚未落到地面的孕卵节片，以及粪便中夹杂短的绦虫节片，也可确诊。

(五)治疗

可选用以下药物：

(1)吡喹酮　犬按 5～10 mg/kg，猫按 2 mg/kg，一次内服。

(2)丙硫咪唑　犬按 10～20 mg/kg，每天口服一次，连用 3～4 d。

(3)氢溴酸槟榔碱　犬按 1～2 mg/kg，一次内服。

(4)氯硝柳胺(灭绦灵)　犬、猫按 100～150 mg/kg，一次内服。但对细粒棘球绦虫无效。

(5)硫双二氯酚　犬和猫按 200 mg/kg，一次内服，对带绦虫病有效。

(6)盐酸丁萘脒　犬、猫 25～50 mg/kg，一次内服。驱除细粒棘球绦虫时按 50 mg/kg，一次内服，间隔 48 h 再服一次。

以上药物均可包在肉馅里或制成药饵喂给患畜。

(六)预防

①为了保证犬的健康，一年应进行四次预防性驱虫(每季度一次)。特别是在军犬、警犬繁殖部门，在犬交配前 3～4 周内应进行驱虫。

②禁止用屠宰加工的废弃物以及未经无害处理的非正常肉、内脏喂犬、猫，因其中往往有各种绦虫蚴。

③在裂头绦虫病流行的地区，最好不给犬、猫饲喂生的鱼、虾，以免感染裂头绦虫。

④应用杀虫药物杀灭动物舍内和体上的蚤和虱等中间宿主。

⑤做好防鼠、灭鼠工作，严防鼠类进出圈舍、饲料库、屠宰场地等。

⑥注意人身防护。

任务十　兔绦虫病

(一)兔豆状囊尾蚴病

豆状囊尾蚴是豆状带绦虫(图 6-21)的中绦期，寄生于兔的肝脏、肠系膜和腹腔内。因囊泡形如豌豆而得名。除兔以外，也可寄生于其他啮齿类动物体内。成虫为豆状带绦虫，寄生于犬科动物的小肠内。本病呈世界性分布。

1. 病原

豆状囊尾蚴呈卵圆形，豌豆大小(6～12)mm×(4～6)mm，透明囊泡状，囊内含有透明囊液和一个头节(图 6-22)。

豆状带绦虫体长可达 2 m，乳白色，头节上有

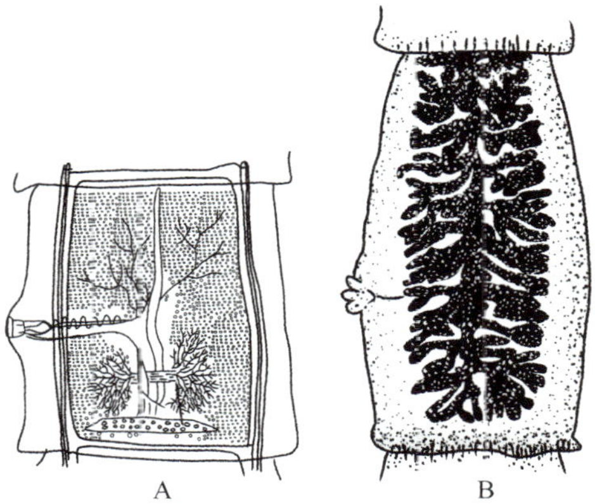

图 6-21　豆状带绦虫的成节和孕节

A. 成节　B. 孕节

吸盘和顶突，顶突上有36～48个小钩。体节边缘呈锯齿状，故又称锯齿带绦虫。孕节子宫每侧有8～14个侧支，内充满虫卵，虫卵大小为(36～40)μm×(32～37)μm。

2. 生活史

豆状带绦虫寄生于犬科动物的小肠内，孕节或虫卵随犬粪排至体外，污染草料或饮水，兔吞食虫卵后，在其肝脏和腹腔处经约1个月时间发育成卵圆形、豌豆大小的囊泡，即豆状囊尾蚴。犬吞食含豆状囊尾蚴的兔内脏而受感染，在犬小肠内经35 d，在狐狸小肠内经70 d发育变为成虫。

3. 流行病学

豆状囊尾蚴病分布很广。我国吉林、陕西、山东、江苏、浙江、江西、福建、贵州等地均存在本病。家养犬是兔豆状囊尾蚴病的主要感染源；而感染豆状囊尾蚴的家兔内脏未经处理被丢弃，又是犬感染的主要因素，故造成了本病在家养犬和家兔之间的循环流行。

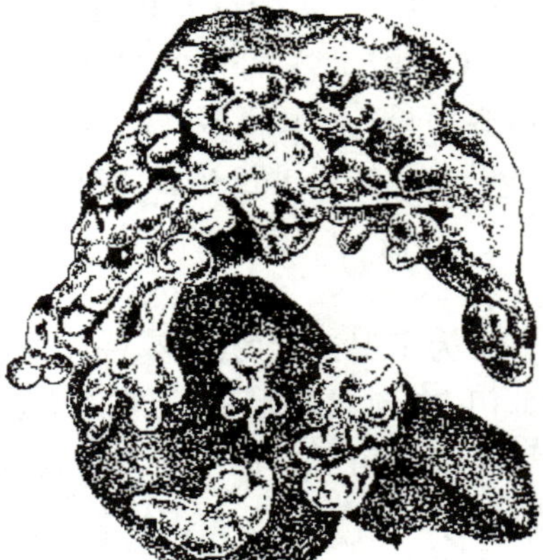

图 6-22　豆状囊尾蚴

4. 症状与病变

病兔主要表现精神沉郁，食欲不振，喜卧，眼结膜苍白，腹围增大。大量感染时，可因急性肝炎而突然死亡。慢性型病例主要表现为消化机能紊乱和体重减轻。剖检病变主要在肝脏，初期肝脏肿大，表面有大量小的虫体结节，后期肝脏表面和腹腔出现大量卵圆形、豌豆大小的豆状囊尾蚴，并常伴有严重的腹膜炎和脏器粘连。

5. 诊断

可根据临床症状结合间接血凝试验进行生前诊断。死后剖检，在肝脏和腹腔发现豆状囊尾蚴即可确诊。

6. 防治

对犬进行定期驱虫，防止病犬粪便中的虫卵污染兔的饲料、饲草和饮水；病兔内脏应严格销毁，严禁将其喂犬。

目前治疗尚有有效药物，可试用丙硫咪唑或甲苯咪唑等药物进行治疗。

(二)兔连续多头蚴病

连续多头蚴是连续多头绦虫的中绦期，主要寄生于兔的肌肉间、皮下结缔组织，此外也可寄生于腹腔脏器、心肌、肺脏等处。常见于兔、松鼠等啮齿类动物。灵长类动物，如猿、猴、人可因误食被犬科动物粪便污染的食物而感染。连续多头蚴病呈世界性分布，主要的中间宿主为兔、松鼠等啮齿类动物。

1. 病原

连续多头蚴(连续共尾蚴)蚴体形似鸡蛋，直径4 cm或更大，囊内有液体，囊壁上有许多原头蚴(图6-23)。

连续多头绦虫寄生于犬科动物的小肠中，虫体长10～70 cm，头节的顶突上有小钩26～32个，排成两圈。孕节有子宫侧支20～25对。虫卵大小为(31～34)μm×(20～30)μm。有人认为连续多头绦虫与脑多头绦虫是同物异名。

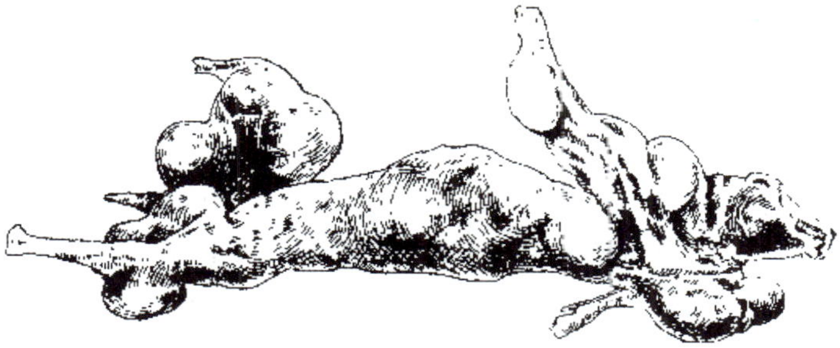

图 6-23　连续多头蚴

2. 生活史

寄生于犬科动物的小肠中的连续多头绦虫，随犬的粪便排出孕卵节片或虫卵，污染食物及饮水，兔等中间宿主由于食入了污染的食物或饮水而感染。六钩蚴在消化道内逸出，钻入肠壁，随着血液循环到达宿主肌肉间、皮下结缔组织等处，逐渐发育为连续多头蚴。当犬科动物食入含连续多头蚴的兔肉或组织后，连续多头蚴的头节翻出并固着在宿主小肠黏膜上，逐渐发育为成虫。

连续多头蚴在兔体内最常寄生的部位是外嚼肌、股肌及肩部、颈部、背部肌肉，偶尔可见于体腔和椎管中。

3. 致病性

致病性弱，一般不引起明显的临床症状，除非是严重感染病例。

4. 诊断

生前皮下触诊发现特征性包囊，或死后剖检发现连续多头蚴包囊即可确诊。连续多头蚴呈白色、透明囊状，囊内充满透明液体。成熟包囊有鸡蛋大小。囊内壁有许多白色、逗点状的头节(即原头蚴)，呈簇状或链状排列，部分头节游离于囊液中。

5. 防治

应采取综合性防治措施，对犬科动物定期驱虫；严格犬的管理，禁止犬进入兔舍，以防犬粪便污染兔舍或兔的饲料及饮水。有连续多头蚴的组织器官应销毁，严禁将其随意丢弃或喂犬，以防犬感染。

治疗可采用外科手术的方法摘除包囊。也可试用吡喹酮、丙硫咪唑进行治疗。有人将麝香草酚溶于油质内，隔日注射一次，据称可使包囊退化。

知识链接

防制绦虫病的要点

①不在低洼潮湿的地方放牧，尽可能不在早晨、黄昏和雨天放牧。

②成羊和幼羊同时定期驱虫，在流行区，羔羊自放牧起第 1 天起到第 35 天之间进行第一次驱虫，之后 10～15 d 内进行第二次驱虫，间隔一个月后，再进行第三次驱虫。

③确诊依据：在羔羊粪便中发现绦虫孕节片或其碎片或粪便中的虫卵而确诊。必要时进行尸体剖检。

复习思考题

简答题

1. 简述绦虫的形态、构造特征和发育史。
2. 列表叙述常见绦虫病的病原形态特征，指出其终末宿主、中间宿主及其寄生部位。
3. 简述猪囊尾蚴病的病原特征和发育史，以及怎样正确诊断和预防猪囊尾蚴病。
4. 简述鸡和水禽绦虫病的病原发育特性及诊断防制要点。
5. 简述本地反刍兽主要绦虫病的病原形态和发育史，以及怎样正确诊断和防治？
6. 犬猫常见绦虫病有哪些？如何诊断和防治？防治犬猫绦虫病有何重要意义？

项目七 线虫病的诊断与防治技术

◆ **参考学时** 8学时。

◆ **知识目标**

1. 了解线虫的分类，掌握线虫一般形态结构及其生活史。
2. 了解对我国畜禽生产危害较大的线虫病的种类，掌握当地主要线虫病的临床症状。
3. 掌握动物主要线虫病的诊断与防治方法。

◆ **能力目标**

1. 掌握常见线虫形态结构的识别。
2. 掌握动物常见线虫病的诊断与防治技术。

畜禽线虫病是由线形动物门中寄生于家畜和家禽的多种线虫引起的一类疾病。几乎没有一头家畜没有线虫寄生，也几乎没有一种脏器和组织不受线虫寄生；而且不是单一虫种，通常系多种混合寄生。虫体的寄生数量一般也很大，如猪蛔虫可寄生达1 000条以上。有些还能通过胎盘感染，即在母畜体内的仔畜就已有线虫寄生。

任务一 线虫概述

一、线虫形态构造

1. 外部形态

线虫一般为两侧对称，圆柱形或纺锤形，有的呈线状或毛发状。前端钝圆，后端较尖细，不分节。活体呈乳白色或淡黄色，吸血虫体略带红色。线虫大小差别很大，小的仅长1 mm左右，最长可达1 m以上。寄生性线虫均为雌雄异体，一般雄虫小、雌虫大。线虫整个虫体可分为头、尾、背、腹和两侧(图 7-1)。

2. 体壁

线虫体壁由角皮(角质层)、皮下组织和肌层构成。角皮光滑或有横纹、纵线等。有些线虫体表还常有由角皮参与形成的特殊构造,如头泡、颈泡、唇片、叶冠、颈翼、侧翼、尾翼、乳突、交合伞等,有附着、感觉和辅助交配等功能,其位置、形状和排列是分类的依据。皮下组织在背面、腹面和两侧的中部增厚,形成 4 条纵索,在两侧索内有排泄管,背索和腹索内有神经干。体壁包围的腔(假体腔)内充满液体,其中有器官和系统。

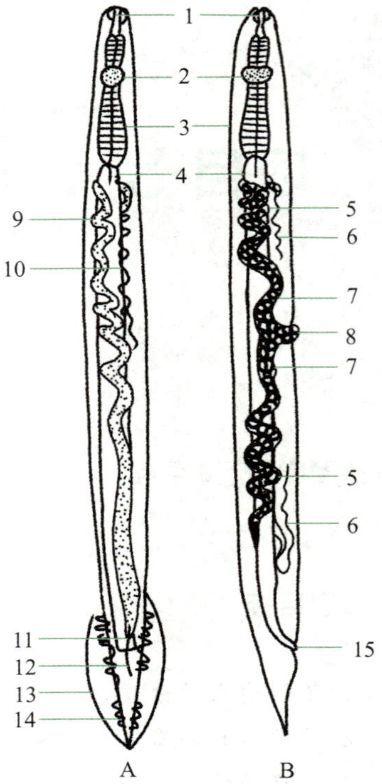

图 7-1 线虫构造模式图

A. 雄虫 B. 雌虫

1. 口腔 2. 神经环 3. 食道 4. 肠 5. 输卵管 6. 卵巢 7. 子宫 8. 生殖孔 9. 输精管 10. 睾丸 11. 泄殖腔 12. 交合刺 13. 翼膜 14. 乳突 15. 肛门

3. 消化系统

消化系统包括口孔、口腔、食道、肠、直肠、肛门。口孔位于头部顶端,常有唇片围绕,无唇片者,有的在口缘部发育为叶冠、角质环(口领)等。有些线虫的口腔内形成硬质构造,称为口囊,有些在口腔中有齿或切板等。食道多呈圆柱状、棒状或漏斗状,有些线虫食道后部膨大为食道球。食道的形状在分类上具有重要意义。食道后为管状的肠、直肠,末端为肛门。雌虫肛门单独开口。雄虫的直肠和肛门与射精管汇合为泄殖腔,开口在泄殖孔,其附近乳突的数目、形状和排列具有分类意义。

4. 排泄系统

排泄系统有两条从后向前延伸的排泄管,在虫体前部相连,排泄孔开口于食道附近的腹面中线上。有些线虫无排泄管而只有排泄腺。

5. 神经系统

神经系统位于食道部的神经环相当于中枢,由此向前后各伸出若干条神经干,分布于虫体各部位。体表有许多乳突,如头乳突、唇乳突、颈乳突、尾乳突或生殖乳突等,均是神经感觉器官。

6. 生殖系统

线虫雌雄异体。雌虫尾部较直,雄虫尾部弯曲或蜷曲。生殖器官都是简单弯曲并相通的管状,形态上几乎没有区别。

雌性生殖器官通常为双管型(双子宫型),少数为单管型(单子宫型)。由卵巢、输卵管、子宫、受精囊、阴道和阴门组成。有些线虫无受精囊或阴道。阴门的位置可在虫体腹面的前部、中部或后部,均位于肛门之前,其位置及形态具有分类意义。有些线虫的阴门被有表皮形成的阴门盖。双管型即有 2 组生殖器官,2 条子宫最后汇合成 1 条阴道。

雄性生殖器官为单管型,由睾丸、输精管、贮精囊和射精管组成,开口于泄殖腔。许多线虫还有辅助交配器官,如交合刺、导刺带、副导刺带、性乳突和交合伞,具有鉴定意义。交合刺多为两根,包藏在交合鞘内并能伸缩,在交配时有掀开雌虫生殖孔的功能。导刺带具有引导交合刺的作用。交合伞为对称的叶状膜,由肌质的腹肋、侧肋和背肋支撑,在交配时具有固定雌虫的功能(图 7-2)。线虫无呼吸器官和循环系统。

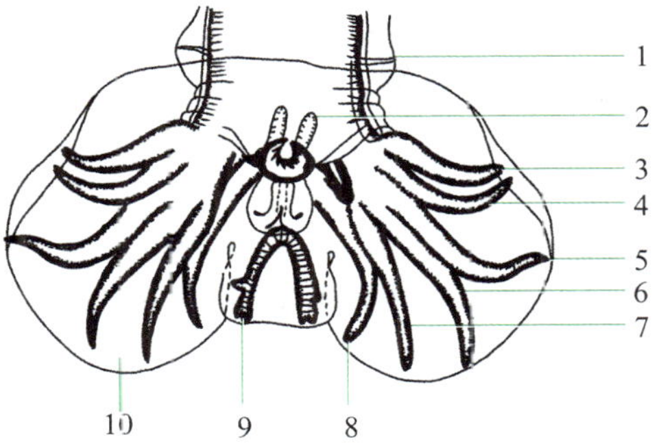

图 7-2　圆形线虫雄虫尾部构造

1. 伞前乳突　2. 交合刺　3. 前腹肋　4. 侧腹肋　5. 前侧肋　6. 中侧肋　7. 后侧肋　8. 外背肋　9. 背肋　10. 交合伞膜

二、线虫生活史

雌虫与雄虫交配受精。大部分线虫为卵生,有的为卵胎生或胎生。卵生是指虫卵尚未卵裂,处于单细胞期,如蛔虫卵;卵胎生是指虫卵处于早期分裂状态,即已形成胚胎,如后圆线虫卵;胎生是指雌虫直接产出早期幼虫,如旋毛虫。线虫的发育都要经过 5 个幼虫期,每期之间均要进行蜕皮(蜕化)。因此,需有 4 次蜕皮。前 2 次蜕皮在外界环境中完成,后 2 次在宿主体内完成。蜕皮是幼虫蜕去旧角皮,新生一层新角皮的过程。蜕皮时幼虫处于不生长、不采食、不活动的休眠状态。绝大多数线虫虫卵发育到第 3 期幼虫才具有感染性,称为感染性幼虫,又称为披鞘幼虫,对外界环境变化抵抗力强。如果感染性幼虫在卵壳内不孵出,该虫卵称为感染性虫卵,或侵袭性虫卵。

雌虫产出的虫卵或幼虫必须在新的环境中(外界或中间宿主体内)继续发育,才能对终末宿主有感染性。虫卵孵出过程受环境的温度、湿度等因素和幼虫本身的因素控制,一般是幼虫借分泌酶和本身的运动来损坏内层,然后从环境中摄入水分,膨大,撑破剩余卵壳。如果孵化过程中在中间或终末宿主体内完成,则宿主提供刺激,促使其孵化。

在外界,幼虫发育的最适温度为 18～26 ℃。温度太高,幼虫代谢快,会消耗掉大量营养贮存,增加了死亡率,因此很少能发育到第三期幼虫。温度太低,发育减缓,若低于 10 ℃,从虫卵发育到第三期幼虫的过程不能完成;若低于 5 ℃,则第三期幼虫的运动和代谢降到最低,存活能力反而增强。

幼虫发育的最适湿度为 100%相对湿度。不过,即使在很干燥的气候条件下,在粪便或土壤表面以下的微环境中仍具有高湿度,足以使幼虫继续发育。

在地面,多数幼虫均很活泼,不过其运动需一层水膜存在,并需光与温度的刺激。幼虫的运动多为无向运动,遇到草叶会爬于其上。

根据线虫在发育过程中是否需要中间宿主,可分为直接发育型(土源性)线虫和间接发育型(生物源性)线虫两种类型。

(1)直接发育型　雌虫产出虫卵,虫卵在外界环境中发育成感染性虫卵或感染性幼虫,被终末宿主吞食后,幼虫逸出后经过移行或不移行(因种而异),再进行两次蜕皮发育为成虫。代表类型有蛲虫型、毛尾线虫型、蛔虫型、圆线虫型、钩虫型等。

(2)间接发育型　雌虫产出虫卵或幼虫,被中间宿主吞食,在其体内发育为感染性幼虫,然后通过中间宿主侵袭动物或被动物吃入而感染,在终末宿主体内经蜕皮后发育为成虫。中间宿主多为无脊椎动物。代表类型有旋尾线虫型、原圆线虫型、丝虫型、旋毛虫型等。

三、线虫分类

线虫种类繁杂已发现 50 万种以上,大部分是淡水、土壤和海洋中的自立生活的线虫,相当一部分寄生于无脊椎动物和植物，小部分寄生于人和动物。与动物有关的线形动物门分为尾感器纲和无尾感器纲。

(一)尾感器纲

1. 蛔目

口孔通常有 3 片唇围绕，食道圆柱状，直接型生活史。

下级分类：蛔科，弓首科，异尖科。

2. 尖尾目

食道球明显。

下级分类：异刺科，尖尾科。

3. 杆形目

口囊及唇均明显，有的种类在发育中有自立生活世代，该世代具有前后食道球；寄生世代为孤雌生殖，无食道球，阴门在虫体后 1/3 处开口。

下级分类：类圆科。

4. 圆线目

雄虫尾部有典型交合伞，伞肋由 2 对腹肋(前后腹肋)、3 对侧肋(前、中、后)、1 对外背肋和 1 根背肋组成。交合刺 2 根，等长。有口囊，口孔有小唇或叶冠环绕。

下级分类：钩口科，管圆科，网尾科，后圆科，食道口科，原圆科，冠尾科，圆线科，盅口科(又名毛线科)，比翼科，裂口科，毛圆科。

5. 旋尾目

此类线虫多有两个侧唇，通常有小的柱状口囊。食道长，由前肌部和后腺部组成。大部分虫体后部呈螺旋状卷曲，有侧翼和乳突。交合刺两根，形状不一，长短不同。雌虫阴门大部分位于中部左右。卵胎生。发育需中间宿主。

下级分类：锐形科(华首科)，似蛔科，颚口科，筒线科，柔线科，泡翼科，旋尾科，四棱科，吸吮科。

6. 驼形目

虫体细长，雌虫与雄虫形态差异很大。

下级分类：驼形科，龙线科。

7. 丝虫目

虫体丝状，通常生活在与外界不相通的体腔或组织内。

下级分类：丝虫科，盘尾科，丝状科。

(二)无尾感器纲

1. 毛尾目

虫体一般前部细，后部粗。食道长，由单列或双列细胞围绕细食道管组成。

下级分类：毛细科，毛形科，毛尾科。

2. 膨结目

雌虫、雄虫生殖器官均为单管型。雄虫有钟形无肋交合伞，交合刺一根。

下级分类：膨结科。

任务二　猪蛔虫病

猪蛔虫病是由蛔科蛔属的猪蛔虫寄生于猪小肠中引起的疾病。仔猪感染率高，特别是在卫生状况差的猪场和营养不良的猪群中，感染率更高。主要特征为仔猪生长发育不良，严重的发育停滞，甚至死亡。

(一)病原形态构造

猪蛔虫是寄生于猪小肠的大型线虫(图 7-3)。虫体近似圆柱形。活体呈淡红色或淡黄色，死后呈苍白色。虫体前端有 3 个唇片，1 片背唇较大，2 片腹唇较小，排列成“品”字形。唇之间为口腔。口腔后为大食道，呈圆柱形。

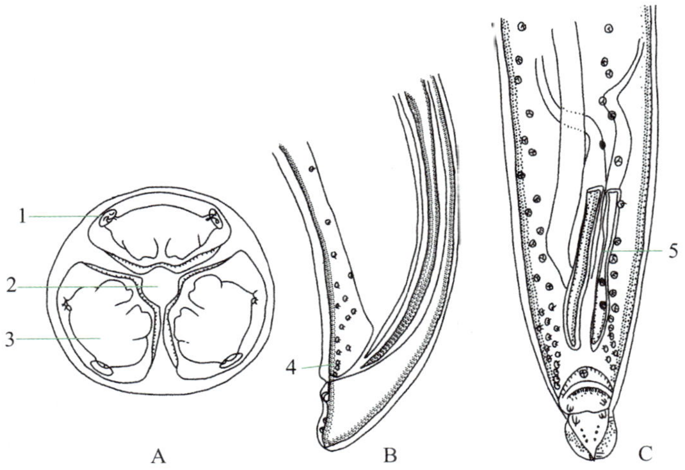

图 7-3　猪蛔虫

A. 头部顶面　B. 雄虫尾部　C. 雄虫尾部腹面

1. 乳突　2. 口孔　3. 唇　4. 性乳突　5. 交合刺

雄虫体长 15～25 cm，宽约 0.3 cm。尾端向腹面弯曲，形似鱼钩；泄殖腔开口距后端较近；具有 1 对较粗大的等长的交合刺；无引器。

雌虫体长 20～40 cm，宽约 0.5 cm。雌虫尾端直；生殖器为双管形；两条子宫合为 1 个短小的阴道，阴门开口于虫体腹中线前 1/3 处；肛门距虫体末端较近。

虫卵近似圆形，黄褐色，卵壳厚，由 4 层组成，最外层为呈波浪形的蛋白质膜。虫卵大小为 60 μm。未受精卵较狭长，多数没有蛋白质膜，或有而甚薄，且不规则，内容物为很多似油滴状的卵黄颗粒和空泡。

(二)生活史

成虫寄生于猪的小肠，雌虫受精后，产出的虫卵随粪便排出体外，在适宜的温度、湿度和充足的氧气环境下，在卵内发育为第 1 期幼虫，蜕皮变为第 2 期幼虫，再经过一段时间发育为

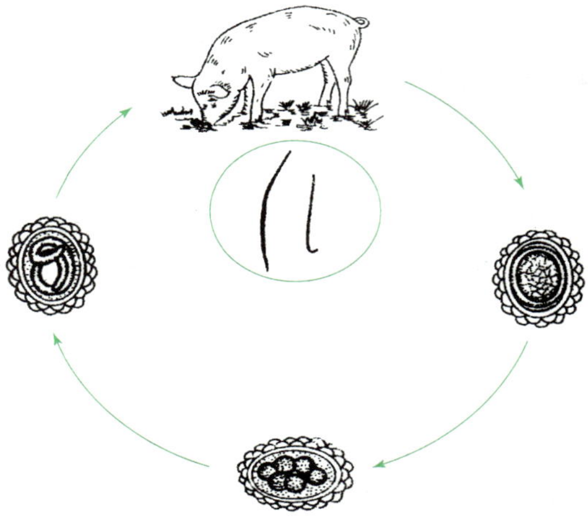

图 7-4 猪蛔虫生活史

感染性虫卵，被猪吞食后在小肠内孵出幼虫（图 7-4）。大多数幼虫很快钻入肠壁血管，随血液循环进入肝脏，进行第 2 次蜕化，变为第 3 期幼虫，幼虫随血液经肝静脉、后腔静脉进入右心房、右心室和肺动脉，穿过肺毛细血管进入肺泡，在此进行第 3 次蜕化发育为第 4 期幼虫并继续发育。幼虫上行进入细支气管、支气管、气管，随黏液到达咽部，被咽下后进入小肠，经第 4 次蜕化发育第 5 期幼虫（童虫），继续发育为成虫。

（三）流行病学

本病流行广泛，仔猪多见，主要原因是蛔虫生活史简单，虫体繁殖力强，产卵数多，卵对外界因素抵抗力强。

蛔虫有强大的繁殖力，每条雌虫每天平均可产卵 10 万～20 万个。因此，地面受虫卵污染十分严重。

虫卵对各种环境因素的抵抗力很强，虫卵具有 4 层卵膜，内膜能保护胚胎免受化学物质的侵蚀；中间两层能保持虫卵内水分而不受干燥的影响；外层有阻止紫外线透过的作用，且对外界其他不良因素有很强的抵抗力。此外，虫卵的全部发育过程都在卵壳内进行，使胚胎和幼虫得到保护，因此，大大增加了感染性虫卵在自然界的数量。虫卵的发育除要求一定的湿度外，以温度影响较大。高于 40 ℃或低于－2 ℃时，虫卵停止发育，45～50 ℃时 30 min 死亡。在 28～30 ℃时，虫卵内胚细胞发育为第 1 期幼虫需 10 d，12～18 ℃时需 40 d。虫卵发育为感染性虫卵需 3～5 周。进入猪体内的感染性虫卵发育为成虫需 2～2.5 个月。虫卵对各种化学药物也有较强的抵抗力，常用消毒药的浓度不能杀死虫卵。在 2％福尔马林中可以正常发育。一般用 60 ℃以上的 3％～5％热碱水，20％～30％的热草木灰或新鲜石灰水才能杀死虫卵。虫卵在疏松湿润的耕地或园土中可以生存 2～3 年之久；在夏季阳光直射下，数日内死亡。反刍动物可为本虫的贮藏宿主。成虫寿命 7～10 个月。

本病的发生与环境卫生和饲养管理方式密切相关。在饲养管理不良，卫生条件差，特别在饲料中缺乏维生素和矿物质时易感染。患病或带虫猪的粪便中有大量虫卵。猪吃入含感染性虫卵污染的饮水、饲料或土壤等。若母猪乳房沾染虫卵，仔猪则会在哺乳时感染。

猪蛔虫属土源性寄生虫，分布极其广泛。一年四季均可发生。以 3～6 月龄的仔猪感染严重；成年猪多为带虫者。

（四）主要症状

仔猪在感染早期，由于虫体移行引起肺炎，有轻度湿咳，体温可升高至 40 ℃左右。感染后 14～18 d，可呈现肺嗜酸性粒细胞增多症。较为严重者，精神沉郁，食欲缺乏，异嗜，营养不良，被毛粗糙。有的生长发育受阻，成为僵猪。感染严重时呼吸困难，常伴声音沉重的咳嗽，并有呕吐、流涎和腹泻等症状。可能经 1～2 周好转，或逐渐虚弱，趋于死亡。寄生数量多时，可引起肠道阻塞，表现为疝痛，可引起死亡。

成年猪寄生数量不多时症状不明显，但因胃肠机能遭受破坏，常有食欲不振、磨牙和增重缓慢等症状。虫体误入胆管时，可引起胆道阻塞而出现黄疸，引起死亡。

（五）病理变化

初期肺组织致密，表面有大量出血斑点，肝、肺和支气管等器官常可发现大量幼虫。小肠有卡他性炎症、出血或溃疡。肠破裂时可见腹膜炎和腹腔内出血。胆管内有虫体时，可致化脓性胆管炎或胆管破裂，肝脏黄染和硬化等。

（六）诊断要点

根据流行病学、临诊症状、粪便检查和剖检等综合判定。粪便检查采用直接涂片法或漂浮法。剖检发现虫体即可确诊。幼虫移行出现肺炎时，用抗生素治疗无效，可为诊断提供参考。

（七）防治措施

（1）治疗

①左旋咪唑。每千克体重 10 mg，口服或混料喂服。

②丙硫咪唑。每千克体重 10 mg，1 次口服。

③甲苯咪唑。每千克体重 10～20 mg，混料喂服。

④氟苯咪唑。每千克体重 30 mg，混料喂服，连用 5 d。

⑤伊维菌素。每千克体重 0.3 mg，1 次皮下注射。

（2）预防

①定期驱虫。对散养育肥猪，仔猪断奶后驱虫 1 次，4～6 周后再驱虫 1 次。母猪在怀孕前和产仔前 1～2 周驱虫。育肥猪在 3 月龄和 5 月龄各驱虫 1 次。引入的种猪进行驱虫。规模化养猪场，对全群猪驱虫后，以后每年对公猪至少驱虫 2 次；母猪产前 1～2 周驱虫 1 次；仔猪转入新圈、群时驱虫 1 次；后备猪在配种前驱虫 1 次。新引入的猪驱虫后再合群。

②减少虫卵污染。圈舍要及时清理，勤冲洗，勤换垫草，对清理出的粪便和垫草进行发酵处理；产房和猪舍在进猪前要彻底清洗和消毒；母猪转入产房前要用肥皂水清洗；运动场保持平整，排水良好。

任务三　犊新蛔虫病

犊新蛔虫病是由弓首科新蛔属的牛新蛔虫寄生于犊牛小肠内引起的疾病。主要特征为肠炎、腹泻、腹部膨大和腹痛。初生犊牛大量感染时可引起死亡。

（一）病原形态构造

牛新蛔虫又称牛弓首蛔虫。虫体粗大，活体呈淡黄色，固定后为灰白色。头端有 3 片唇。食道呈圆柱形，后端有 1 个小胃与肠管相接。雄虫长 11～26 cm，尾部有一个小锥突，弯向腹面，交合刺1对，等长或稍不等长。雌虫长14～30 cm，尾直。

虫卵近似圆形，淡黄色，卵壳厚，外层呈蜂窝状，内含1个胚细胞。虫卵大小为(70～80)μm×(60～66)μm。

(二)生活史

(1)发育过程　成虫寄生于犊牛小肠内，雌虫产出的虫卵随粪便排出体外，在适宜的条件下发育为感染性虫卵，母牛吞食后，虫卵在小肠内孵出幼虫，穿过肠黏膜移行至母牛的生殖系统组织中。母牛怀孕后，幼虫通过胎盘进入胎儿体内。犊牛出生后，幼虫在小肠发育为成虫。

幼虫在母牛体内移行时，有一部分可经血液循环到达乳腺，哺乳犊牛因吸吮乳汁而感染，在小肠内发育为成虫。

犊牛在外界吞食感染性虫卵后，幼虫可随血液循环在肝、肺等移行后经支气管、气管、口腔，咽入消化道后随粪便排出体外，但不能在小肠内发育。

(2)发育时间　外界的虫卵发育为感染性虫卵需20～30 d(27 ℃)；侵入犊牛体内的幼虫发育为成虫约需1个月。

(3)成虫寿命　成虫在犊牛小肠内可寄生2～5个月，以后逐渐从体内排出。

(三)流行病学

本病多呈地方性流行，以南方多见，北方较少。主要发生于5月龄以内的犊牛。虫卵对一般化学药物抵抗力较强，2%福尔马林溶液中仍可正常发育，29 ℃时在2%来苏儿溶液中可存活约20 h。虫卵对干燥、阳光、高温等因素敏感。对直射阳光抵抗力差，地表面阳光直射下4 h全部死亡，干燥环境中48～72 h死亡。感染期虫卵需80%的相对湿度才能存活。本病多发生于5月龄内的犊牛，成年牛只在内部器官组织中有移行阶段的幼虫，而无成虫寄生。

(四)主要症状

被感染的犊牛一般在出生2周后症状明显，表现精神沉郁，食欲不振，吮乳无力，贫血。虫体损伤引起小肠黏膜出血和溃疡，继发细菌感染而导致肠炎，出现腹泻、腹痛、便中带血或黏液，腹部膨胀，站立不稳。虫体毒素作用可引起过敏、阵发性痉挛等。成虫寄生数量多时，可致肠阻塞或肠破裂引起死亡。出生后犊牛吞食感染性虫卵，由于幼虫移行损伤肺脏，因而出现咳嗽、呼吸困难等，但可自愈。

(五)病理变化

小肠黏膜出血、溃疡。大量寄生时可引起肠阻塞或肠穿孔。出生后犊牛感染，可见肠壁、肝脏、肺脏等组织损伤，有点状出血、炎症。血液中嗜酸性粒细胞明显增多。

(六)诊断要点

根据5月龄以下犊牛多发等流行病学资料和临诊症状进行初诊。通过粪便检查和剖检发现虫体即可确诊。粪便检查用漂浮法。

(七)防治措施

(1)治疗　枸橼酸哌嗪(驱蛔灵),每千克体重 250 mg。丙硫咪唑,每千克体重 10 mg。左旋咪唑,每千克体重 8 mg。均为 1 次口服。伊维菌素、阿维菌素,每千克体重 0.2 mg,皮下注射或口服。

(2)预防　对 15～30 日龄的犊牛进行驱虫,不仅可以及时治愈病牛,还能减少虫卵对外界环境的污染;加强饲养管理,注意保持犊牛舍及运动场的环境卫生,及时清理粪便进行发酵。

任务四　鸡蛔虫病

鸡蛔虫病是由禽蛔科禽蛔属的鸡蛔虫寄生于鸡小肠内引起的疾病。主要特征为引起小肠黏膜发炎、下痢、生长缓慢和产蛋率下降。

(一)病原形态构造

鸡蛔虫(图 7-5)是一种大型线虫,呈黄白色,头端有 3 个唇片。雄虫长 2.7～7 cm,尾端有明显的尾翼和尾乳突,有 1 个圆形或椭圆形的肛前吸盘,交合刺近于等长。雌虫长 6.5～11 cm,阴门开口于虫体中部 。

虫卵椭圆形,壳厚而光滑,深灰色,内含单个胚细胞。虫卵大小为(70～90)μm×(47～51)μm。

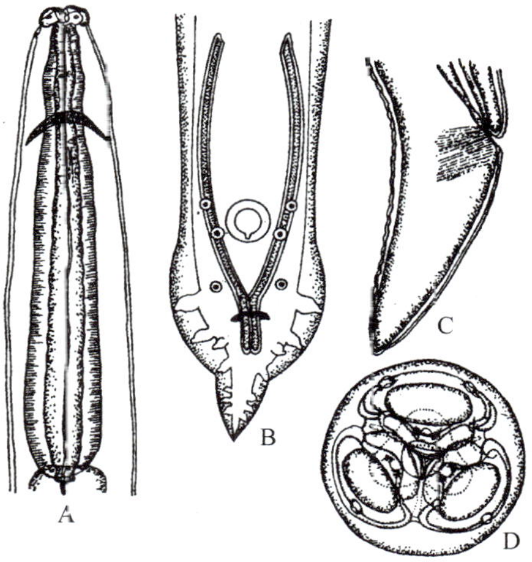

图 7-5　鸡蛔虫

A. 成虫前部　B. 雄虫后部

C. 雌虫尾部　D. 成虫头端顶面观

(二)生活史

(1)发育过程　鸡蛔虫卵随鸡粪便排至外界,在空气充足及适宜的温度和湿度条件下,发育为感染性虫卵。鸡吞食感染性虫卵而感染,幼虫在肌胃和腺胃逸出,钻进肠黏膜发育一段时间后,重返肠腔发育为成虫。

(2)发育时间　虫卵在外界发育为感染性虫卵需 17～18 d;感染性虫卵发育为成虫需35～50 d。

(三)流行病学

虫卵对外界的环境因素和消毒药有较强的抵抗力,在阴暗潮湿环境中可长期生存,但对于干燥和高温(50 ℃以上)敏感,特别是阳光直射、沸水处理和粪便堆沤时,虫卵可迅速死亡。

蚯蚓是鸡蛔虫的贮藏宿主,虫卵在蚯蚓体内可长期保持生命力和感染力,并依靠蚯蚓避免干燥和直射日光的不良影响。

4 月龄以内的雏鸡易感性强,病情严重,1 岁以上多为带虫者。饲养管理条件与感染鸡蛔虫有极大关系，饲料中含丰富蛋白质、维生素 A 和 B 族维生素时，可使鸡有较强的抵抗力。

（四）主要症状

鸡蛔虫对雏鸡危害严重，由于虫体机械性刺激和毒素作用并夺取大量营养物质，雏鸡表现为生长发育不良，精神萎靡，行动迟缓，常呆立不动，翅膀下垂，羽毛松乱，鸡冠苍白，黏膜贫血，消化机能障碍，逐渐衰弱而死亡。成虫寄生数量多时常引起肠阻塞，甚至肠破裂。成鸡症状不明显。

（五）病理变化

幼虫破坏肠黏膜、肠绒毛和肠腺，造成出血和发炎，并易导致病原菌继发感染，此时在肠壁上常见颗粒状化脓灶或结节。

（六）诊断要点

粪便检查发现大量虫卵及剖检发现虫体可确诊。粪便检查用漂浮法。

（七）防治措施

(1)治疗　丙氧咪唑，每千克体重 40 mg。左旋咪唑，每千克体重 30 mg。哌哔嗪，每千克体重 200～300 mg。丙硫咪唑，每千克体重 10～20 mg。甲苯咪唑，每千克体重 30 mg。均混于饲料喂服。

(2)预防　在蛔虫病流行的鸡场，每年进行 2～3 次定期驱虫。雏鸡在 2 月龄左右进行第 1 次驱虫，第 2 次在冬季；成年鸡第 1 次在 10—11 月份，第 2 次在春季产蛋前 1 个月进行。

成鸡、雏鸡应分群饲养；鸡舍和运动场上的粪便逐日清除，集中发酵处理；饲槽和用具定期消毒；加强饲养管理，增强雏鸡抵抗力。

任务五　犬、猫蛔虫病

犬、猫蛔虫病是由弓首科弓首属、蛔科弓蛔属的蛔虫寄生于犬、猫小肠内引起的疾病。主要为犬弓首蛔虫。主要特征为幼犬和幼猫发育不良、生长缓慢。

（一）病原形态构造

犬弓首蛔虫(图 7-6)为弓首属。头端有 3 片唇，虫体前端两侧有向后延展的颈翼膜，食道通过小胃与肠管相连。雄虫长 5～11 cm，尾端弯曲，有 1 小锥突，有尾翼；交合刺不等长，无引器。雌虫长 9～18 cm，尾端直，阴门开口于虫体前半部。虫卵呈亚球形，卵壳厚，表面有许多点状凹陷。虫卵大小为(68～85)μm×(64～72)μm。

猫弓首蛔虫，为弓首属。外形与犬弓首蛔虫近似，颈翼前窄后宽。雄虫长 3～6 cm，尾部有指状突起。雌虫长 4～10 cm。虫卵与犬弓首蛔虫卵相似，大小为 65μm×70μm。

狮弓首蛔虫为弓蛔属。头端向背侧弯曲，颈翼中间宽，两端窄，使头端呈矛尖形，无小胃。雄虫长3～7 cm，雌虫长3～10 cm，阴门开口于虫体前1/3处。虫卵呈钝椭圆形，壳厚且光滑。虫卵大小为(74～86)μm×(49～61)μm。

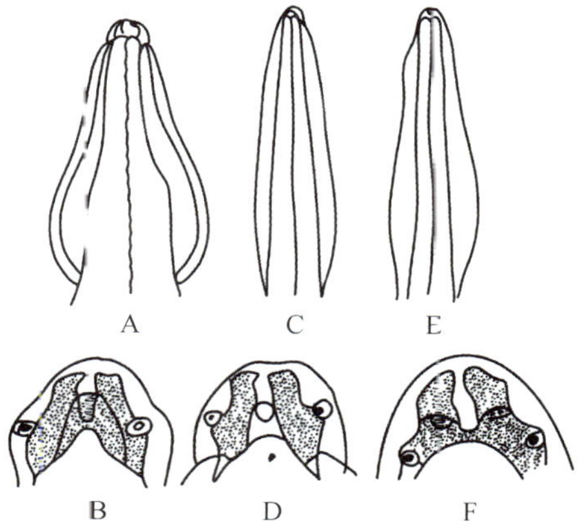

图7-6　肉食动物蛔虫前部及头端

A、B. 猫弓首蛔虫　C、D. 犬弓首蛔虫

E、F. 狮弓首蛔虫

(二)生活史

犬弓首蛔虫虫卵随犬的粪便排出体外，在适宜的条件下发育为感染性虫卵，幼犬吞食后在肠内孵出幼虫，进入血液循环经肝、肺移行，到达咽后重返小肠发育为成虫。成年母犬感染后，幼虫随血流到达各器官组织中形成包囊，但不进一步发育。母犬怀孕后，幼虫经胎盘或经母乳感染幼犬，幼犬出生后23～40 d内小肠中已有成虫。感染性虫卵如被贮藏宿主吞入，在其体内形成含有第3期幼虫的包囊，犬摄入贮藏宿主后感染。

猫弓首蛔虫移行途径与犬弓首蛔虫相似，也可经母乳感染。

狮弓首蛔虫生活史简单。宿主吞食了感染性虫卵后，逸出的幼虫钻入肠壁内发育，其后返回肠腔，经3～4周发育为成虫。

(三)流行病学

(1)感染来源　患病或带虫犬、猫，虫卵存在于粪便中。怀孕母犬器官组织中的幼虫，可抵抗驱虫药物的作用，而成为幼犬的重要感染来源。

(2)感染途径　经口感染，也可经胎盘或母乳感染。

(3)贮藏宿主　犬弓首蛔虫的贮藏宿主为啮齿类动物。猫弓首蛔虫的贮藏宿主为蚯蚓、蟑螂、一些鸟类和啮齿类动物。狮弓首蛔虫的贮藏宿主多为啮齿类动物、食虫目动物和小的肉食兽。

(4)年龄动态　主要发生于6月龄以下幼犬，成年犬则很少。

(5)繁殖力　繁殖力极强，犬弓首蛔虫雌虫每天随每克粪便可排出700个虫卵。

(6)抵抗力　虫卵对外界环境的抵抗力非常强，在土壤中可存活数年。

(四)主要症状与病理变化

幼虫移行时引起腹膜炎、肝炎和蛔虫性肺炎。在肺脏移行时出现咳嗽，呼吸加快，泡沫状鼻漏，重者死亡。成虫寄生时刺激肠道可引起卡他性肠炎和黏膜出血，表现胃肠功能紊乱，呕吐，腹泻或与便秘交替出现，贫血，神经症状，生长缓慢，被毛粗乱。虫体大量寄生时可引起肠阻塞，也可导致肠破裂、腹膜炎而死亡。当宿主发热、怀孕、饥饿、饲料成分改变或应激反应时，虫体可能窜入胃、胆管或胰管。

(五)诊断要点

根据呕吐物和粪便中混有虫体等临诊症状，结合粪便检查可确诊。粪便检查用漂浮法。

(六)防治措施

(1)治疗　常用驱线虫药均有效。可选用以下药物：

①芬苯达唑。每千克体重 50 mg，每天 1 次，连喂 3 d。

②哌嗪盐。每千克体重 40～65 mg(指含哌嗪的量)，口服。

③左旋咪唑。每千克体重 10 mg，一次内服。

④伊维菌素。每千克体重 0.2～0.3 mg，皮下注射或口服。有柯利血统的犬禁用。

(2)预防　对犬、猫定期驱虫，母犬在怀孕第 40 天至产后 14 d 驱虫，以减少围产期感染；幼犬在 2 周龄首次驱虫，2 周后再次驱虫，2 月龄时第 3 次驱虫；哺乳期母犬与幼犬同时驱虫；犬、猫避免吃入贮藏宿主。

任务六　牛、羊消化道线虫病

牛、羊消化道线虫病是由许多科、属线虫寄生于牛、羊等反刍动物消化道内引起各种线虫病的总称。这些线虫分布广泛，且多为混合感染，对牛、羊危害极大。主要特征为贫血、消瘦，可造成牛、羊大批死亡。这些线虫病在流行病学特点、症状、诊断、治疗及防制措施等方面均相似，故综合叙述。

一、病原形态构造

病原种类繁多，主要科、属、种如下。

(一)圆线目

1. 毛圆科

(1)血矛属　寄生于皱胃，偶见于小肠。本属危害最大、分布最广泛的是捻转血矛线虫，又称捻转胃虫。虫体呈毛发状，因吸血而呈淡红色。颈乳突明显，头端尖细，口囊小，口囊内有 1 个背侧矛形小齿。雄虫长 15～19 mm，交合伞发达，有 1 个“人”字形背肋偏向一侧；交合刺短而粗，末端有小钩，有引器。雌虫长 27～30 mm，因白色的生殖器官环绕于红色(含血液)的肠道，故形成红白相间的外观；阴门位于虫体后半部，有一个显著的瓣状或舌状阴门盖。虫卵呈短椭圆形，灰白色或无色，卵壳薄，大小为(75～95)μm×(40～50)μm。

(2)毛圆属　寄生于小肠和皱胃，主要寄生于小肠。最常见的是蛇形毛圆线虫，寄生于小肠前部，偶见于皱胃，也可寄生于兔、猪、犬及人的胃中。虫体细小。雄虫长 4～6 mm，交合伞侧叶大，背叶不明显，背肋小，末端分小支，1 对交合刺粗而短，近于等长，远端具有明显的三角突，引器呈梭形。雌虫长 5～6 mm，阴门位于虫体后半部。虫卵大小为(79～101)μm×(39～47)μm。

(3)长刺属　寄生于皱胃。外形与血矛属线虫相似。最常见的是指形长刺线虫。雄虫长 25～31 mm，交合刺细长。雌虫长 30～45 mm，阴门盖为两片，阴门位于肛门附近。虫卵大小为(105～120)μm×(51～57)μm。

(4)奥斯特属　主要寄生于皱胃，少见于小肠。虫体呈棕褐色，长 10～12 mm，口囊浅而宽。雄虫有生殖锥和生殖前锥，交合刺短，末端分 2 叉或 3 叉。雌虫尾端常有环纹，阴门在体后部，多具阴门盖。常见的种为环形奥斯特线虫和三叉奥斯特线虫。

(5)马歇尔属　寄生于皱胃，偶见于十二指肠。形态与奥斯特属线虫相似，但不具引器，交合刺分成 3 支，末端尖。雌虫阴门位于虫体后半部。常见的种为蒙古马歇尔线虫。虫卵呈长椭圆形，灰白色或无色，两侧厚，两端薄，大小为(173～205)μm×(73～99)μm。

(6)古柏属　寄生于小肠、胰脏，很少见于皱胃。虫体小于 9 mm。前方有小的头泡，食道区有横纹，口囊很小。雄虫交合刺短，末端钝，生殖锥和交合伞发达，无引器。本属与毛圆属和类圆属线虫极为相似。常见的种有等侧古柏线虫、叶氏古柏线虫。

(7)细颈属　寄生于小肠。本属线虫种间大小差异大。头前端角皮有横纹，多数有头泡，颈部常弯曲。雄虫交合伞侧叶大，交合刺细长，远端融合，包在一个共同的薄膜内。雌虫尾端有一个小刺。常见的种类是尖刺细颈线虫。虫卵长椭圆形，灰白色或无色，一端较尖，大小为(150～230)μm×(80～110)μm。

(8)似细颈属　寄生于小肠。形态与细颈属线虫相似，不同点是雄虫交合刺很长，可达全虫的 1/2；雌虫前 1/4 呈线形，以后突然粗大，随后又渐变纤细，阴门位于前 1/4～1/3 处。常见的种有长刺似细颈线虫、驼似细颈线虫。

毛圆科各属线虫主要部位形态构造见图 7-7、图 7-8。

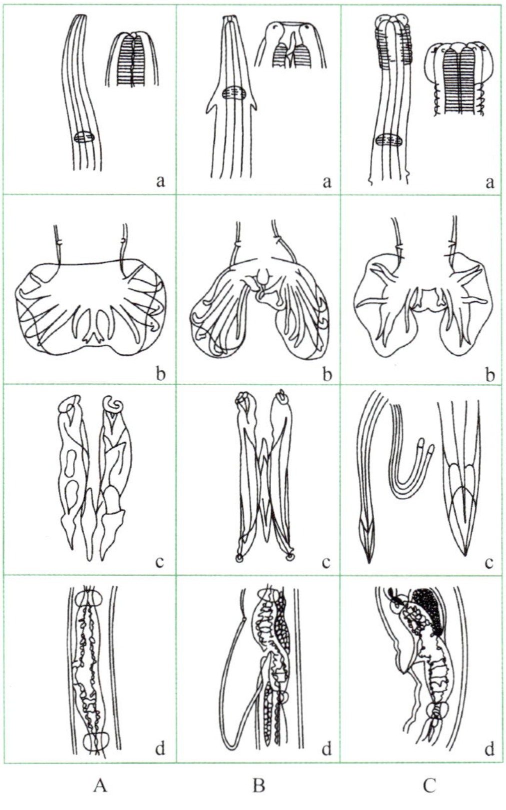

图 7-7　毛圆科主要属线虫形态构造图(一)

A. 毛圆属　B. 血矛属　C. 细颈属

a. 前部　b. 雄性交合伞　c. 交合刺和引带　d. 雌虫阴户

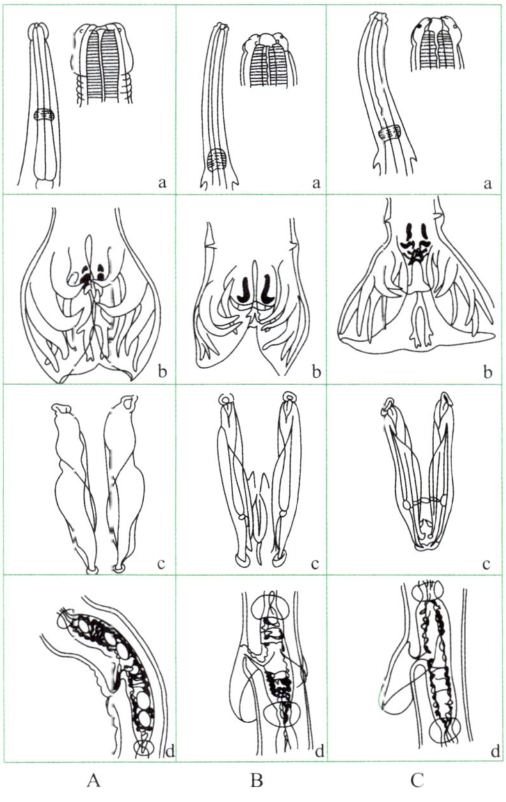

图 7-8　毛圆科主要属线虫形态构造图(二)

A. 古柏属　B. 奥斯特属　C. 马歇尔属

a. 前部　b. 雄性交合伞　c. 交合刺和引带　d. 雌虫阴户

2. 盅口科(毛线科)

此科主要包括食道口属(图 7-9),寄生于结肠。有些种类的幼虫可在肠壁形成结节,所以又称为结节虫。口囊小而浅,其外周有明显的口领,口缘有叶冠,有或无须沟,颈乳突位于食道附近两侧,其位置因种不同而异,有或无侧翼膜。雄虫的交合伞发达,有一对等长的交合刺。雌虫阴门位于肛门前方附近,排卵器发达,呈肾形。寄生于羊的主要有哥伦比亚食道口线虫、微管食道口线虫、粗纹食道口线虫、甘肃食道口线虫。寄生于牛的主要有辐射食道口线虫。虫卵椭圆形,灰白色或无色,壳较厚,含 8～16 个深色胚细胞。虫卵大小为(70～74)μm×(45～57)μm。

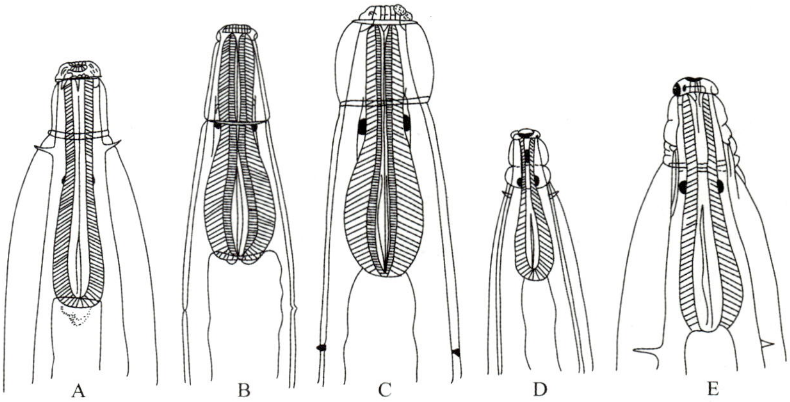

图 7-9 食道口线虫前部

A. 哥伦比亚食道口线虫 B. 微管食道口线虫 C. 粗纹食道口线虫
D. 辐射食道口线虫 E. 甘肃食道口线虫

3. 钩口科

此科主要包括仰口属,头端向背面弯曲,口囊大,呈漏斗状,口孔腹缘有 1 对半月形切板(图 7-10)。雄虫交合伞外背肋不对称。雌虫阴门在虫体中部之前。虫卵具有特征性。

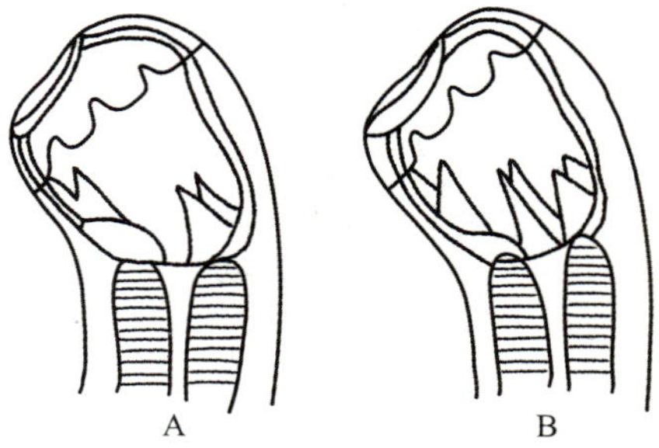

图 7-10 牛羊仰口线虫头部

A. 羊仰口线虫 B. 牛仰口线虫

羊仰口线虫寄生于羊的小肠。口囊底部背侧有 1 个大背齿,腹侧有 1 对小亚腹侧齿。雄虫长 12.5～17 mm,交合伞发达,外背肋不对称,交合刺扭曲、较短,无引器。雌虫长 15.5～21 mm,尾端钝圆,阴门位于体后部。虫卵呈钝椭圆形,两侧平直,壳薄,灰白或无色,胚细胞大而少,内含暗色颗粒。虫卵大小为(82～97)μm×(47～57)μm。

牛仰口线虫寄生于牛小肠,主要是十二指肠。与羊仰口线虫相似,区别为口囊底部腹侧有 2 对亚腹侧齿,雄虫交合刺长,为羊仰口线虫的 5～6 倍,阴门位于虫体中部前。虫卵两端钝圆,胚细胞呈暗黑色。

4. 圆线科

此科主要包括夏伯特属(图 7-11),寄生于大肠。有或无颈沟,颈沟前有不明显的头泡,或无头泡;口孔开口于前腹侧,有两圈不发达的叶冠;口囊呈亚球形,底部无齿。雄虫交合伞发达,交合刺等长且较细,有引器。雌虫阴门靠近肛门。常见的种有绵羊夏伯特线虫和叶氏夏伯特线虫。虫卵椭圆形，灰白或无色，壳较厚，含 10 多个胚细胞。虫卵大小为(83～110)μm×(47～59)μm。

(二)毛尾目

此目主要是毛尾科毛尾属(图 7-12)，寄生于盲肠。虫体呈乳白色，前部细长呈毛发状，后部短粗，虫体粗细过渡突然，外形似鞭，又称为鞭虫。雄虫尾部卷曲，有 1 根交合刺，有交合刺鞘。雌虫尾部稍弯曲，后端钝圆，阴门位于粗细交界处。虫卵呈褐色或棕色，壳厚，两端具塞，呈腰鼓状。虫卵大小为(70～75)μm×(31～35)μm。

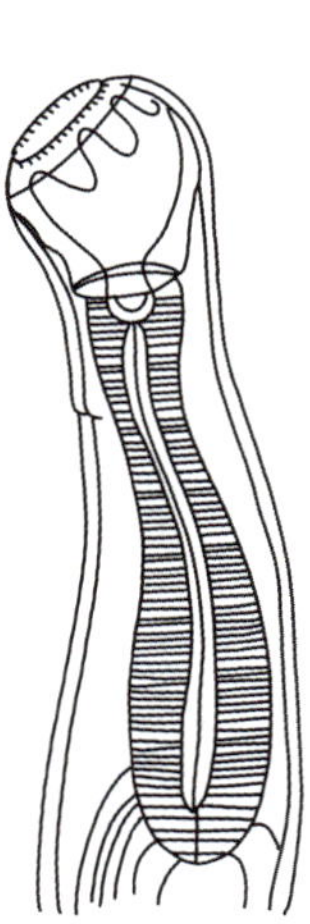

图 7-11　绵羊夏伯特线虫前部

图 7-12　绵羊毛尾线虫

A. 雌虫　B. 雄虫

二、生活史

牛、羊消化道线虫的发育过程基本相似。毛尾线虫的感染期为感染性虫卵，其余消化道线虫的感染期均为感染性幼虫(第 3 期幼虫)。均属直接发育型。

1. 感染途径

消化道线虫均经口感染。但仰口线虫也可经皮肤感染，而且幼虫发育率可达 80%以上，而经口感染时，发育率仅为 10%左右。

2. 发育过程

毛圆科线虫产出的虫卵随粪便排出体外，在适宜的条件下，约需 1 周，逸出的幼虫经 2 次蜕皮发育为感染性幼虫。幼虫移动到牧草的茎叶上，牛、羊吃草或饮水时吞食而感染，幼虫在皱胃或小肠黏膜内进行第 3 次蜕皮，第 4 期幼虫返回皱胃和肠腔，附着在黏膜上进行最后 1 次蜕皮，逐渐发育为成虫(图 7-13)。

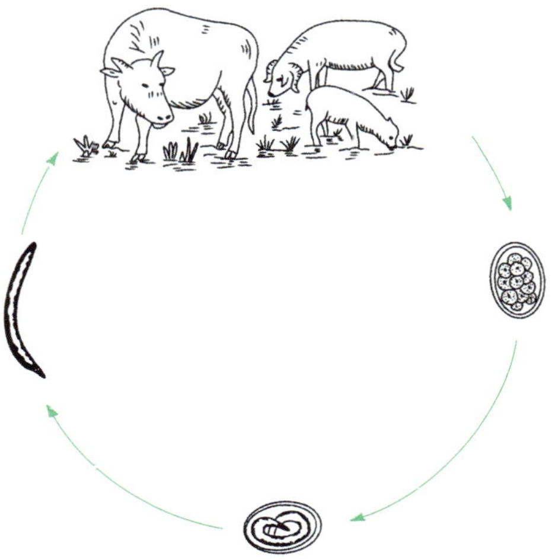

图 7-13　毛圆科线虫生活史

仰口线虫经皮肤感染后，幼虫进入血液循环到达肺脏，进入肺泡进行第 3 次蜕皮发育为第 4 期幼虫，再移行至支气管、气管、咽，被咽下后进入小肠，进行第 4 次蜕皮发育为第 5 期幼虫，最后发育为成虫。此过程需 50～60 d。

食道口线虫的感染性幼虫感染牛、羊后，大部分幼虫钻入结肠固有层形成结节，在其中进行第3 次蜕皮变为第 4 期幼虫，再返回结肠中经第 4 次蜕皮发育为第 5 期幼虫，最后发育为成虫。幼虫在结节内停留的时间，与牛、羊的年龄和抵抗力有关，短则 6～8 d，长则 1～3 个月或更长，甚至不能发育为成虫。微管食道口线虫很少造成肠壁结节。

毛尾线虫的虫卵随粪便排出体外，在适宜的条件下经 2 周或数月发育为感染性虫卵，牛、羊经口感染后，卵内幼虫在肠道孵出，以细长的头部固着在肠壁内，约经 12 周发育为成虫。

三、流行病学

虫卵和幼虫在发育过程中与温度和湿度的关系极为密切。

捻转血矛线虫比其他毛圆科线虫产卵多。虫卵的最适发育温度为 22 ℃。第一期幼虫经两次蜕皮，需 3.5～4 d 发育为第 3 期幼虫。从虫卵发育到第 3 期幼虫，所需要的时间为：11 ℃时需 15～20 d，37 ℃时需 3～4 d。食道口线虫卵在低于 9 ℃时不能发育，高于 35 ℃时停止发育。仰口线虫卵在潮湿的环境下有利于发育，当温度在 12～24 ℃时，卵内发育为幼虫需 9～11 d，31 ℃时只需 4 d，最适发育温度为 24～31 ℃。

第 3 期幼虫很活跃，虽不采食，但在外界可以长时间保持其生命力。可抵抗干燥、低温和高温等不利因素的影响；许多种线虫在牧场可越冬。在一般情况下，第 3 期幼虫可生存 3 个月。牛粪、羊粪和土壤是幼虫的隐蔽所，感染性幼虫有背地性和向光性反应，在温度、湿度和光照适宜时，幼虫就从牛粪、羊粪或土壤中爬到牧草上；环境不利时又回到土壤中隐蔽，故牧草受幼虫污染时，土壤为主要来源。

羔羊和犊牛对多数线虫易感，但食道口线虫往往对 3 月龄以内的羔羊和犊牛感染力低。

牛、羊消化道线虫，因虫种不同，其感染性幼虫对外界环境抵抗力也有差异，因此具有一定的地区性。细颈线虫病、马歇尔线虫病、奥斯特线虫病和夏伯特线虫病一般在高寒地带多发，而血矛线虫病、仰口线虫病和食道口线虫病在气候比较温暖的地区较为多见。

“春季高潮”是指每年春季（4—5 月份）牛、羊消化道线虫病出现发病高峰期。我国许多地区有此现象，尤其以西北地区明显。关于春季高潮来源说法不一，有学者认为来自牧草上的幼虫，有的学者认为来自羊真胃黏膜内休眠越冬的幼虫，但主要归结为两点：一是可以越冬的感染性幼虫，致使牛、羊春季放牧后很快受到感染；二是牛、羊当年感染时，由于牧草充足，抵抗力强，体内的幼虫发育受阻，而当冬末春初，草料不足，抵抗力下降时，幼虫开始活跃发育，至春季 4—5 月份，成虫数量在体内迅速达到高峰，即“春季高潮”，牛、羊发病数量剧增。

四、主要症状

牛、羊经常混合感染多种消化道线虫，而多数线虫以吸食血液为生，因此，引起宿主贫血，虫体的毒素干扰宿主的造血功能或抑制红细胞的生成，使贫血加重。虫体的机械性刺激，使胃、肠组织损伤，消化、吸收功能降低，表现高度营养不良，渐进性消瘦，贫血，可视黏膜苍白，下颌及腹下水肿，腹泻或顽固性下痢，有时便中带血，有时便秘与腹泻交替，精神沉郁，食欲不振，可因衰竭而死亡。尤其是羔羊和犊牛发育受阻，死亡率高。死亡多发生在“春季高潮”时期。

五、病理变化

病畜消瘦、贫血、水肿。幼虫移行经过的器官出现淤血性出血和小出血点。胃、肠黏膜发炎并有出血点，肠内容物呈褐色或血红色。食道口线虫可引起肠壁结节，结节中常有幼虫。在胃、肠道内发现大量虫体。

六、诊断要点

应根据流行病学、临诊症状、粪便检查和剖检发现虫体进行综合诊断。粪便检查用漂浮法。因牛、羊带虫现象极为普遍，故发现大量虫卵时才能确诊。

七、治疗

对重症病例，应配合对症、支持疗法。

(1)左旋咪唑　牛、羊每千克体重 6～10 mg，1 次口服，奶牛、奶羊休药期不得少于 3 d。

(2)丙硫咪唑　牛、羊每千克体重 10～15 mg，1 次口服。

(3)甲苯咪唑　牛、羊每千克体重 10～15 mg，1 次口服。

(4)伊维菌素或阿维菌素　牛、羊每千克体重 0.2 mg，1 次口服或皮下注射。

八、防制措施

应根据流行病学特点制定综合性防制措施。

(1)定期驱虫　一般应在春、秋两季各进行 1 次驱虫。北方地区可在冬末、春初进行驱虫，可有效防止“春季高潮”。

(2)粪便处理　对计划性驱虫和治疗性驱虫后排出的粪便应及时清理，进行发酵，以杀死其中的病原体，消除感染源。

(3)提高机体抵抗力　注意饲料、饮水清洁卫生，尤其在冬、春季，牛、羊要合理地补充精料、矿物质、多种维生素，以增强抗病力。

(4)科学放牧　放牧牛、羊尽量避开潮湿地及幼虫活跃时间，以减少感染机会。有条件的地方实行划区轮牧或畜种间轮牧。

任务七　类圆线虫病

类圆线虫病是由小杆科类圆属的兰氏类圆线虫寄生于猪小肠黏膜内引起的疾病。又称为“杆虫病”。主要特征为严重的肠炎，消瘦，生长迟缓，甚至大批死亡。

(一)病原形态构造

兰氏类圆线虫(*Strongyloides ransomi*)，不同的生殖阶段其形态各异。

寄生性雌虫细小，呈乳白色。长 2～2.5 mm。口具有 4 个不明显的唇片，口囊小，食道细长，为体长的 1/3～1/5；阴门位于体中 1/3 与后 1/3 交界处，阴门为 2 片小唇，稍向外突出。

自由生活的雌虫，长 1～1.5 mm。头端有 2 个侧唇，每唇顶端又分 3 个小唇；食道为杆状；生殖器官为双管型；阴门位于体中 1/3 处，具 2 片小唇，稍向外突出；尾端尖细。

自由生活的雄虫，长 0.7～0.8 mm。食道长，尾部尖细向腹面弯曲，有 1 对等长的交合刺；引器呈匙状。

虫卵较小，呈椭圆形，卵壳薄而透明，内含幼虫。营寄生生活雌虫产出的虫卵大小为 53 μm×32 μm；营自由生活雌虫产出的虫卵大小为 70 μm×40 μm。

(二)生活史

(1)发育过程　成虫的生殖方式为孤雌生殖，猪体内只有雌虫寄生。

虫卵随猪的粪便排出体外，在外界很快孵化出第 1 期幼虫(杆虫型幼虫)。当外界环境条件不适宜时，第 1 期幼虫进行直接发育，发育为感染性幼虫(丝虫型幼虫)；当外界环境条件适宜时，第 1 期幼虫进行间接发育，成为营自由生活的雌虫和雄虫，雌、雄虫交配后，雌虫产出含有杆虫型幼虫的虫卵，幼虫在外界孵出，根据条件而进行直接发育或间接发育，重复上述过程。

感染性幼虫经皮肤钻入或被吃入使猪感染。经皮肤钻入时，幼虫直接侵入血管；当被吃入时，幼虫从胃黏膜钻入血管。幼虫进入血液循环后，经心脏、肺脏到咽，被咽下到小肠发育为雌性成虫。

(2)发育时间　在外界环境中的虫卵孵化出第 1 期幼虫需 12～18 h；从皮肤侵入猪体内的感染性幼虫发育为成虫需 6～10 d，经口感染时需 14 d。

(三)流行病学

类圆线虫幼虫不带鞘，对外界环境比较敏感，温暖和潮湿的环境有利于其发育和存活，因此本病在温度潮湿的夏季比较流行。类圆线虫主要侵害仔猪，1 月龄左右感染最严重，3 月龄后逐渐减少。幼猪可以从母乳、皮肤、胎盘或口腔获得感染。经口感染的第 3 期幼虫在胃中会被胃液杀灭，皮肤感染是主要的感染途径，在感染后 6～10 d 发育为成虫；仔猪也可经初乳感染，母猪初乳中的幼虫与第 3 期幼虫在生理上不同，可经胃到小肠，14 d 即可发育为成虫。哺乳仔猪还可经胎盘感染，即母体内的幼虫在妊娠后期的胎儿组织中聚集，仔猪出生后迅速移行到小肠中发育为成虫。

(四)主要症状

本病主要侵害仔猪。幼虫移行引起肺炎时体温升高。病猪消瘦，贫血，呕吐，腹痛，最后多因极度衰竭而死亡。少量寄生时不显症状，但影响生长发育。

(五)病理变化

幼虫穿过皮肤移行时，常引起湿疹(仔猪)、支气管炎、肺炎和胸膜炎。仔猪寄生强度大时，小肠充血、出血和溃疡。

(六)诊断要点

根据流行病学、临诊症状、粪便检查等综合诊断。粪便检查用漂浮法，发现大量虫卵时才能确诊。也可用幼虫检查法。剖检发现虫体可确诊。

（七）防治措施

（1）治疗　参照猪蛔虫病。还可用甲苯咪唑，按每千克体重 50 mg 喂服。

（2）预防　猪舍及运动场应保持清洁、干燥、通风，避免阴暗潮湿；妊娠母猪和哺乳母猪及时驱虫，以防止感染幼猪；及时清扫粪便，堆积在固定场所发酵；幼猪、母猪、病猪和健康猪均应分开饲养。

任务八　后圆线虫病

后圆线虫病是由后圆科后圆属的多种线虫寄生于猪支气管、细支气管和肺泡所引起的疾病，又称为"肺线虫病"，主要危害仔猪，引起支气管炎和支气管肺炎，严重时可造成大批死亡。

（一）病原形态构造

猪后圆线虫又称猪肺线虫。虫体呈乳白色或灰色，口囊很小，口缘有 1 对分 3 叶的侧唇。雄虫交合伞一定程度退化，有 1 对细长的交合刺。雌虫两条子宫并列，至后部合为阴道，阴门紧靠肛门，前方覆角质盖，虫体后端有时弯向腹侧。卵胎生。常见的病原体有以下几种。

（1）野猪后圆线虫（图 7-14）　又称长刺后圆线虫。雄虫长 11～25 mm，交合伞较小，前侧肋大，顶端膨大，中侧肋和后侧肋融合在一起，背肋极小；交合刺长，呈丝状，末端有单钩，无引器（图 7-15）。雌虫长 20～50 mm，阴道长，尾端稍弯向腹面。虫卵呈钝椭圆形，壳厚，表面不光滑。排出时已含有发育成形的幼虫盘曲在内。虫卵大小为（51～54）μm×（33～36）μm。

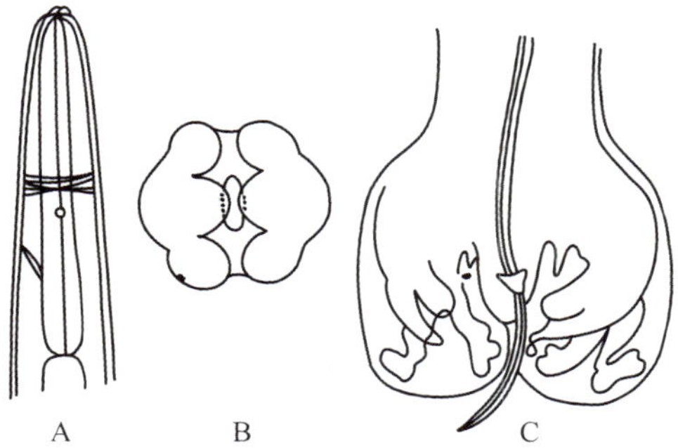

图 7-14　野猪后圆线虫

A. 前部　B. 头部顶面观　C. 尾部

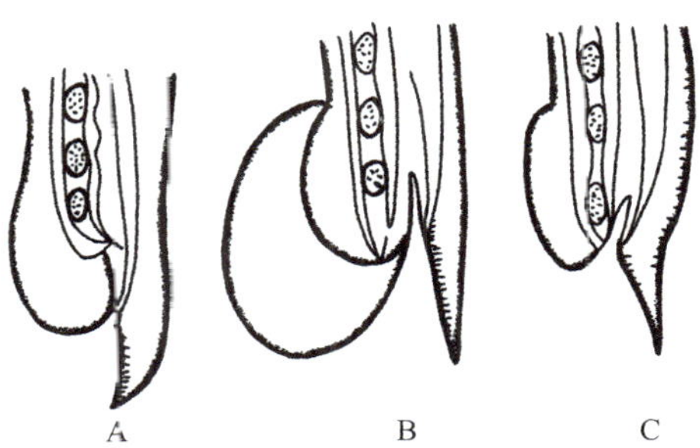

图 7-15　后圆线虫雄虫尾部

A. 野猪后圆线虫　B. 复阴后圆线虫　C. 萨氏后圆线虫

（2）复阴后圆线虫　雄虫长 16～18 mm，交合伞较大，交合刺末端有双钩，有引器。雌虫长 22～35 mm，阴道短，尾直，有较大的角质膨大覆盖肛门和阴门。虫卵大小为（57～63）μm×（39～42）μm。

（3）萨氏后圆线虫　雄虫长 17～18 mm，交合刺长，末端有单钩。雌虫长 30～45 mm，阴道长，尾端稍弯向腹面。虫卵大小为（53～56）μm×（33～40）μm。

(二)生活史

(1)中间宿主　蚯蚓。

(2)终末宿主　野猪后圆线虫除寄生于猪和野猪外,偶见于羊、鹿、牛和其他反刍兽,也偶见于人。复阴后圆线虫和萨氏后圆线虫寄生于猪和野猪。

(3)发育过程　雌虫在宿主支气管内产卵,虫卵随黏液转至口腔被咽下,再经消化道随粪便排到外界。虫卵在潮湿的土壤中,可因吸收水分,卵壳膨大而破裂,孵出第 1 期幼虫。蚯蚓吞食了第 1 期幼虫或虫卵(第 1 期幼虫在其体内孵化),经 2 次蜕化变为感染性幼虫,随蚯蚓粪便排至土壤中。蚯蚓受伤时幼虫也可经伤口逸出。猪吞食了蚯蚓或土壤中的感染性幼虫而感染,幼虫在小肠逸出钻入肠壁,沿淋巴系统进入肠系膜淋巴结,在此蜕化变为第 4 期幼虫,然后沿淋巴进入循环系统,随血流至心脏和肺脏,穿过肺泡进入支气管,再蜕化变为第 5 期幼虫,进而发育为成虫(图 7-16)。

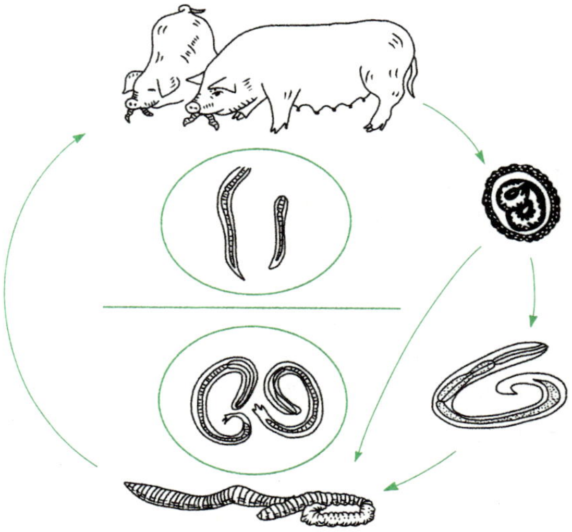

图 7-16　后圆线虫生活史

(4)发育时间　进入蚯蚓体内的第 1 期幼虫发育为感染性幼虫约需 10 d;进入猪体内的感染性幼虫发育为成虫需 25～35 d。

(5)成虫寿命　一般可生存 1 年左右。

(三)流行病学

后圆线虫的虫卵和第 1 期幼虫对外界的抵抗力较强,在外界可生存 6 个月以上。感染性幼虫可在蚯蚓体内长期保持感染性。本病分布很广,尤其是野猪后圆线虫病遍布各地。猪的发病季节与蚯蚓的活动季节是一致的,一般在夏秋季发生感染。后圆线虫感染主要发生于 6～12 月龄的散养猪。

(四)主要症状

轻度感染时症状不明显,但影响猪的生长。严重感染时,猪发育不良,阵发性咳嗽,尤其在早晚运动或遇冷空气刺激时，咳嗽尤为剧烈；被毛干燥、无光泽，鼻孔内有脓性黏稠液体流出，呼吸困难。病程长者常形成僵猪。有的病畜胸下、四肢和眼睑部呈现浮肿。严重病例发生呕吐、腹泻，最后因极度衰竭而死亡。

（五）病理变化

眼观病变常不显著。严重感染时在肺叶边缘有楔状气肿区，支气管增厚、扩张，靠近气肿区有坚实的灰色小结，小支气管周围呈淋巴样组织增生和肌纤维状肥大，支气管内有虫体和黏液。

（六）诊断要点

根据流行病学、临诊症状和粪便检查综合确诊。粪便检查用漂浮法。只有检出大量虫卵时才能认定。

（七）防治措施

（1）治疗　可用丙硫咪唑、苯硫咪唑或伊维菌素等药物驱虫。对出现肺炎的猪，应采用抗生素治疗，防止继发感染。

（2）预防　在流行地区，春、秋各进行 1 次驱虫；猪实行圈养，防止采食蚯蚓；及时清除粪便，进行生物热发酵。

任务九　网尾线虫病

网尾线虫病（又称牛羊肺线虫病）是由网尾线虫寄生于牛、羊等家畜的气管、支气管内引起的寄生虫病的总称。本病分布广泛，多呈地方性流行。主要感染幼畜，危害性较大。

（一）病原形态构造

（1）丝状网尾线虫　寄生于羊的气管和支气管内。虫体乳白色丝状。雄虫长 30～75 mm，雌虫长 30～100 mm。丝状网尾线虫头端钝圆，有一扣状结节，尾端细钝，体内有黑色颗粒。

（2）胎生网尾线虫　寄生于牛、骆驼的气管和支气管内。虫体黄白色，呈丝状。雌虫 30～70 mm，雄虫 24～43 mm。

各种肺线虫的虫卵相似，呈椭圆形、壳薄、无色透明或淡黄色，内含有一卷曲的幼虫。

（二）生活史

网尾线虫的发育不需中间宿主，与猪蛔虫相似。丝状网尾线虫虫卵对热和干燥敏感，可以耐低温；胎生网尾线虫是犊牛春季死亡的主要原因之一，低温下不能发育。后圆线虫的发育需蚯蚓为中间宿主。

(三)主要症状

牛、羊感染时，幼畜症状明显，表现咳嗽、呼吸急促，安静时可听到拉风箱似的呼吸声，鼻孔充满黏液，干后在鼻孔周围形成痂块。消瘦、贫血。体温正常。中度感染者咳嗽强烈，严重感染者呼吸浅表；气喘，呼吸困难，尤以驱赶或夜间休息时加重。常打喷嚏，鼻孔排黏稠液体，形成绳索状拖垂于鼻孔下或在鼻周形成结痂。渐进性消瘦，贫血，头胸部及四肢水肿等。

(四)病理变化

尸体消瘦、贫血、支气管壁增厚，肺门淋巴结、支气管和纵隔淋巴结肿大。支气管内有黏液或脓性带血液的分泌物，肺脏肿大，边缘有白色气肿区。肺气肿与实变相间；支气管和细支气管发炎。

(五)诊断要点

根据流行病学、临床症状、尸检发现成虫，即可确诊。

(六)防治措施

(1)治疗　可选用左旋咪唑、丙硫苯咪唑来治疗。

(2)预防　做到定期驱虫，科学饲养，提高幼畜的抵抗力。

知识链接

胃线虫病

猪胃线虫病是由似蛔科似蛔属、泡首属、西蒙属及颚口科领口属的多种线虫寄生于猪胃内所引起疾病的总称。主要特征为急、慢性胃炎及胃炎后继发的代谢紊乱。

1. 病原形态构造

(1)圆形似蛔线虫　属于似蛔属。虫体咽壁上有 3 或 4 叠的螺旋形角质厚纹，在虫体左侧有 1 个颈翼膜。雄虫长 10～15 mm，右侧尾翼膜大，有 4 对肛前乳突和 1 对肛后乳突，均不对称，交合刺大小和形状均不相同。雌虫长 16～22 mm，阴门位于虫体中部稍前方。虫卵呈椭圆形，淡黄色，卵壳厚，内含幼虫。虫卵大小为(34～39)μm×(15～20)μm。

(2)有齿似蛔线虫　属于似蛔属。雄虫体长约 25 mm，雌虫体长约 55 mm。口囊前部有 1 对齿。

(3)六翼泡首线虫　为泡首属。虫体前部(咽区)角皮略为膨大，其后每侧有 3 个颈翼膜，颈乳突的位置不对称，口小，无齿。雄虫长 61 mm，尾翼膜窄且对称，有肛前乳突和肛后乳突各 4 对，交合刺不等长。雌虫长 13～22 mm，阴门位于虫体中部后方。

(4)奇异西蒙线虫　属于西蒙属。雌雄异形。虫体有 1 对颈翼，口腔有背齿和腹齿各 1 个。雄虫长 12～15 mm，尾部呈螺旋状卷曲，游离于胃腔或部分埋入胃黏膜中。孕卵雌虫长 15 mm，后部呈球形，嵌于胃壁中的囊内，前部纤细突出于胃腔。

(5)刚棘领口线虫(图 7-17)　属于领口属。活体呈淡红色，表皮菲薄，可透见体内的白色生殖器官。头端呈球形膨大，其上有几列横列的小棘；全身均有小棘排成环，体前部的棘较大，呈三角形，排列较稀疏，体后部的棘较细，形如针状，排列较密。雄虫长 15～25 mm，有 1 对不等长的交合刺。雌虫长 22～45 mm。虫卵呈椭圆形，黄褐色，表面颗粒状，一端有帽状结构。虫卵大小约为72 μm×41 μm。

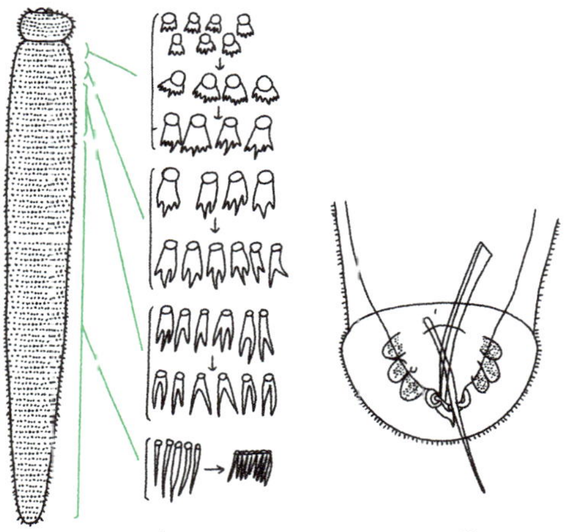

图 7-17　刚棘领口线虫

A. 全虫　B. 雄虫尾部

(6)陶氏领口线虫　属于领口属。虫体头部膨大呈球状，黄褐色，其上生有 8～10 列小棘，前部头棘小于后部；口孔在头部顶端，两侧各有明显的 3 叶唇瓣，每一唇瓣各有 1 对唇乳突。虫体全身密布体棘，仅前端的体棘分齿。雄虫后部稍向腹面弯曲，交合刺末端钝圆，不等长。雌虫阴门位于虫体腹面中部稍后方。虫卵呈椭圆形，大小约为 64 μm×30 μm，两端各有 1 个透明帽状突起。

2. 生活史

(1)中间宿主　似蛔科线虫的中间宿主为食粪甲虫；颚口科线虫的中间宿主为剑水蚤，鱼类、蛙或爬行动物可作为贮藏宿主。

(2)发育过程　虫卵随猪的粪便排至外界，被中间宿主吞食后发育为感染性幼虫。猪采食中间宿主而感染，幼虫钻入胃鼓膜内发育为成虫。

当含有感染性幼虫的中间宿主被不适宜的宿主采食后，幼虫可在其体内形成包囊，猪也可因采食这些宿主而感染。

(3)发育时间　圆形似蛔线虫在中间宿主体内的幼虫发育为感染性幼虫需 20 d，六翼泡首线虫需 36 d，领口线虫需 7～17 d。在猪体内的感染性幼虫发育为成虫约为 6 个月。

3. 流行病学

(1)感染来源　患病或带虫猪，虫卵存在于粪便中。

(2)感染途径　终末宿主经口感染。

(3)地理分布　主要发生于南方散养猪。

4. 主要症状

轻度感染时不显症状。严重感染时，病猪呈慢性或急性胃炎症状，表现食欲不振，渴欲增加，严重者呕吐，营养障碍，生长发育受阻，可引起死亡。

5. 病理变化

成虫以其头部深入胃壁中，形成空腔，内含淡红色液体，周围组织红肿、发炎，黏膜显著肥厚，可形成局灶性溃疡。

6. 诊断要点

根据流行病学、临诊症状、粪便检查和剖检综合诊断。

7. 治疗

敌百虫，每千克体重 100 mg，内服。丙硫咪唑，驱泡首线虫按每千克体重 5 mg，驱似蛔线虫按每千克体重 60 mg，驱领口线虫按每千克体重 20 mg，均为 1 次口服。还可选用左旋咪唑、氯氰碘柳胺等。

8. 防制措施

每日清扫粪便，并进行无害化处理；定期驱虫；防止猪吃到中间宿主和贮藏宿主。

复习思考题

简答题

1. 简述线虫的形态构造特征。
2. 简述线虫的生活史及其类型。
3. 简述畜禽蛔虫病病原体形态特征、发育特性、治疗及防制措施。
4. 简述当地主要线虫的鉴别要点及发育特性（可列表说明）。
5. 拟定当地主要动物线虫病的治疗方案，制定常规的综合性防制措施。

项目八 棘头虫病的诊断与防治技术

◆ **参考学时** 2 学时。

◆ **知识目标**

1. 了解常见棘头虫的形态构造，掌握棘头虫的生活史。
2. 了解猪、鸭棘头虫病的症状，掌握其病理变化及防治措施。

◆ **能力目标**

1. 通过对棘头虫的形态观察，学生能正确识别棘头虫的形态特点。
2. 通过对棘头虫病典型病例剖检及分析，学生能正确诊断和防治棘头虫病。

任务一 猪棘头虫病

猪棘头虫病是由少棘科巨吻属的蛭形巨吻棘头虫寄生于猪小肠（主要是空肠）内引起的疾病。主要特征为下痢，粪便带血，腹痛。

（一）病原

1. 形态构造

蛭形巨吻棘头虫是寄生于猪小肠内的大型虫体之一。虫体呈乳白色或淡红色，长圆柱形，前部较粗，后部逐渐变细；体表有横皱纹；头端有 1 个可伸缩的吻突，上有 5～6 行小棘，每列 6 个。雄虫长 7～15 cm，雌虫长 30～68 cm。虫体无消化器官，营养来源主要依靠体表的微孔吸收。其幼虫棘头蚴的头端有 4 列小棘，第 1、2 列较大，第 3、4 列较小；棘头囊长 3.6～4.4 mm，体扁，白色，吻突常缩入吻囊，肉眼可见。虫卵呈长椭圆形，深褐色，两端稍尖，卵内含有棘头蚴。卵壳壁厚，由 4 层组成，外层薄而无色，易破裂；第 2 层厚，褐色，有皱纹，两端有塞状结构，第 3 层为受精膜；第 4 层不明显。虫卵大小为(89～100)μm×(42～56)μm，平均为 917 μm×47 μm。

2. 生活史

(1)中间宿主　金龟子及其他甲虫。

(2)终末宿主　猪,也感染野猪、犬和猫,偶见于人。

(3)发育过程　雌虫所产虫卵随终末宿主粪便排出体外,被中间宿主的幼虫吞食后,虫卵在其体内孵化出棘头蚴,棘头蚴穿过肠壁,进入体腔内发育为棘头体,棘头体继续发育为具有感染性的棘头囊。猪吞食了含有棘头囊的中间宿主的幼虫或成虫而感染。棘头囊在猪的消化道中脱囊,通过吻突附着于肠壁上发育为成虫(图 8-1)。

(4)发育时间　幼虫在中间宿主体内的发育时间差异较大,如果甲虫幼虫在 6 月份以前感染棘头虫卵,则棘头蚴可在其体内经 3 个月可发育成具有感染性的棘头囊;如果在 7 月份以后感染,则需要经过 12～13 个月才能发育成具有感染性的棘头囊。棘头囊发育为成虫需 2.5～4 个月。

成虫在猪体的寿命为 10～24 个月。

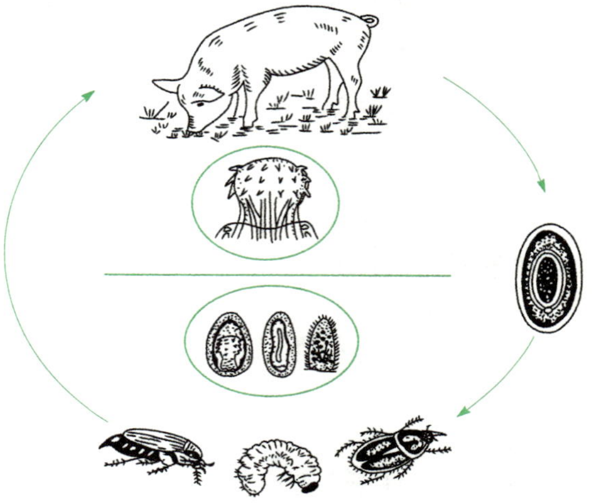

图 8-1　棘头虫生活史

(二)流行病学

(1)感染来源　患病猪或带虫猪排出带有虫卵的粪便。

(2)感染途径　终末宿主经口感染。

(3)抵抗力　虫卵对外界环境的抵抗力很强,在高温、低温以及干燥或潮湿的气候条件下均可长时间存活。

(4)感染原因　猪吞食了含有棘头囊的甲虫幼虫、蛹或其他幼虫。放牧猪比舍饲猪感染率高,后备猪比仔猪感染率高。

(5)繁殖力　雌虫繁殖力很强,1 条雌虫每天产卵 26 万～68 万个,产卵持续时间达 10 个月,排卵数量大,对环境污染严重。

(6)地理分布　我国各地普遍流行。

(7)季节动态　感染季节与金龟子的活动时期有密切关系,金龟子一般出现在每年 3—7 月。

(三)临床症状

临床症状随感染强度和饲养条件不同而有差异。感染虫体数量少,不表现明显症状;若感染数量较多时,主要表现为:食欲减退、异常,可视黏膜苍白,腹泻,粪内混有血液,肠壁溃疡;严重病例肠壁穿孔,继发腹膜炎时,则体温升高(41～41.5 ℃),腹痛,不食,抽搐,大多病例预后不良。

(四)病理变化

剖检病猪可见尸体消瘦,黏膜苍白。空肠和回肠浆膜上有灰黄或暗红色小结节,其周围有红色充血带,肠黏膜充血出血,肠壁增厚,有溃疡病灶。严重感染时,肠道可见虫体,可能出现肠壁穿孔而引起腹膜炎。

(五)诊断

根据流行病学、临床症状，以直接涂片法或沉淀法检查粪便中的虫卵确诊。卵呈长椭圆形，深褐色，两端稍尖，大小为(89～100)μm×(42～56)μm。

(六)治疗

无特效药物，可试用左旋咪唑、丙硫咪唑、氯硝柳胺、硝硫氰醚。

(七)防制措施

进行定期驱虫，消灭感染来源；加强猪粪便的无害化处理，切断传播途径；加强饲养管理，消灭中间宿主。

任务二　鸭棘头虫病

鸭棘头虫病是由多形科多形属和细颈科细颈属的棘头虫寄生于鸭小肠内引起的疾病。主要特征为肠炎、血便。鹅、天鹅、游禽和鸡也可成为其宿主。

(一)病原

1. 形态构造

多形科的特点为虫体体表有刺，吻突为卵圆形，吻囊壁双层，黏液腺一般为管状(图 8-2)。细颈科虫体的特点为颈细长，黏液腺梨状、肾状或管状。

(1)大多形棘头虫　虫体橘红色，呈前端大、后端狭细的纺锤形，吻突小。雄虫长 9.2～11 mm，交合伞呈钟形，内有小的阴茎。雌虫长 12.4～14.7 mm。卵呈长纺锤形，虫卵大小为(113～129)μm×(17～22)μm。

(2)小多形棘头虫　新鲜虫体橘红色，纺锤形。雄虫长约 3 mm，雌虫长约 10 mm。吻部卵圆形，吻囊发达。虫卵细长，具有 3 层卵膜，大小为(107～111)μm×18μm。

(3)腊肠状多形棘头虫　虫体纺锤形，吻突球状。雄虫长 13～14.6 mm。雌虫长 15.4～16 mm。虫卵呈长椭圆形，有 3 层同心圆的外壳，大小(71～83)μm×30 μm。

(4)四川多形棘头虫　虫体短钝圆柱形，吻突类球形。雄虫长 7～9.6 mm。雌虫长 8.8～14 mm。虫卵呈椭圆形，内含幼虫。虫卵大小为(78～86)μm×(24～32) μm。

(5)鸭细颈棘头虫　虫体呈纺锤形，前部有小刺，吻突上吻钩细小，体壁薄而呈膜状。雄虫白色，长 4～6 mm，吻突椭圆形。雌虫黄白色，长 10～25 mm，吻突膨大呈球形。虫卵呈卵圆形，卵膜 3 层，棘头蚴全身有小棘。虫卵大小为(62～75)μm×(20～25) μm。

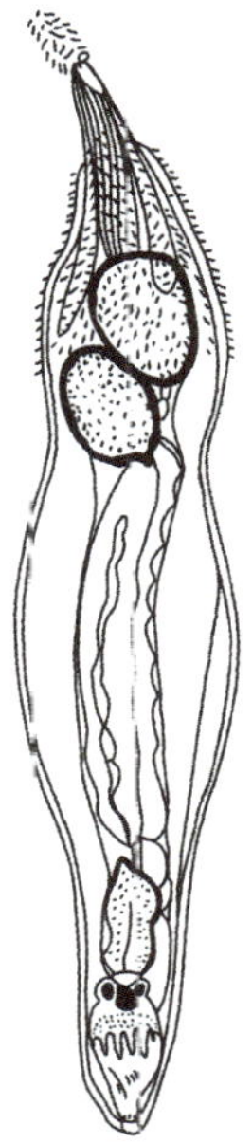
图 8-2　多形棘头虫

2. 生活史

(1)中间宿主　大多形棘头虫的中间宿主为湖沼钩虾;小多形棘头虫的中间宿主为蚤形钩虾、河虾和罗氏钩虾;腊肠状多形棘头虫的中间宿主为岸蟹;鸭细颈棘头虫的中间宿主为栉水蚤。

(2)发育过程　虫卵随终末宿主粪便排出,被中间宿主吞食后发育为具有感染性的棘头囊,鸭吞食含有棘头囊的中间宿主感染,棘头囊在鸭的消化道中脱囊,通过吻突附着于肠壁上发育为成虫。

(3)发育时间　被吞食的虫卵在中间宿主体内发育为棘头囊需 54～60 d;棘头囊在鸭体内发育为成虫需 27～30 d。

(二)流行病学

(1)感染来源　主要为患病或带虫鸭,虫卵存在于粪便中。

(2)地理分布　不同种鸭棘头虫的地理分布不同,多为地方性流行。

(3)季节动态　春、夏季流行,部分感染性幼虫可在钩虾体内越冬。

(三)临床症状

主要表现为肠炎,下痢、消瘦、生长发育受阻。当继发细菌感染时,出现化脓性肠炎,雏鸭表现明显,严重感染者可引起死亡。

(四)病理变化

棘头虫以吻突牢固地附着在肠黏膜上,引起卡他性肠炎,肠壁浆膜可见肉芽组织增生的结节,黏膜面上可见虫体和不同程度的创伤。有时吻突深入黏膜下层,甚至穿透肠壁,造成出血、溃疡,严重者可穿孔。

(五)诊断

根据流行病学、临床症状、粪便检查发现虫卵或剖检发现虫体确诊。

(六)治疗

选用丙硫咪唑、左旋咪唑、四氯化碳。

(七)防制措施

对流行区的鸭进行预防性驱虫;雏鸭与成年鸭分开饲养;选择未受污染或没有中间宿主的水域放牧;加强饲养管理,饲喂全价饲料以增强抗病力。

复习思考题

简答题

1. 简述猪棘头虫的形态构造特点及发育过程。
2. 简述猪棘头虫病的诊断及防制措施。
3. 简述鸭棘头虫生活史、疾病症状、诊断及防制措施。

项目九 蜱螨病及昆虫病的诊断与防治技术

◆ **参考学时** 6学时。

◆ **知识目标**

1. 了解节肢动物(主要是蛛形纲、昆虫纲)的一般形态结构,掌握主要节肢动物的形态结构和生活史。

2. 了解各常见蜱螨病的流行病学、临床症状等特征,掌握动物主要蜱螨病的诊断方法。

3. 了解当地危害较大的昆虫病的流行规律,掌握其综合防治措施。

◆ **技能目标**

1. 通过对主要寄生性蜱螨病及昆虫病病原的识别,学生能正确区分各种寄生性节肢动物的形态结构特点及其生活史的异同。

2. 通过对某些蜱螨病的典型案例的诊断和分析,培养学生综合分析和诊断疾病的能力。

任务一 节肢动物概述

节肢动物门为无脊椎动物中最大的门类,是动物界中种类最多的一门,分布极广,占已知120多万种动物的87%左右,兽医学中重要的节肢动物大多隶属于蛛形纲、昆虫纲,在兽医学上有非常重要的意义。

一、节肢动物形态特征

节肢动物两侧对称,有分节、附肢。体外壁有几丁质硬化形成的外壳(外骨骼)。大多数节肢动物在发育过程中有蜕皮及变态现象。

1. 蛛形纲

蛛形纲普遍为陆生，但也有水生的。虫体雌雄异体，外形呈圆形或椭圆形，分为头胸和腹两部分，或头、胸、腹融合为一体。无翅，无触角，有螯肢和须肢。成虫和若虫有 4 对足，幼虫有 3 对足。小的虫体长仅 0.1 mm 左右，大者可达 1 cm 以上。虫体可分为颚体（又称假头）与躯体两部分，颚体位于虫体前端或前端腹面。颚体由一对螯肢、一个口下板、一对须肢和颚基组成。大多数蜱、螨有 1～2 对单眼，有的有气门，而有的无气门。

2. 昆虫纲

昆虫纲为动物界中最大的一纲，占节肢动物门的 94%以上，与人畜的关系也是最密切的。雌雄异体，虫体明显分为头、胸、腹三部分。头部有一对复眼或有单眼、一对分节触角及口器。胸部由前胸、中胸和后胸 3 节组成，每节各有一对足，多数昆虫中胸和后胸上有一对翅，但虱类的翅完全退化为平衡棒。

二、节肢动物生活史

节肢动物一般都为雌雄交配后繁殖后代，均为卵生。从卵发育到成虫的整个发育过程中，其形态结构、生理特征、生活习性等一系列变化的总和称为变态。变态分为以下两种类型。

（1）完全变态　又称为全变态。它的生活史分为卵、幼虫、蛹、成虫 4 个发育期，各期的形态、生理及生活习性完全不同，如蚊、蝇等。

（2）不完全变态　又称为半变态。它的生活史分为卵、幼虫、若虫、成虫 4 个发育期，无蛹期，幼虫、若虫与成虫的形态和生活习性基本相似，如蜱、螨、虱等。

三、节肢动物分类

此处仅对节肢动物中与兽医有关的蛛形纲、昆虫纲分类进行介绍。

（一）蛛形纲

寄生于动物体的主要是蜱螨目。

（1）蜱亚目　包括硬蜱科、软蜱科等。

（2）疥螨亚目　包括疥螨科、痒螨科等。

（3）恙螨亚目　主要是蠕形螨科。

（4）中螨亚目　主要是皮刺螨科。

（二）昆虫纲

（1）双翅目　包括蚊科、蠓科、虻科、蚋科、狂蝇科、虱蝇科、胃蝇科、皮蝇科等。

（2）虱目　包括颚虱科、血虱科等。

（3）食毛目　主要有毛虱科。

（4）蚤目　主要有蚤科。

任务二　蜱病的诊断与防治技术

蜱分硬蜱和软蜱，皆营寄生生活，是多种人畜共患疾病病原体的传播媒介和贮藏宿主，是对动物危害较大的体外吸血寄生虫。蜱又称壁虱，俗称草爬子、毛蜱、狗豆子、㐌虱等。

一、硬蜱病

通常将硬蜱科的蜱称为硬蜱，硬蜱的种类很多，已发现有 800 多种，分属于 9 个属。硬蜱除寄生于各种动物体表，直接损伤皮肤和吸血外，还是多种重要的传染病和寄生虫病的传播者。与动物有关的有 6 个属：硬蜱属、璃眼蜱属、血蜱属、扇头蜱属、牛蜱属、革蜱属。

1. 形态

硬蜱多呈椭圆形(图 9-1)，呈黄色或褐色。体长 2～15 mm，吸饱血后虫体胀大，体长可达 30 mm。

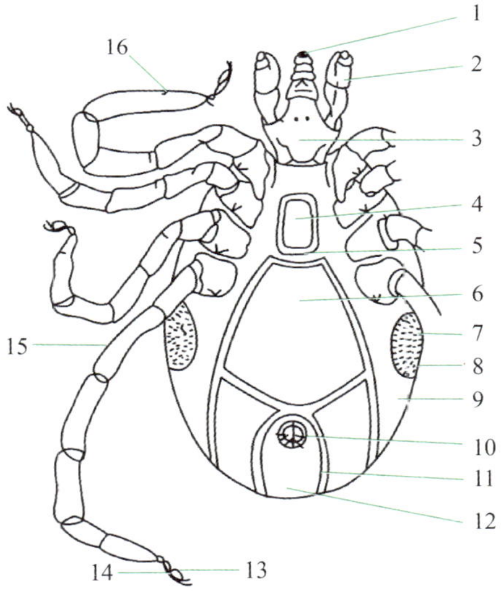

图 9-1　硬蜱

1. 口下板　2. 须肢　3. 颚基　4. 殖前板　5. 生殖孔　6. 中板　7. 气门　8. 气门板　9. 侧板　10. 肛门　11. 肛沟　12. 肛板　13. 爪垫　14. 爪　15. 足　16. 哈氏器

颚体显露，位于躯体前端。螯肢从颚基背面中央伸出，呈长杆状，顶端有向外的锯齿状倒钩，是重要的刺割器官。口下板位于螯肢腹面，上具有纵列倒齿，是吸血时穿刺和固着器官。须肢短，吸血时起到固定和支持虫体的作用。

躯体长圆形，背面为背板，雄虫背板几乎覆盖整个躯体背面；雌虫背板仅覆盖躯体背前部的一部分。成虫有足 4 对，第 1 对足跗节近端部背缘有 1 个囊状感受器，称为哈氏器，有嗅觉功能。

2. 生活史

硬蜱整个发育过程包括卵、幼蜱、若蜱和成蜱4个阶段，经2次蜕皮和3次吸血期，为不完全变态。硬蜱多栖息于森林、牧场、草原，一生产卵1次。硬蜱多在白天侵袭宿主，雌蜱吸血后离开宿主产卵，虫卵呈卵圆形，黄褐色，胶着成团，经2～4周孵出幼蜱。幼蜱侵袭宿主，吸血后蜕皮变为若蜱，若蜱再吸血后蜕皮变为成蜱。幼蜱吸血时间需2～6 d，若蜱需2～8 d，成蜱需6～20 d。硬蜱生活史的长短受外界环境温度和湿度的影响比较大，1个生活周期为3～12个月，环境条件不利时出现滞育现象，生活周期延长。

根据硬蜱在吸血时是否更换宿主，将其分为以下3种类型。

(1)一宿主蜱　其生活史各期都在1个宿主体上完成，如微小牛蜱。

(2)二宿主蜱　其整个发育史在2个宿主体上完成，即幼蜱在第一个宿主体上吸血并蜕皮变为若蜱，若蜱吸饱血后落地，蜕皮变为成蜱后，再侵袭第2个宿主吸血，如璃眼蜱。

(3)三宿主蜱　此类蜱种类最多，2次蜕皮在地面上完成，但3个吸血期要更换3个宿主，即幼蜱在第1宿主体上饱血后，落地蜕皮变为若蜱，若蜱再侵袭第2宿主，饱血后落地蜕皮变为成蜱，成蜱再侵袭第3宿主吸血，如长角血蜱、草原革蜱等。

3. 流行病学

硬蜱大多侵袭哺乳动物，少数侵袭鸟类和爬虫类，个别侵袭两栖类。硬蜱繁殖力因种而异，一般产卵几千个。硬蜱具有很强的耐饥饿能力，成蜱在饥饿状态下存活1年。雌蜱产完卵后1～2周死亡。幼蜱和若蜱一般只能活2～4个月。硬蜱分布与气候、地势、土壤、植被和宿主等有关，各种蜱均有一定的地理分布。硬蜱活动有明显的季节性，多数在温暖季节活动。

4. 危害

(1)直接危害　蜱叮刺吸血时可损伤宿主局部组织，引起组织充血、水肿、急性炎症等一系列反应。某些雌性硬蜱唾液内含有麻痹神经的毒素，释放进入机体造成运动神经传导障碍，从而引起上行性肌肉萎缩性麻痹，导致瘫痪。

(2)间接危害　蜱是人兽共患病的重要传播媒介，所传播的病原体包括83种病毒、15种细菌、17种螺旋体、32种原虫及立克次氏体、衣原体、支原体等。我国已知蜱媒性疾病主要有：鼠疫、牛羊梨形虫病、布鲁氏菌病、森林脑炎、新疆出血热、蜱媒回归热、Q热、北亚蜱媒斑疹伤寒、莱姆病等。蜱不仅作为传病媒介，而且能将多种病原体贮藏在到卵内，经卵传递给下一代，即经卵传递。

5. 防治

(1)环境灭蜱　主要是改变有利于蜱生长的环境，利用垦荒，清除杂草和灌木丛。清理家畜厩舍，用1%～2%马拉硫磷、0.1%溴氰菊酯等药物喷洒厩舍。牧区可采取轮流放牧，让蜱失去吸血机会而死亡。

(2)个人防护　进入林区、草原、荒漠地区等蜱的滋生地时，要涂搽驱避剂。离开蜱滋生地时要相互检查，以防蜱侵袭。

(3)动物体表灭蜱　在蜱活动季节，每天刷拭动物体表，发现蜱时将蜱体拉起至与皮肤垂直，拔出并杀死。

(4)药物杀蜱　杀虫剂要几种轮换使用，以免发生抗药性。药物灭蜱可选用1%敌百虫、0.2%马拉硫磷、0.2%辛硫磷、0.2%杀螟松、0.25%倍硫磷，大动物每头500 mL，小动物每头200 mL，每隔3周向动物体表喷洒1次。也可定期药浴杀蜱，该法适用于病畜数量多且气候温暖的季节，可选用 0.1%马拉硫磷、0.1%辛硫磷、1%～3%敌百虫水溶液、0.05%双甲脒溶液、0.05%～0.1%溴氰菊酯水乳液、0.25%～0.6%二嗪农水乳液等药浴。伊维菌素每千克体重 200 μg，配成 1%溶液，皮下注射。

二、软蜱病

通常将软蜱科的蜱称为软蜱(图 9-2)，软蜱又称鸡蜱，主要种类有乳突钝缘蜱、波斯锐缘蜱等。

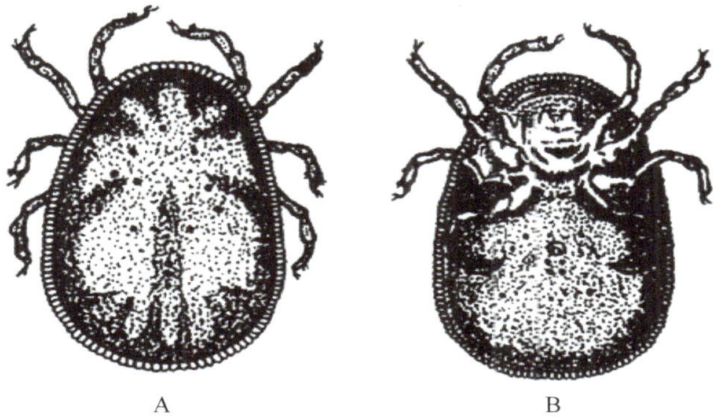

图 9-2　软蜱

A. 背面　B. 腹面

1. 形态

雌、雄蜱外观相似，虫体扁平，卵圆形，前端狭窄。颚体小，隐于躯体腹面前部，近似正方形。螯肢与硬蜱的相似，口下板齿较小。须肢长。躯体背面无背板，体表为皱纹状或颗粒状，或有乳状突或有圆形凹陷。多数无眼。

2. 生活史

软蜱的发育经虫卵、幼虫、若虫和成虫四个阶段。由虫卵孵出幼虫，在温暖季节需 6～10 d，凉爽季节约需 3 个月。幼虫寻找宿主吸血，然后离开宿主，蜕皮变为第一期若虫，反复 2～6 次蜕化为成虫。大约 1 周后，雌虫和雄虫交配，在 3～5 d 后雌虫产卵。整个生活史需 7～8 周，寿命 5～20 年。

3. 流行病学

软蜱宿主广泛，主要寄生于鸡、鸭、鹅和野鸟，也见于牛、羊、犬和人。软蜱白天藏匿于畜禽的圈舍、洞穴的砖石下或林木的间隙等隐蔽的场所，夜间活动和侵袭动物吸血，不过幼虫的活动不受昼夜限制。软蜱吸血时间短，一般数分钟至 1 h，吸完血即离开宿主。

4. 危害

软蜱吸血量大，危害十分严重，可使禽类贫血，消瘦，衰弱，生长缓慢，产蛋量下降，还能造成蜱性麻痹，甚至引起死亡。软蜱的各发育期虫体都是鸡、鸭、鹅螺旋体病病原体的传播媒介，还是布鲁氏菌病、炭疽和麻风病等人兽共患病病原体的传播媒介。

5. 防治

防治措施参见硬蜱防治，主要是用药物杀灭禽体上和禽栖居、活动场所中的软蜱。鸡舍灭蜱要注意安全，采用敌敌畏块状烟剂熏杀，用量为 0.5 g/m³，熏后马上关闭门窗 1～2 h，之后通风排烟。敌敌畏块状烟剂的制作：氯酸钾 20%、硫酸铵（化肥）15%、敌敌畏 20%、白陶土（或黄土）25%、细锯末屑（干）20%，研细混匀，压制成块备用。

任务三　螨病的诊断与防治技术

世界上已发现螨虫 50 000 多种，仅次于昆虫，不少种类与动物医学有关。螨遍及空中、地上、高山、水中和生物体内外，繁殖快，数量多，例如疥螨、蠕形螨、痒螨和革螨等寄生在人和动物体内外，叮吸血液、侵害皮肤，传播多种疾病。动物螨病是由疥螨科与痒螨科的螨类寄生于家畜或家禽的体表或表皮内所致的慢性皮肤病，通过接触感染，能使患畜产生剧烈的痒觉和各种类型的皮肤炎。螨病能给畜牧业的发展造成巨大的经济损失。

一、疥螨病

疥螨病又叫疥癣、癞皮病、疥疮等，具有高度感染性，发病后往往蔓延到全群，危害十分严重。寄生于不同家畜的疥螨（图 9-3），一般认为是人疥螨的一些变种，它们具有宿主特异性。但有时会发生不同动物间的相互感染，并可寄生一定时间。

（一）形态

虫体呈龟形，淡黄色，背面隆起，腹扁平。颚体短小，颚基陷于躯体颚基窝内，螯肢似钳状，尖端具小齿。须肢分 3 节。无眼和气门。躯体背面有许多细横纹、皮棘、刚毛等；腹面光滑，有 4 对粗短的足，前 2 对足末端带长柄，第 3 对足末端均为长鬃，第 4 对足末端雌、雄螨不同，雌螨为长鬃，而雄螨为吸垫。

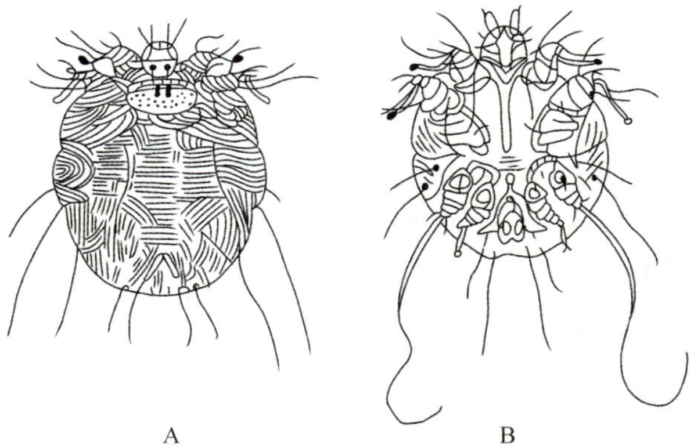

图 9-3　疥螨

A. 雌虫背面　B. 雄虫腹面

（二）发育史

疥螨在宿主表皮挖凿隧道，并在隧道内进行生长发育和繁殖。雌螨在隧道内产卵，一生产卵 40～50 个，卵经 3～8 d 孵出幼螨。幼螨离开隧道爬到皮肤表面，然后钻入皮内开凿小穴，在其中蜕皮变为若螨，若螨进一步蜕化形成成螨。雌、雄成螨在宿主表皮上交配，雄螨交配后死亡，雌螨寿命为 4～5 周。整个发育过程为 8～22 d，平均 15 d，条件适宜时 3 个月可繁殖 6 个世代。产卵后雌螨死于隧道中。

（三）流行病学

本病感染羊、猪、牛、骆驼、马、犬、猫、兔等哺乳动物，特别是猪和山羊多发。主要发生于秋末、冬季和春季。因为在这些季节，日照不足，畜体毛长而密，皮肤湿度较高，适合疥螨发育繁殖。特别是阴雨天气时，在拥挤、阴暗潮湿、通风不良的栏舍，蔓延最快，发病严重，体弱的家畜和幼畜最易受侵袭。疥螨以病畜和健畜直接接触而感染。也可以通过被病畜污染过的厩舍、用具，饲养人员或兽医人员的衣服和手等间接接触引起感染。疥螨有休眠的特性，当条件不适时，迅速转入休眠状态，休眠时间可达 5～6 个月，复苏后亦可存活 40 余天。

(四)致病作用与症状

疥螨对畜体的致病作用主要是雌螨挖掘隧道时对皮肤的机械性刺激和局部损伤，以及其分泌物、排泄物及死亡螨体裂解物等成为变应原而刺激机体所引起的变态反应。感染初期，局部皮肤出现针尖大的丘疹，随即出现小水疱，患部发痒。疥螨病最主要的症状是剧痒，尤其是睡眠时虫体活动增强，奇痒难忍导致动物摩擦和啃咬患部，造成局部脱毛、皮肤皲裂，流出淋巴液，形成痂皮。痂皮脱落后留下无毛的皮肤，皮肤变厚，出现皱褶、皲裂，无弹性。病变向四周不规则延伸。

(1)猪疥螨病　多见于 5 月龄以内的猪，常由头、眼、背部开始蔓延到全身，患部形成痂皮，皮肤变厚，被毛脱落，猪表现食欲不振，营养不良。

(2)牛疥螨病　开始发生于牛的面部、颈部、背部、尾根等被毛较短的部位，严重时可由头角根、颈蔓延到全身，皮肤剧痒，呈不规则的秃斑，出现灰白色鳞屑，粗糙、枯裂，被毛易脱落。

(3)绵羊疥螨病　主要发生在头部明显，嘴唇周围、口角两侧、鼻子边缘和耳根下面。发病后期病变部形成白色坚硬痂皮。

(4)山羊疥螨病　主要发生于嘴唇四周、眼圈、鼻背和耳根部，可蔓延到腋下、腹下和四肢等无毛及少毛部位，特别是头部，患部皮肤如干涸的石灰，形成灰白色干涸的痂块，故称“石灰头”。皮肤皲裂、化脓、脓肿。严重时嘴唇黏膜皲裂，采食困难。

(5)兔疥螨病　由头、鼻、脚爪部向全身蔓延，患部剧痒，常用嘴舔脚，用脚搔嘴、鼻部解痒。以后患部结痂、变硬，脚爪上产生灰白色痂块，重者出现血痂，消瘦，导致兔死亡。

(五)诊断

根据其症状表现及疾病流行情况，取皮肤刮取物查找病原进行确诊。

1. 刮屑镜检

用火焰灭菌的凸刃小刀，在皮肤的患部与健部的交界处用力刮取皮屑，一直刮到皮肤轻微出血为止。然后置盖片上，滴 1～2 滴 50%甘油水溶液或煤油，镜检虫体。也可直接向待检皮屑滴少量 10%氢氧化钾或氢氧化钠制片镜检。

2. 直接观察

将刮取物置于平皿内，在烛光上或在日光照晒下加热平皿后，将平皿放在黑色背景上，用放大镜仔细观察有无螨虫在皮屑间爬动。

3. 类症鉴别

(1)秃毛癣　也称钱癣，秃毛癣患部呈圆形或椭圆形，界线明显，其上覆盖的浅灰(黄)色干痂易于剥落，痒觉不明显。镜检经 10%氢氧化钾处理的毛根或皮屑，可发现癣菌的孢子或菌丝。

(2)湿疹　湿疹痒觉不剧烈，且不受环境、温度影响，无传染性，皮屑内无虫体。

(3)虱和毛虱　虱和毛虱所致的症状与螨病相似，但没有皮肤增厚和变硬等变化，且皮肤炎症、形成痂皮及落屑程度较轻，容易发现虱与虱卵，皮屑中无螨虫。

(4)过敏性皮炎　无传染性，皮屑内无虫体，病变由丘疹发展成散在的细小的干痂或圆形的秃毛斑。

(六)防治

1. 预防

注意环境卫生，经常打扫畜舍，畜舍要宽敞、干燥、透光、通风良好。注意畜群中皮肤有无发痒、掉毛现象，及时发现并立即隔离饲养和治疗。引入家畜时应事先了解有无螨病存在，并做螨虫检查，也可隔离一周，确实无螨病时，方可并入畜群中。羊群要剪毛后 7 d 才可药浴。

2. 治疗

(1)注射或灌服药物　用伊维菌素或与伊维菌素药理作用相似的药物，剂量按每千克体重 100～200 μg，此类药物不仅对螨病，而且对其他节肢动物疾病和大部分线虫病均有良好疗效。伊维菌素副作用也比较大，犬使用时要限量，且对柯利犬禁用(柯利犬包括苏格兰牧羊犬、喜乐蒂牧羊犬、边境牧羊犬等)。

(2)涂药疗法　适用于病畜数量少、患部面积小的情况，但每次涂药面积不得超过体表的 1/3。可选择以下药物，如 1%敌百虫溶液、二嗪农、双甲脒、溴氰菊酯等药物，按说明涂擦使用。

(3)药浴疗法　药液可选用 1%～2%敌百虫水溶液、0.05%双甲脒溶液、0.05%蝇毒磷乳剂水溶液、0.05%辛硫磷油水溶液等。药浴时，要特别注意防止中毒。

二、痒螨病

痒螨病是由痒螨科痒螨属的痒螨寄生在动物的皮肤表面所引起的疾病。所有的动物均有自身特定的痒螨，各种动物间互不交叉感染。

1. 形态和发育史

痒螨体呈长圆形(图 9-4)，透明的淡褐色角质皮上有稀疏的刚毛和细横纹，足长，口器为刺吸式，寄生于皮肤表面，吸取渗出液为食。雌螨在皮肤上产卵，一生可产 100 个左右，虫卵经约 3 d 孵出幼螨，并进一步发育蜕化为若螨、成螨。雌、雄成螨在宿主表皮上交配，交配后 1～2 d 即可产卵。痒螨整个发育过程为 12～18 d。当条件不适时，迅速转入休眠状态，休眠时间可达 5～6 个月。其流行病学特点与疥螨相同。

2. 致病作用与症状

剧痒是痒螨的主要症状，病情越重或运动后皮温升高时，痒觉越剧烈。当螨在宿主皮肤上采食和活动时，刺激神经末梢而引起痒觉。在虫体和毒素的刺激作用下，皮肤发生炎症，发痒处皮肤形成结节和水疱。由于蹭痒，而致结节、水疱破溃，流出渗出液。渗出液、被毛及污垢干后结成痂皮。痂皮被擦破后，创面有多量液体渗出及毛细血管出血，又重新结痂。最终患部脱毛，皮肤肥厚，失去弹性而形成皱褶。

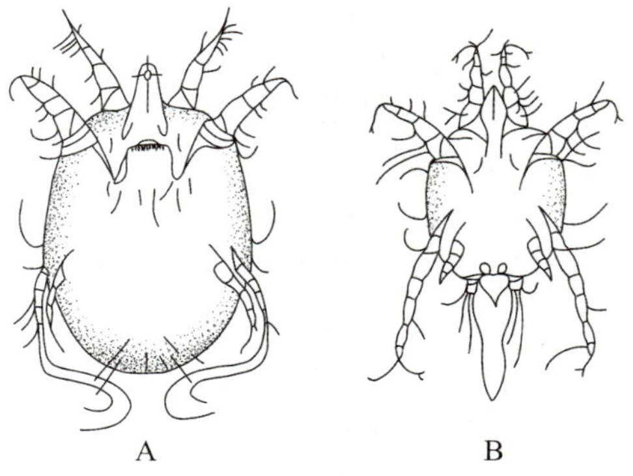

图 9-4　痒螨腹面

A. 雌虫　B. 雄虫

(1)牛痒螨病　早期见于颈、肩或尾根部,严重时蔓延到全身。患牛奇痒,常在墙、树、桩等物体上摩擦或用舌舐患部。患部脱毛、结痂、皮肤增厚、失去弹性。严重感染的牛精神沉郁,食欲下降,卧地不起,最后死亡。

(2)山羊痒螨病　主要发生于耳壳内面,在耳内生成黄色痂垢,将耳道堵塞,使羊变聋。病变部位发痒,病羊经常摇动耳朵,在硬物上摩擦。病羊食欲不佳。严重感染可致死亡。

(3)绵羊痒螨病　对绵羊危害特别严重,多发生于毛密的部位,如背部、臀部,后波及全身。首先发现患羊皮肤发痒,有零散的毛丛悬垂在羊体上,严重时全身被毛脱光。患部皮肤湿润,有淡黄色猪脂样物,最后形成淡黄色的痂皮。病初见病羊表现消瘦和营养不良,冬季可引起绵羊死亡。

(4)兔痒螨病　兔患病时主要发生在外耳道内,引起猛烈的外耳道炎,致使外耳道分泌物过盛,干涸后形成淡黄色痂皮,甚至完全堵塞外耳道,病耳变重下垂。剧痒,常频频摇头、挠耳,痒感多在夜间加重。若延至筛骨及脑部,则引起转圈及癫痫样神经症状。

3. 诊断

根据其症状表现及疾病流行情况,刮取皮肤组织查找痒螨进行确诊。

4. 防治

参考疥螨病。

三、蠕形螨病

蠕形螨病是蠕形螨科蠕形螨属的蠕形螨寄生于人和哺乳动物的毛囊和皮脂腺内引起的疾病,主要特征为脱毛、皮炎、皮脂腺炎和毛囊炎等。蠕形螨又称为"脂螨"或"毛囊虫",是一种永久性寄生虫。各种蠕形螨均有其专一宿主,互不交叉感染。

1. 形态

蠕形螨(图 9-5)细长呈蠕虫状,可分为头、胸、腹三部分。口器由一对须肢、一对螯肢和一个口下板组成。虫体长 0.1～0.4 mm,乳白色,半透明,环纹明显。颚体呈梯形,位于虫体前端。躯体分足体和末体两部分,足体约占虫体 1/4,腹面有足 4 对,有横纹,足粗短呈牙突状。末体细长,尾状。雄虫的雄茎自胸部的背面突出,雌虫的阴门则在腹面。卵呈梭形,长约 0.07～0.09 mm。

2. 生活史

蠕形螨寄生在动物的毛囊和皮脂腺内,全部发育过程(包括卵—幼虫—前若虫—若虫—成虫)都在动物体上进行。雌虫在毛囊和皮脂腺内产卵,经 2～3 d 孵出幼虫,经 1～2 d 蜕皮变为第 1 期若虫,经 3～4 d 蜕皮变为第 2 期若虫,再经2～3 d 蜕皮变为成螨。正常的动物体上,均有蠕形螨存在,但不发病,当遇较好的入侵条件(皮肤发炎等),并有足够的营养时,虫体就大量繁殖,并引起发病。雌虫在寄生部位产卵,卵孵化出 3 对足的幼虫,接着变为 4 对足的若虫,最后蜕化而成为成虫。整个生活史约需半个月。雌螨寿命 4 个月以上。

图 9-5　蠕形螨

3. 流行病学

蠕形螨病感染来源有犬、牛、羊、猪、马等动物及人,以犬最多,多发生于幼畜和 5～6 月龄幼犬。通过动物直接接触或通过饲养人员和用具间接接触传播。夏季寄生数量最多,环境潮湿、皮肤卫生差、不通风、应激状态、免疫力低下等可成为本病的诱因。

4. 致病作用及症状

蠕形螨病常发生于头部、眼睑及腿部，严重时可蔓延至躯干。蠕形螨吞食毛囊上皮细胞，引起毛囊肿大，皮肤粗糙；可引起皮肤角化过度或角化不全，真皮层毛细血管扩张；可引起皮脂腺分泌障碍或分泌旺盛（脂溢性皮炎）；在头颈部、肘部、趾间等处发生脱毛、秃斑，界限极明显。皮肤肥厚，往往形成皱褶，被覆有痂皮和鳞屑，被毛脱落，脓疱破溃后形成恶臭味溃疡。

犬：病初为鳞屑型，患部脱毛，皮肤肥厚，发红并覆有糠皮状鳞屑，随后皮肤变红铜色。后期伴有化脓菌侵入，患部脱毛，形成皱褶，生脓疱，流出的淋巴液干涸成为痂皮，重者因贫血及中毒而死亡。

山羊：多发生于肩胛、四肢、颈、腹等处。皮下有结节，有时可挤压出干酪样内容物。成年羊较幼年羊症状明显。

牛：多发生于头、颈、肩、背、臀等处。形成粟粒至核桃大疖疮，内含淀粉状或脓样物，皮肤变硬、脱毛。

猪：多发生于眼周围、鼻和耳，逐渐蔓延。痛痒轻微，病变部皮肤增厚，形成结节或脓疱。

蠕形螨病的主要病理性变化有皮炎、皮脂腺毛囊炎或脓性皮脂腺毛囊炎。

5. 诊断

根据疾病流行情况、临诊症状及皮肤结节和镜检脓疱内容物发现蠕形螨确诊。

（1）刮压法　检出率高，在 80%左右。常用甘油作为透明剂。

（2）透明胶纸法　检出率稍低，但无痛。

6. 防治

局部治疗或药浴时，应先对患部剪毛、清洗痂皮，再涂擦杀螨药或药浴。可用伊维菌素、双甲脒、硫黄软膏、鱼藤酮、苯甲酸苄酯或过氧化苯甲酰凝胶，也可口服甲硝唑及维生素 B_2 辅助治疗。

预防措施可采取患病动物隔离治疗，圈舍用二嗪农、双甲脒等喷洒处理，圈舍保持干燥和通风，全身患病动物不宜繁殖后代。

任务四　昆虫病的诊断与防治技术

一、禽羽虱

禽羽虱属于节肢动物门昆虫纲食毛目，是鸡、鸭、鹅的常见体外寄生虫。其寄生于禽的体表或附于羽毛、绒毛上，严重影响禽群健康和生产性能，造成较大的经济损失。

1. 形态

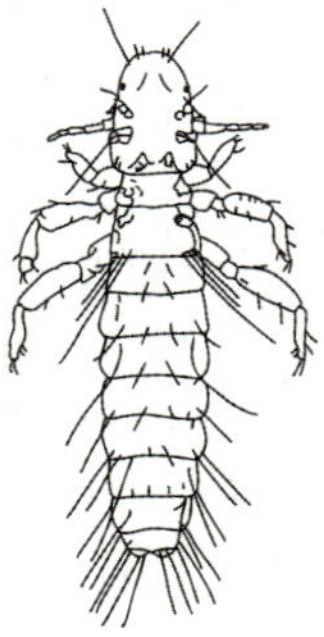

图 9-6　禽羽虱

禽羽虱（图 9-6）个体较小，体长 1～2 mm，呈淡黄色或淡灰色，由头、胸、腹三部分组成，咀嚼式口器，头部一般比胸部宽，上有一对触角，分 3～5 节。有 3 对足，无翅。虱的种类很多，常见的寄生于鸡的有鸡大体虱、鸡头虱、鸡羽干虱等；寄生于鸭和鹅的有细鸭虱、细鹅虱、鸭巨毛虱和鹅巨毛虱等。

2. 生活史

禽羽虱的一生均在禽体上度过，属永久性寄生虫，其发育为不完全变态，所产虫卵常簇结成块，黏附于羽毛上，经 5～8 d 孵化为若虫，外形与成虫相似，在 2～3 周内经 3～5 次蜕皮变为成虫。它的寿命只有几个月，一旦离开宿主，它们只能存活数天。

3. 症状

禽羽虱大量寄生时，禽体奇痒，因啄痒造成羽毛断折、脱落，影响休息，病鸡瘦弱，生长发育受阻，产蛋量下降，皮肤上有损伤，严重时可见皮下有出血块。

4. 诊断

在禽皮肤和羽毛上查见禽羽虱或虱卵即可确诊。

5. 防治

用药物杀灭禽体上的羽虱，根据季节、药物制剂及禽群受侵袭程度等不同情况，采用不同的用药方法对禽舍及饲槽、饮水槽等用具和环境进行彻底杀虫和消毒。

(1)烟雾法　20%杀灭菊酯(又名敌虫菊酯、速灭杀丁、氰戊菊酯、戊酸氰醚酯)乳油，按每立方米空间 0.02 mL，用带有烟雾发生装置的喷雾机喷雾。喷雾后鸡舍需密闭 2～3 h。

(2)喷雾或药浴法　20%杀灭菊酯乳油按 3 000～4 000 倍用水稀释，或 2.5%溴氰菊酯按 400～500 倍用水稀释，或 10%二氯苯醚菊酯乳油按 4 000～5 000 倍用水稀释，直接向禽体上喷洒或药浴，均有良好效果。一般间隔 7～10 d 再用药一次，效果更好。用上述混合药液对鸡逆毛喷雾，使鸡的全身都被喷到，然后再喷鸡舍。

(3)沙浴法　在砂中加入 0.05%蝇毒磷或 10%硫黄粉，充分混匀后，铺成 10～20 cm 的厚度，让禽自行沙浴。

(4)伊维菌素　按每千克体重 0.2 mg，混饲或皮下注射，均有良效。

二、猪血虱

猪血虱属血虱科血虱属，它是寄生于猪体表并以吸取血液为生的一种体表寄生虫。该虫分布广，尤其是饲养管理不良的猪场，大小猪只均有不同程度寄生，可诱发皮肤病，使猪特别是仔猪的生长受到一定影响。主要特征为猪体瘙痒。

1. 形态

猪血虱(图 9-7)背腹扁平，椭圆形，表皮呈革状，呈灰白色或灰黑色，分头、胸、腹三部分，体长可达 5 mm。有刺吸式口器，呈灰褐色，体表有黑色花纹。卵长椭圆形，黄白色，(0.8～1)mm×0.3 mm。虫体胸、腹每节两侧各有 1 个气孔。

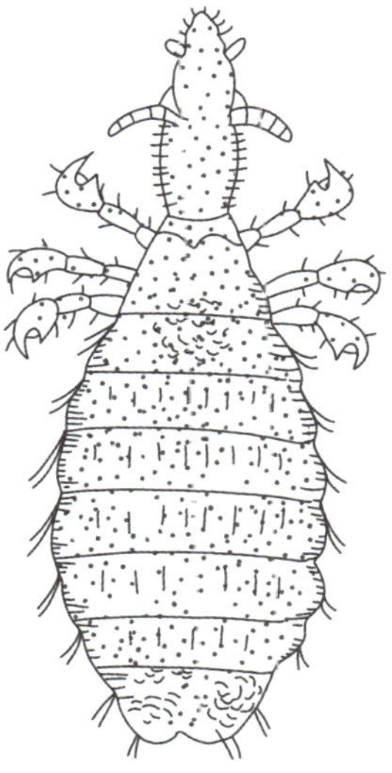

图 9-7　猪血虱

2. 生活史

猪血虱的发育属不完全变态，其发育过程包括卵、若虫和成虫。雌、雄虫交配后，雌虱吸饱血后产卵，用分泌的黏液附着在被毛上，虫卵孵化出若虫。若虫与成虫相似，只是体形较小，颜色较光亮，无生殖器官。若虫采食力强，生长迅速，经 3 次蜕化发育为成虫。雌虫每次产卵 3～4 个，产卵持续期 2～3 周，一生共产卵 50～80 个。

3. 流行病学

大猪和母猪体表的各阶段虱均是传染来源，通过直接接触传播，尤其在场地狭窄、猪只密集拥挤、管理不良时最易感染，也可通过垫草、饲养人员、用具等间接感染。一年四季都可感染，但以寒冷季节较严重。

4. 危害及症状

猪血虱以吸食猪血液为生，耳根、颈下、体侧及后肢内侧最多见。猪经常搔痒，烦躁不安，导致饮食减少，营养不良和消瘦，仔猪尤为明显。当毛囊、汗腺、皮肤腺遭受破坏时，皮肤粗糙落屑，机能损害，甚至形成皲裂。病猪由于体痒，经常舔吮患部，可造成食毛癖，时间久之，在胃内形成毛球，影响食欲和消化机能及其他严重疾病。

5. 诊断

根据临床表现，在猪体上发现有猪血虱时即可确诊。

6. 防治

(1)治疗　可用敌百虫、双甲脒、螨净、伊维菌素等进行治疗。0.5%～1%敌百虫水溶液，对猪体进行喷洒。硫黄粉可直接向猪体撒布。伊维菌素每千克体重 200 μg，配成 1%溶液，皮下注射。

(2)预防　加强饲养管理及环境消毒、猪体清洁等工作，发现猪血虱，应全群用药物杀灭虫体。定期检查，对患有猪血虱的病猪及时进行隔离。新引进的猪要先进行检疫、隔离检查。

三、马胃蝇蛆病

马胃蝇蛆病是狂蝇科胃蝇属的各种马胃蝇幼虫寄生于马属动物的胃及肠道引起的。主要特征为高度贫血、消瘦、中毒、使役能力下降。

1. 形态

常见 4 种马胃蝇，即肠胃蝇、红尾胃蝇、兽胃蝇、鼻胃蝇。四种胃蝇成蝇大小不一，颜色不同，但大体外形都似蜂，体长 10～15 mm，腹部颜色有黄色、白黑相间、黄黑相间等颜色的花纹。第三期幼虫(图 9-8)多呈红色，个别黄色，长 12～21 mm，宽 6～9 mm，形似蚕蛹，分节明显，每节有 1～2 列刺，幼虫前端稍尖，有一对发达的前钩，后端平齐，有一对后气孔。体长 16～20 mm。成蝇飞行缓慢，产卵于马的前腿、肩部、胸部及腹部等处的毛上。卵细长、淡黄色，经 10～14 d 孵化。

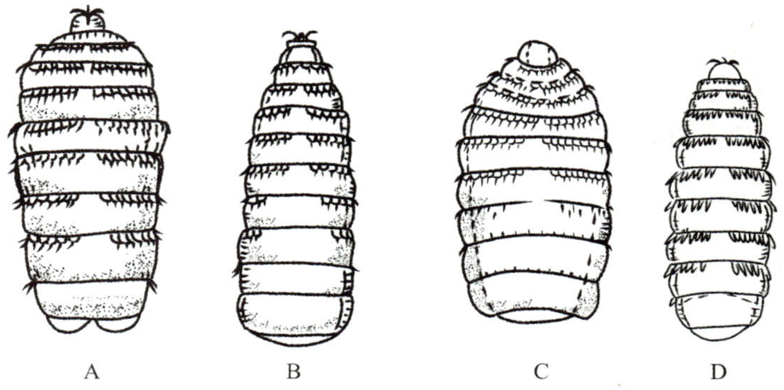

图 9-8　胃蝇第三期幼虫

A. 肠胃蝇　B. 红尾胃蝇　C. 兽胃蝇　D. 鼻胃蝇

2. 生活史

马胃蝇的生活史大致相同，都要经过卵、幼虫、蛹和成虫 4 个阶段。成蝇在马前躯部位产卵，卵经 1～2 周孵化为第 1 期幼虫，被马啃咬食入口腔，在黏膜下经 3～4 周蜕化为第 2 期幼虫，吞咽入胃肠，以口钩固着在黏膜上吸血生长，经 9～10 个月蜕化为第 3 期幼虫，至第二年春天自动脱离胃壁，随粪便排出体外，在土壤中化蛹，经 1～2 个月羽化为成蝇。

3. 流行病学

马胃蝇蛆病感染来源是马胃蝇，往往经口感染，胃蝇一生产卵 700 个左右。在我国分布广泛，以东北、西北、内蒙古等地多发。季节动态在 5—9 月流行，8—9 月为高峰期。

4. 致病作用与症状

(1)成蝇骚扰作用　成蝇在马身上产卵，使马精神不安，影响采食与休息。

(2)机械刺激与破坏作用　第一期幼虫寄生在皮肤上时，引起瘙痒；在口腔内移行时，引起流涎、咳嗽、打喷嚏，咀嚼困难，口腔黏膜水肿、发炎或溃疡。第 2 期和第 3 期幼虫在胃壁及肠壁寄生时，引起这些部位水肿、发炎和溃疡。寄生虫多时，可堵塞这些部位，引起严重的疝痛。

(3)抢夺营养　幼虫在体内大量吸食血液，造成患马贫血、消瘦。

(4)毒素作用　虫体分泌毒素，进一步加重患马的营养障碍。

寄生虫体较少时，膘情较好的马症状不明显，主要表现消化机能紊乱。病症严重的马表现为食欲减退、消化不良、贫血、周期性疝痛、多汗、消瘦、使役能力下降，严重的可发生胃穿孔或幽门阻塞，疝痛症状加剧，有的可因渐进性衰竭而死亡。

5. 诊断

根据患马消瘦，消化机能紊乱，或有疝痛表现，结合流行病学情况进行判断。确诊需在口腔或皮肤上找到第 1 期幼虫，或在粪便中找到第 3 期幼虫。尸体剖检在胃或肠找到幼虫可确诊。一般情况下都是用药物进行驱治诊断。

6. 防治

注意每天刷洗马体，搞好厩舍和环境卫生。预防也很重要，在秋冬季节驱杀马胃肠内寄生的幼虫，可用兽用精制敌百虫 30～40 mg/kg，一次投服，用药后 4 h 内禁饮；或用敌敌畏 40 mg/kg，一次投服；伊维菌素 0.2 mg/kg 皮下注射或口服，也有一定效果。

四、牛皮蝇蛆病

牛皮蝇蛆病是由皮蝇科皮蝇属的牛皮蝇(图 9-9)和纹皮蝇的幼虫寄生于牛的皮下组织所引起的疾病，又称为“牛皮蝇蚴病”。马、驴及野生动物也可感染。主要症状是消瘦、生产性能下降、幼畜发育不良，尤其是引起皮革质量下降。

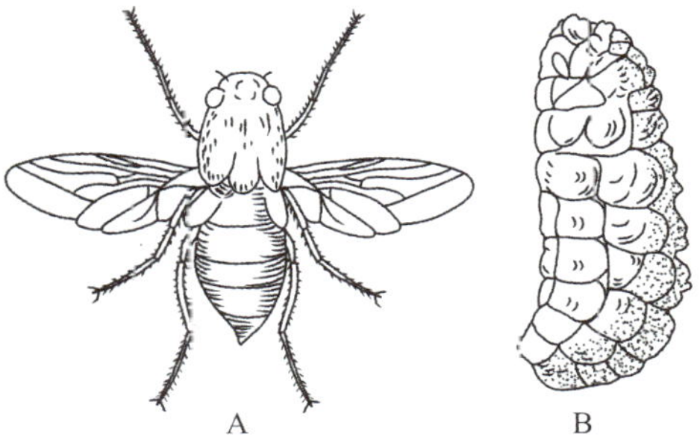

图 9-9　牛皮蝇

A. 成虫　B. 第三期幼虫

1. 形态及生活史

牛皮蝇和纹皮蝇形态相似。外形像蜜蜂，体表被有绒毛，触角分三节，口器已退化，不能采食，也不能蜇咬牛只。两种皮蝇的发育均属完全变态，经卵、幼虫、蛹和成蝇 4 个阶段。

2. 流行病学

本病主要流行于我国西北、东北及内蒙古地区，夏季多发。幼虫在牛体内可寄生10～11个月。成蝇的活动季节因各地气候不同而有差异。雌、雄皮蝇多在夏季天气晴朗炎热时交配。

3. 症状

成蝇虽然不叮咬牛，但在夏季繁殖季节，雌蝇飞翔交配后侵袭牛体产卵时，引起牛只惊慌不安，竖尾奔逃，影响采食，奔逃时引起流产、跌伤、骨折甚至死亡。患畜消瘦，产乳量下降。幼虫钻入皮肤时，引起动物瘙痒、不安和局部疼痛，还可形成化脓性瘘管，造成幼畜贫血和发育不良，皮革质量下降。幼虫在体内移行时，造成移行各处组织损伤，在背部皮下寄生时，引起局部结缔组织增生和发炎，背部两侧皮肤上有多个结节隆起，虫体破裂可引发变态反应。

4. 诊断

根据流行病学、临诊症状及病理变化进行综合诊断。在牛体上发现有皮肤结节，从皮肤结节中发现牛皮蝇幼虫即可确诊。另外，夏季在牛被毛上发现单个或成排的虫卵可为诊断提供参考。

5. 防治

(1)预防　消灭牛体内幼虫：在流行区感染季节可用敌百虫、蝇毒灵等喷洒牛体，每隔10 d用药1次，防止成蝇产卵或杀死第1期幼虫。其他药物治疗方法均可用于预防。驱蝇防扰：成蝇产卵季节每隔半月向牛体喷2%敌百虫溶液；对种牛可经常刷拭牛体表，以控制虫卵的孵化。不要随意挤压结节，以防虫体破裂引起变态反应。应用注射器吸取敌百虫水等药液直接注入，以杀死幼虫或使其蹦出。当幼虫成熟而且皮肤隆起处出现小孔时，可用手挤压小孔周围，把幼虫挤出。注意不要挤破虫体，并要将挤出的虫体集中焚烧。

(2)治疗　敌百虫30～40 mg/kg，一次投服；或用敌敌畏40 mg/kg，一次投服；蝇毒磷用4%溶液，0.3 mL/kg，浇注；伊维菌素或阿维菌素0.2 mg/kg，皮下注射；蝇毒灵10 mg/kg，肌内注射；皮蝇磷8%溶液，0.33 mL/kg，浇注；倍硫磷4～7 mg/kg，肌内注射。

五、羊鼻蝇蛆病

羊鼻蝇蛆病是由狂蝇科狂蝇属的羊狂蝇幼虫寄生于羊鼻腔及其附近的腔窦内引起的疾病，也称羊鼻蝇蚴病。主要症状为流鼻汁和慢性鼻炎。

1. 形态和发育史

羊鼻蝇，又称羊狂蝇(图9-10)，外形似蜜蜂，淡灰色，头大呈黄色，口器退化。成熟的第3期幼虫体长28～30 mm，前端尖，有两个黑色口前钩，背面隆起；背面有深褐色横带，腹面扁平，各节前缘具有数列小棘，后端齐平，有两个气门板。

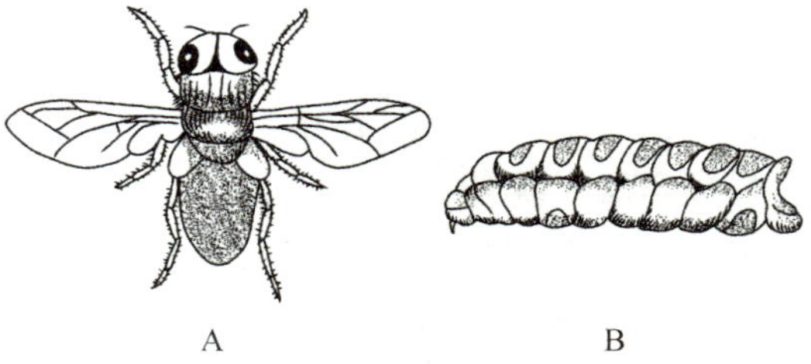

图9-10　羊狂蝇

A. 成虫　B. 第三期幼虫

羊狂蝇的成虫直接产出幼虫，经蛹变为成虫。成蝇野宿自然界，不营寄生生活，也不叮咬羊只，仅是雌蝇找寻羊只，直接将幼虫产于羊鼻，一次向羊鼻中产幼虫20～40只，每只雌蝇可产500～600只。幼虫爬入鼻腔，在其中蜕化2次，发育为第3期幼虫，成熟的第

3 期幼虫落地化蛹，再发育为成虫。成虫出现于每年的 5—9 月，尤以 7—9 月为最多。雌雄交配后雄虫即死去。

2. 流行病学

本病的发病季节在 7—9 月，幼虫在鼻腔和额窦等处寄生 9～10 个月。北方每年繁殖 1 代，温暖地区每年繁殖 2 代。感染途径：经鼻孔感染。主要分布于北方养羊地区。一般在夏季开始感染发病，第 2 年春天幼虫向鼻孔外侧移行。

3. 症状和病变

成虫侵袭羊群产幼虫时，羊群不安，互相拥挤，频频摇头、喷鼻，严重扰乱羊的正常生活和采食，使羊生长发育不良，消瘦。幼虫的寄生引起发炎和肿胀。患羊打喷嚏、摇头、甩鼻，眼睑浮肿，流泪，鼻流浆液性、黏液性或黏液脓性鼻液，有时混有血液。有时幼虫寄生于鼻窦内不能返回鼻腔，而致鼻窦炎，甚至侵入脑膜。病羊表现为运动失调，做旋转运动，头弯向一侧或发生麻痹，最终死亡。

4. 诊断

根据流行病学特点、临床症状和死后剖检见到幼虫可确诊。早期诊断，可用药液喷射鼻腔，查找有无死亡虫体喷出，若有即可确诊。出现神经症状时，应与羊多头蚴和莫尼茨绦虫病相区别。

5. 防治

常用的药物有：伊维菌素、敌敌畏、敌百虫、氯硝柳胺。

预防应以消灭第 1 期幼虫为主要措施，多选在 9—11 月进行。北方地区可在 11 月进行 1～2 次治疗，可杀灭第 1、2 期幼虫，同时避免发育为第 3 期幼虫，以减少危害。

六、其他昆虫病

（一）蚊

蚊的种类繁多，但与医学有关的多为库蚊属、按蚊属和伊蚊属（表 9-1），属于体外暂时性寄生虫。

表 9-1　库蚊、按蚊、伊蚊生活史各期主要形态鉴别特征

特征	库蚊	按蚊	伊蚊
卵	圆锥形，无浮囊，集成卵筏，浮于水面	舟形，有浮囊，分散，常排成图案状，浮于水面	橄榄形，无浮囊，分散，沉于水底
幼虫	呼吸管长而细，有呼吸管毛多对；无掌状毛；静止时头下垂，与水面呈一定角度	无呼吸管，具气门；有掌状毛；静止时与水面平行	呼吸管短而粗，有呼吸管毛 1 对；无掌状毛，静止时状态同库蚊
蛹	呼吸管细长，管状，口小，无裂隙	呼吸管粗而短，漏斗状口阔，具深裂隙	呼吸管长短不一，口斜向或三角形，无裂隙

续表 9-1

特征	库蚊	按蚊	伊蚊
成蚊	体大多棕褐色；触须雌蚊甚短，短于喙之半，雄蚊则比喙长；翅多无黑白斑；足多无白环，停息时体与喙有角度，体与停落面平行	体大多灰褐色；触须雌、雄与喙等长，雄蚊末端膨大呈棒状；翅多具黑白斑；足有无白环不定，停息时体与喙成一直线，和停落面成一定角度	体黑色；触须雌蚊同库蚊，雄蚊与喙等长；翅无黑白斑；足有白环，停息时同库蚊

1. 形态

蚊（图 9-11）是小型昆虫，分为头、胸、腹 3 部分。头部呈半球形，复眼与触角各 1 对，喙 1 支。刺吸式口器。胸部分为前、中、后胸 3 节，每节有足 1 对，中胸有翅 1 对，后胸有 1 对平衡棒。腹部有 11 节。

雌蚊产卵于水中，卵小，长不到 1 mm。卵在水中孵出幼虫（孑孓），幼虫身体分头、胸、腹 3 部，各部着生毛或毛丛，咀嚼式口器。蛹侧面呈逗号状。

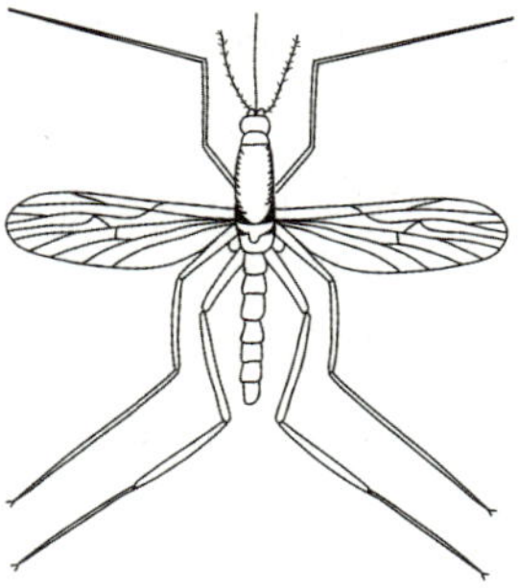

图 9-11　蚊

2. 生活史

蚊的生活史过程为完全变态，生活史过程有卵、幼虫（孑孓）、蛹、成虫 4 个时期。卵、幼虫（孑孓）、蛹生活于水中，成虫生活于陆地上。蚊的活动时间与湿度、温度、光线等都有关系，按蚊和库蚊多在夜间活动，而伊蚊多在白天活动。雌蚊只在吸血后才能产卵，繁衍后代。蛹羽化后 1～2 d 后便可交配，群舞后双双离群交配。

3. 危害

（1）直接危害　叮刺吸血。

（2）间接危害　能传播疾病，如丝虫病、疟疾、乙型脑炎。

4. 防制

（1）幼虫防制　改善环境，水体养鱼等。

（2）成虫防制　灭蚊可用敌百虫、敌敌畏、蝇毒磷、蝇毒灵、皮蝇磷、倍硫磷、除虫菊酯、溴氰菊酯等药物。

（二）蠓

蠓种类极多，全世界已知有 4 000 种左右，隶属于 90 个属，而有吸血习性的主要是库蠓属、细蠓属、拉蠓属等。

1. 形态

蠓（图 9-12）是一种微小黑色虫体，体长 1～3 mm。口器为刺吸式。头部近似球形，复眼 1 对。触角细长，由 13～15 节组成。胸部稍隆起，翅短而宽且末端钝圆，多具有翅斑。足 3 对，中足较长，后足较粗。腹部 10 节，各节上均有毛。雌性尾端有一对圆形尾铗，雄性尾端外生殖器明显。

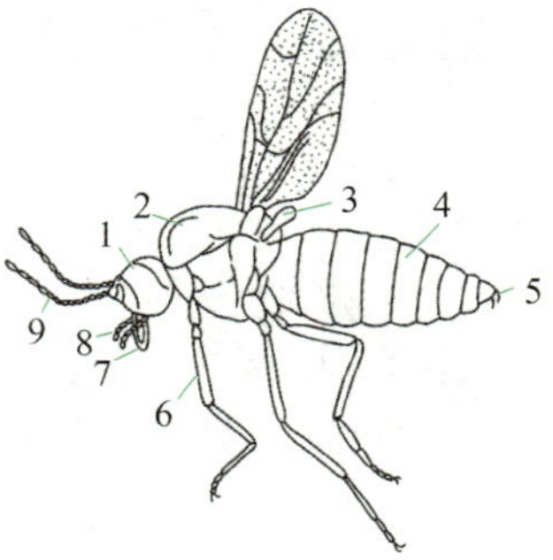

图 9-12　蠓

1. 头　2. 胸　3. 平衡棒　4. 腹　5. 尾须　6. 腿　7. 口器　8. 下颚须　9. 触角

2. 生活史

蠓属于完全变态，因种的不同而选择不同的环境产卵，如溪沟、稻田和粪便等。雌蠓吸血后 2 周左右产卵，每次产 50～150 个，经 3～6 d 孵出幼虫，幼虫生活于水中或潮湿的堆肥中，经 3 周至 5 个月化为蛹，蛹在 3～5 d 后羽化为成虫。在无风温暖的晴天，多在近水的田野成群活动，以日出前和日落后常见，交配后寻找人和动物吸血。成蠓寿命一个月左右，每年可繁殖 2 代，以第 4 龄幼虫或卵越冬。

3. 危害及症状

蠓吸食人血后，造成皮肤损害，也是传播丝虫病的媒介。皮损多发生于暴露部位，以小腿、前臂、耳、颈等处多见。皮损初为红斑，继而产生水肿性或风团样丘疹，中央有虫咬痕。个别患者可出现结节性痒疹样损害，数年不退。高度敏感者出现全身性风团、血管性水肿、大疱、糜烂，甚至出现头痛、发热等全身反应。瘙痒剧烈。蠓也是鸡的卡氏住白细胞虫的传播者。

4. 治疗

局部外用清凉止痒剂或类固醇皮质激素。参见蚊的治疗。

（三）虻

图 9-13 虻

虻（图 9-13）属双翅目昆虫，习惯上把吸血的、骚扰牛马等牲畜的虻类称为牛虻，俗称马蝇、瞎虻、牛蚊子和牛苍蝇。分布于全球，以森林和沼泽地区居多。世界已知约 80 属 4 000 多种，中国已知有 12 属 400 多种。

1. 形态及发育史

虫体粗壮，呈棕褐色或黑色，有较鲜艳色斑和光泽，体表多细毛。口器刺舐式。头大，翅宽，体长 6～30 mm。触角 3 节，鞭节端部分 3～7 个小环节。幼虫蛆形，头能缩入前胸节。除头外，可见 11 节。卵一般产在植物的叶、茎上，分散或有规则地堆成卵块。幼虫期最长，数月或 1～2 年，主要滋生在潮湿的泥土中，多为肉食性，并互相残食。以幼虫越冬。蛹为裸蛹，可见明显的头胸部和腹部。蛹期 1～2 周。

2. 危害

在夏季不长的地区，虻可在短期内大量出现，骚扰吸血，严重影响放牧和伐木等工作，可传播马传染性贫血病、水疱性口炎、野兔热和炭疽、红细胞孢子虫、出血败血症以及寄生性血液原虫、各种锥虫和丝虫。然而，虻的幼虫捕食土壤中的多种害虫，也可有益于人类。成虫在中药中称“虻虫”，有破瘀积、消症结的功效。虻叮刺人体可引起荨麻疹样皮炎。

3. 防治

参见蚊的防治。可以通过破坏虻类滋生地的办法来防治虻类，如在它们幼虫滋生的水面上撒矿物油，并将水边产有虻卵的植物叶子处理掉，或填平一些小洼等。也采用黄胸黑卵蜂、赤眼蜂、瓢虫等进行生物防治。

（四）蚋

蚋（图 9-14）属双翅目蚋科，俗称“黑蝇”或“驼背”。全世界已知 1 200 多种，我国有 90 余种，主要为北蚋和毛足原蚋。

1. 形态

蚋为一类体长 1～5 mm 的小型昆虫，成虫深褐色或黑色，成虫头部的复眼明显。口器为刺吸式。胸部背面明显隆起。翅宽阔，纵脉发达。足短。腹部 11 节，最后 2 节演化为外生殖器。有的种类腹部背面有银色闪光斑点。

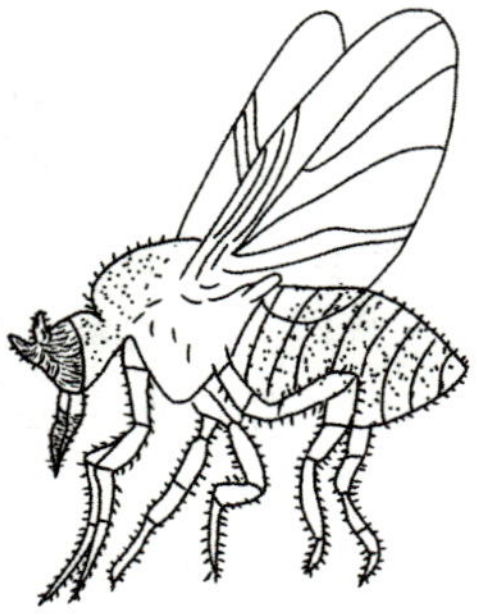

图 9-14　蚋

2. 生活史

蚋的发育为完全变态。卵呈圆三角形，长 0.1～0.2 mm，淡黄色，成堆排列。幼虫呈圆柱形，后端膨大。幼虫以水中微小生物为食，经 3～10 周发育成熟。蛹经 1～4 周羽化。雄蚋不吸血。雌蚋交配后开始吸血，多在白天进行。蚋出现于春、夏、秋三季，整个生活史 2～3.5 个月。雌蚋寿命约 2 个月。以卵或幼虫在水下越冬。

3. 危害

蚋的危害主要是叮吸动物的血液，被刺叮处常出现局部红肿、疼痛、奇痒以及炎症与继发性感染。蚋可传播盘尾丝虫病。被蚋刺叮，特别是大量刺叮可引起皮炎，可有强烈的过敏性反应，继发感染淋巴腺炎、淋巴管炎及“蚋热”等。蚋还是鸡的沙氏住白细胞虫的传播者。

4. 防治

参见蚊的防治。

蚊、蠓、虻、蚋、虱、蚤可传播多种疾病，详见表 9-2。

表 9-2　蚊、蠓、虻、蚋、虱、蚤传播的疾病

病原类别	病名		主要虫媒
	人	动物	
病毒	流行性乙型脑炎	流行性乙型脑炎	库蚊、按蚊、蠓
		马传染性脑脊髓炎	库蚊、按蚊
		蓝舌病	蠓
	登革热		伊蚊
		鸡痘	伊蚊
		马传染性贫血、牛流行热	虻、蚊
细菌	炭疽		蚊、虻、蚋
	鼠疫		虻、蚤
		野兔热（土拉菌病）	虻、蚊
	斑疹伤寒		虱
螺旋体	回归热		虱
		钩端螺旋体病	虻
原虫	利什曼原虫病	伊氏锥虫病	虻
		禽住白细胞虫病	蠓、蚋
	疟疾	禽疟疾	蚊

续表 9-2

病原类别	病名		主要虫媒
	人	动物	
蠕虫	马来丝虫病		按蚊
	斑氏丝虫病		库蚊
	盘尾丝虫病	盘尾丝虫病	蚊、蚋、蠓
		马副丝虫病	蚊
		腹腔丝虫病及脑脊髓丝虫病	蚊
		猪浆膜丝虫病	库蚊

案例分析

猪疥螨的诊断及分析

湖南省某市某校办猪场饲养有 70 头母猪，猪场为 20 世纪 60 年代修建。母猪均患有严重的皮肤病，具体表现如下：皮肤发炎发痒，食欲减退，躁动不安，生长缓慢，皮肤发生红点、脓包、结痂、皲裂等病变。

(1)确诊　采取病料，查找螨病虫体。并与湿疹、秃毛癣区别：湿疹有痒感，但不及疥螨病厉害，在温暖的厩舍痒感也不加剧，有的湿疹不痒；秃毛癣的患部呈圆形、椭圆形的一片，表面有脱落的皮屑，剥离后皮肤光滑，患部常融合为癣斑，无痒感。

(2)治疗　先将病猪体表痂皮剥去，用肥皂水洗干净后，再选用以下药物进行治疗：①用0.5%～1%的敌百虫水溶液直接涂擦患处；②用伊维菌素皮下注射。

(3)分析

①猪疥螨不易被肉眼看见，虫体钻入猪皮肤表皮挖凿隧道，并在其内发育繁殖。猪疥螨虫的发育过程为 8～22 d，平均为 15 d 左右。

②此病多在寒冷的冬春季节发生，因这些季节日光照射不足，家畜毛长而密，特别是在圈舍潮湿、畜体卫生状况不良、皮肤表面湿度较高的条件下，螨最适合发育繁殖，并且生猪拥挤在一起取暖而导致群猪感染。气候条件适宜，饲养管理好时，猪的抵抗力强，一般无明显症状。夏季高温季节，经常冲洗猪栏和猪体，有利于减轻疥螨病症状。

③剧痒、脱毛、结痂、皮肤皱褶或皲裂、湿疹性皮炎、患部逐渐向周围扩展和具有高度传染性为本病特征。

④饲养管理方面要从卫生、光照、通风、干燥、密度、消毒和加强营养几个方面入手，进行改善。

⑤由于药物对疥螨虫卵无杀灭效果，所以根据疥螨的发育规律，可在用药后 1 周，再治疗1～2 次，才能彻底杀死由虫卵发育成的疥螨，彻底治愈猪疥螨病。此病在一些养殖场中普遍存在，很难根治，其临床症状的轻重与猪的抵抗力有很大关系。

知识链接

秃毛癣病

秃毛癣主要由毛癣霉属的疣状毛癣菌引起。本病俗称钱癣、毛癣或匐行疹，是一种传染性皮肤真菌病。其特征是在皮肤上形成边界明显的圆形秃毛区，继而融合为大型癣斑，无痒感，镜检病料有癣菌孢子或菌丝。除侵袭各种家畜以外，还可感染人类。

1. 形态

毛癣霉菌的菌丝呈螺旋状、球拍状或结节状，大分生孢子呈棒状或细梭状，有2～6个横隔，小分生孢子呈葡萄串状或棒状。小孢霉菌的菌丝呈结节状或梳状，大分生孢子呈纺锤状，小分生孢子呈卵圆形或棒状。

2. 流行病学

病畜是本病的主要传染源，患畜皮肤的鳞屑内、毛囊内、毛根周围或毛发上有霉菌存在。本病主要通过健畜与病畜相互抓、舔、吮吸和交配等直接接触而传播，也可通过各种用具及人员间接传播。潮湿、多雨、污秽的环境条件，可促使本病发生。霉菌也能感染人。霉菌孢子对热和消毒药液的抵抗力强，不易将其杀死，因此一旦发生本病，不易彻底治疗。

3. 症状

在患病皮肤上有界限明显而相当圆的癣斑，癣斑完全秃毛或者只带有几根残毛，患部常被以灰白色的鳞屑或硬皮。没有痒感。由于病畜的搔抓摩擦和撕咬，病变迅速蔓延，部分斑块相互融汇，以至形成广泛的脱毛，甚至蔓延到全身。

4. 诊断

先采取病料，如病、健交界处的皮屑、折断的毛根等，用以下方法检查。另要与疥螨、湿疹、过敏性皮炎、虱病相区别。

(1)直接观察　从癣斑附近拔取毛，在肉眼和显微镜下检查毛根，可以看到毛根周围有霉菌的套膜。

(2)镜检　刮取病变部位皮肤，将刮屑置于玻片上，加一滴10%氢氧化钾，用盖玻片覆盖，镜检。若发现分支的菌丝及孢子，即可做出诊断。

(3)分离培养　镜检后可用沙堡氏培养基分离培养、鉴定。

5. 预防

虽然本病可以治疗，但治疗时需花费大量的药物、劳力、时间，带来的麻烦和损失很大，因此必须注意预防。

①对圈舍及用具定期消毒。

②发现本病时，应对全群进行逐头检查。严格隔离病畜，消毒病舍及接触过的一切用具。

③护理病畜人员应该采取各种预防措施，防止人员感染。

6. 治疗

(1)剪去癣斑周围的被毛　以便药剂直接接触患部。

(2)软化皮肤　可用温肥皂水洗涤患部。

(3)药物　10%水杨酸软膏、制霉菌素软膏、10%木馏油软膏、2%福尔马林软膏、碘甘油、10%碘酊、10%水杨酸酒精溶液、5%龙胆紫酒精溶液、2%硫酸铜溶液、灰黄霉素(口服)。

复习思考题

简答题

1. 何谓完全变态及不完全变态?
2. 何谓一宿主蜱、二宿主蜱、三宿主蜱?
3. 简述硬蜱、疥螨的形态结构和发育史。
4. 如何诊断猪、牛、羊、兔的疥螨病? 怎样防治?
5. 蠕形螨主要侵害的动物有哪些? 寄生部位在哪里? 如何治疗?
6. 羊鼻蝇蛆、牛皮蝇蛆、马胃蝇蛆有哪些危害? 怎样防治?
7. 禽羽虱、猪血虱的形态结构和发育史有何不同? 有何危害?
8. 吸血昆虫的危害有哪些?

项目十 原虫病的诊断与防治技术

◆ **参考学时** 6 学时

◆ **知识目标**

1. 了解动物原虫的一般形态结构，掌握主要动物原虫的形态结构和生活史。
2. 了解各常见动物原虫的流行病学、临床症状等特征，掌握主要动物原虫的诊断方法。
3. 了解当地危害较大的动物原虫的流行规律，掌握其综合防治措施。

◆ **技能目标**

1. 通过对主要动物原虫病原的识别，学生能正确区分各种动物原虫的形态结构特点及其生活史的异同。
2. 通过对某些动物原虫的典型案例的诊断和分析，培养学生综合分析和诊断疾病的能力。

任务一 原虫概述

原虫即原生动物，是单细胞动物，能由一个细胞完成生命活动的全部功能。至今已发现65 000多种原虫，寄生性原虫有近万种，致病性原虫有几十种，寄生于动物的体腔、体液、消化道、生殖道、肠上皮、肌肉、肝、脾、肾、脑等处，导致动物出现疾病。

(一)原虫的形态构造

原虫微小，多数在1～30 μm，有圆形、卵圆形、柳叶形或不规则等形状，其不同发育阶段可有不同的形态。原虫的基本构造包括细胞膜、细胞质和细胞核3部分。

(1)细胞膜 由3层结构的单位膜组成，能不断更新。胞膜可保持原虫的完整性，并参与摄食、营养、排泄、运动、感觉等生理活动。有些寄生性原虫的细胞膜上有多种受体、抗原、酶类，甚至毒素。

(2)细胞质　也称胞浆。细胞质内含有各种具有特殊生理功能的细胞器,如线粒体、内质网、核蛋白体、高尔基体、溶酶体、伸缩泡等。

(3)细胞核　细胞核由核膜、核质、核仁和染色质构成,多数为泡状核,染色质不均匀地呈网状分布在核质内;少数为实质核,染色质均匀地散布在核质内。细胞核与原虫的生理、繁殖有关。

(二)原虫的繁殖

1. 无性繁殖

(1)二分裂生殖　细胞核先分裂为二,胞浆随之分裂,形成两个大小相等的新个体。

(2)出芽生殖　分为外出芽生殖和内出芽生殖。外出芽生殖是细胞核先长出一个分支,细胞质也随之移动,逐渐形成一个芽状的子细胞,子细胞成熟后脱离母体,形成新的个体。内出芽生殖是在母细胞内细胞核分裂形成两个子细胞,子细胞成熟后,母细胞破裂释放出两个新个体。

(3)裂殖生殖　细胞核先反复分裂,胞浆向核周围集中,形成多个裂殖体,最后裂解为许多子细胞,该子细胞称为裂殖子。

2. 有性繁殖

(1)接合生殖　两个原虫互相接触,接触面的细胞膜融合,细胞核通过融合孔交换其中的一部分,然后两个虫体分开,各自再进行分裂。

(2)配子生殖　原虫先分化为雄性配子体和雌性配子体,再发育为雄性配子和雌性配子,结合为合子。如果合子继续以复分裂的方式产生子孢子,这一无性繁殖过程又称为孢子生殖。

寄生性原虫在繁殖过程中只需要一个宿主,称为单宿主发育型;如果需要两个不同种的宿主才能完成生活史,则称为异宿主发育型。

(三)原虫的分类

原虫的分类较为复杂,至今尚未统一。在此根据原虫分类学家推荐的分类系统,列出与本书有关的部分。

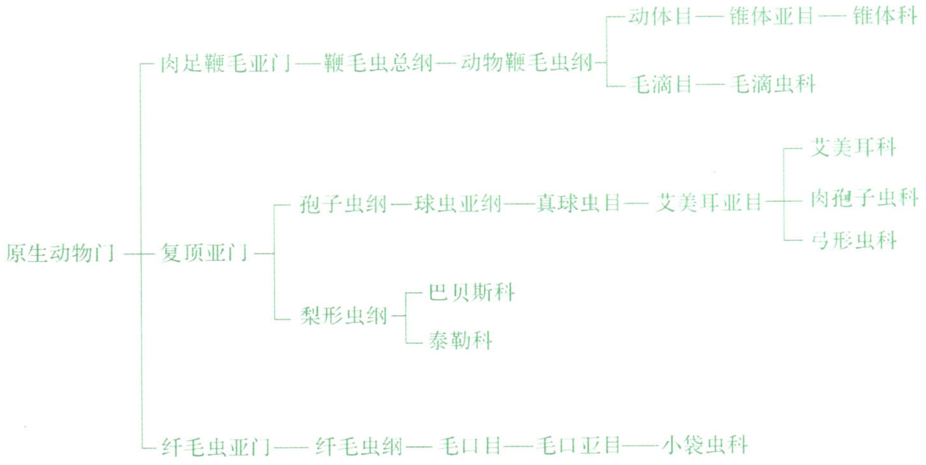

任务二　主要动物鞭毛虫病的诊断与防治技术

一、伊氏锥虫病（苏拉病）

伊氏锥虫病是由伊氏锥虫寄生在牛、马、骆驼等家畜的血液中，并通过吸血昆虫传播的一种原虫病。

1. 病原

虫体细长（图 10-1），(18～34)μm×(1～2)μm，呈蜷曲的柳叶状，前尖后钝，有一根鞭毛。广泛分布于非洲、亚洲和美洲，中国分布也很广泛，引起动物严重疾病。宿主为马、骡、驴、牛、骆驼、猪、象等。寄生于肝、脾、淋巴结、骨髓及血浆和淋巴液中。靠体表渗透作用获得营养。以纵二分裂法进行繁殖。

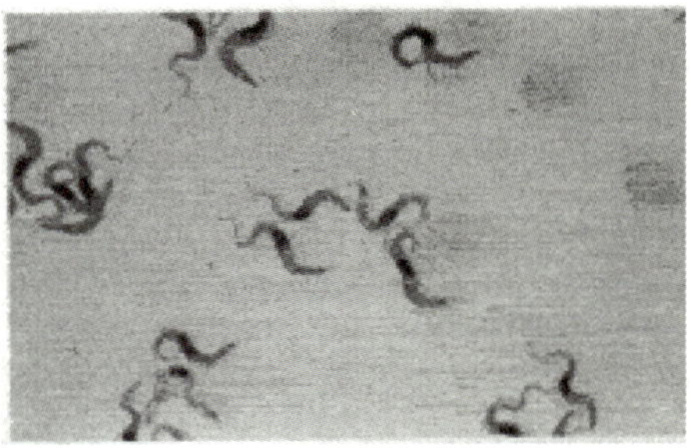

图 10-1　伊氏锥虫

2. 发育史和流行病学

伊氏锥虫发育史简单，只需一个宿主。通过体表吸收宿主的营养，以纵二分裂方式进行繁殖。

本病主要通过虻、螫蝇、虱蝇等吸血昆虫机械性传播，也可经胎盘及污染的采血、注射器械传播。一般在夏秋季流行。

3. 症状

（1）牛　体温升高至 40～41.6 ℃，呈不规则间歇热型。可视黏膜先潮红后苍白黄染。精神沉郁、消瘦、贫血，四肢、腹下水肿；皮肤皲裂，严重的溃烂，脱毛；耳尖、尾尖干性坏死脱落。后期后肢麻痹，卧地不起，衰竭死亡。母牛感染后常流产，产乳量下降。

（2）马　症状基本与牛相似，后期沉郁嗜眠，对周围事物反应迟钝；阵发性回旋运动，最后发展为后肢卧地不起，衰竭死亡。

4. 诊断

本病可根据流行病学、临床症状、病原检查等综合诊断。

可直接耳静脉采血 1 滴，滴在载玻片上，并加 1 滴生理盐水，加盖玻片后观察，可见活虫。

5. 防治

本病应及时治疗，精心护理，减少使役；采用三氮脒（血虫净、贝尼尔）、萘磺苯酰脲（苏拉明、那加诺、拜耳 205）、喹嘧胺（安锥赛、甲基硫酸喹嘧啶）等治疗，也可辅以强心、补液等措施。

预防本病主要是加强饲养管理，增强畜体抵抗力。搞好环境卫生，扑灭虻、蝇。及早发现病畜，尽快隔离治疗。

二、牛胎毛滴虫病

牛胎毛滴虫病是由鞭毛纲滴虫属的胎毛滴虫寄生在牛的生殖器官而引起的。通过交配或污染的人工授精器械和用具接触生殖道黏膜传播。该病分布于世界各地，我国也有发生。

1. 病原

胎毛滴虫呈纺锤形或梨形或长卵圆形，(9～25)μm×(3～10)μm。一个近圆形细胞核位于虫体前半部，细胞核前方有一簇状动基体，发出 4 根鞭毛，3 根前鞭毛，另一根沿波动膜向后，末端游离为后鞭毛。与波动膜相对的一侧前端有一个半月状胞口。虫体中央有一纵走的轴柱，其末端突出于虫体后端。

2. 流行病学

牛胎毛滴虫致病性强，感染牛和瘤牛。主要以交配传染或通过流产胎儿、阴道排泄物直接接触感染。虫体寄生于母牛生殖道(阴道和子宫)黏膜内及公牛包皮鞘内，通过病、健牛本交或人工授精时的带虫精液或污染虫体的人工授精器械接触感染，也可经胎盘感染。孕牛体内胎儿的胎盘、胎液、胃和体腔内均含有大量虫体。以胞口摄入或内渗方式获得营养，纵二分裂法繁殖。

3. 症状

公牛感染后虫体主要在包皮腔及阴茎黏膜表面繁殖，继而包皮的龟头黏膜上出现红色小结及黏液性或脓性分泌物，有时出现排尿有痛觉及不愿交配的现象，症状不久即可消失，但虫体可侵入输精管、前列腺和睾丸等部位。

母牛感染后，虫体首先在阴道内繁殖，引起黏膜炎症，阴道发红、肿胀、出现小疹块，1～2 周后开始有絮状的灰白色分泌物自阴道排出。母牛受孕后 8～12 周可发生早期流产，胎儿死亡但不腐败，胎衣包裹完整，流产 2～4 周后可能再发情，再次交配后可能受孕，也有再次流产的。当子宫发生慢性炎症以至化脓性子宫内膜炎时，则经阴道排出脓样分泌物，往往造成发情不正常，不易受孕。

4. 诊断

在流行病学上，注意牛群的历史、公母牛有无生殖器官炎症和母牛群有无大批早期流产现象及不妊娠的情况。必要时取阴道排出物、包皮分泌物、胎液和胃内容物等做病原体检查可确诊。

5. 防治

在预防本病中，首先对新引进的牛要进行隔离检疫，以防传入本病；采用人工授精配种，防止交配感染；在流行区内，应在配种前进行普查，根据检查结果分群饲养。对病牛要积极治疗，待病愈后方可混群饲养。

对病牛的治疗，主要是局部的洗涤处置，如 0.1%雷佛奴尔液、0.2%碘溶液、0.1%黄色素液等。在治疗期间，对牛生殖道排泄物、用具及地面、垫草应进行严格消毒。

三、禽组织滴虫病

组织滴虫病又叫盲肠肝炎或黑头病，是火鸡和鸡的一种常见急性传染病，对其他禽类如野鸡、孔雀、珠鸡和鹌鹑等有时也能感染。在中国也发现家鸭发生组织滴虫病。本病主要特征是盲肠发炎、溃疡和肝表面具有特征性的坏死病灶，是严重危害养鸡业的主要寄生虫病之一。

1. 病原

病原是动鞭毛纲、单鞭毛科的火鸡组织滴虫。火鸡组织滴虫可在盲肠和肝的病灶组织中或盲肠内容物中找到，随寄生部位和发育阶段不同，它们的形态变化很大。在肠腔中找到的虫体呈变形虫样，直径为 5～30 μm。虫体内含有吞食细菌、淀粉颗粒等形成的空泡。虫体核呈泡状，邻近有一小的生毛体，由此长出一根很细的不易见到的鞭毛，偶尔也可见到两根鞭毛。虫体能做节律性的钟摆状运动。组织中的虫体单个或成堆存在，呈圆形或变形虫样，直径为 4～21 μm，无鞭毛。

2. 流行病学

本病通过消化道而感染。在急性暴发流行时，病鸡粪中含有大量病原，饲料、饮水和用具及土壤受到污染，健康鸡食后便可以感染。病鸡也是重要的传染源，火鸡组织滴虫对外界环境的抵抗力不强，不能长期存活；但当患有本病的病鸡同时有异刺线虫寄生时，此种原虫可侵入鸡异刺线虫体内，并转入其卵内随异刺线虫卵被排到外界环境，由于得到虫卵的保护，能生存较长时间，成为本病的感染源。此外，当蚯蚓吞食土壤中的异刺线虫卵时，火鸡组织滴虫可随虫卵生存于蚯蚓体内，当鸡吞食了这种蚯蚓后便被感染。因此，蚯蚓在传播本病方面也具有重要作用。

在自然感染的几种禽中，最易感的为火鸡，尤其是 3～12 周龄的雏火鸡；雏鸡以 4～6 周龄最易感染。

3. 症状

精神委顿，食欲不振以至废绝，羽毛粗乱无光泽，身体蜷缩，怕冷嗜睡。排黄白或黄绿色稀粪，甚至粪中带血。

4. 病理变化

本病的病变主要局限在盲肠和肝脏。急性病例，可见盲肠肿大数倍，肠壁肥厚、坚实，如香肠样，肠壁上散布有多量直径 2～3 mm 的圆形溃疡灶。肠内容物干燥坚实，变成一段干酪样的凝固栓子，堵塞在肠腔内。把栓子横断切开，可见切面呈同心层状，中心是黑红色的凝固血块，外面包裹着灰白色或淡黄色的渗出物和坏死物质。肝脏肿大并出现特征性坏死灶。这种病灶在肝表面呈圆形或不规则形，中央稍凹陷边缘微隆起。病灶颜色为淡黄色或淡绿色。病灶的大小和多少不定，自针尖大、豆大至指头大，散在或密布于整个肝脏表面。

5. 诊断

可根据流行病学、临床症状及特征性病理变化进行综合判断，尤其是肝脏与盲肠病变具有特征性，可作为诊断依据。还可采取病禽的新鲜盲肠内容物进行虫体检查。检查方法：由有病变的盲肠肠芯和肠壁之间，刮取少量样品置载玻片上，加少量（37～40 ℃）生理盐水混匀，加盖玻片后，立即在 400 倍光学显微镜下检查。盲肠中的组织滴虫呈球形，在适宜温度条件（37～40 ℃）呈现特有的急速的旋转运动，每次运动只滚过一整周的一小部分。调节好光源仔细检查，可发现虫体有一根细长的鞭毛。

6. 防治措施

如果鸡群中发生了本病，应立即将病鸡隔离治疗。禽舍地面用 3%苛性钠溶液消毒。

呋喃唑酮：按 400 mg/kg 比例混入饲料内，连续喂 7～10 d。

甲硝唑（商品名灭滴灵）：按 250 mg/kg 混料饲喂，并结合人工灌服 1.25%悬浮液 1 mL/只，3 次/d。给药 3 d 为一疗程，连用 5 个疗程。

任务三　主要动物梨形虫病的诊断与防治技术

一、巴贝斯虫病

巴贝斯虫病是各种梨形虫寄生于红细胞内所引起的一类原虫病。梨形虫又称血孢子虫、焦虫，临床主要表现血红蛋白尿，高热稽留、贫血和黄疸。多为急性经过。在我国华中、华南及西部地区呈地方性流行。

1. 病原

已报道寄生于哺乳动物的巴贝斯虫有 100 多种，其中家畜 20 种，野生动物 53 种，啮齿类 49 种，其中最常见且危害严重的是牛、马、羊、猪、犬巴贝斯虫。我国已报道的有 7 种，分别感染牛、马、羊、猪、犬等。

巴贝斯虫寄生于动物红细胞内，形态多样，呈单、双梨形，或圆形、卵圆形、椭圆形、环形、阿米巴形、十字形、短杆形、纺锤形、逗点形等。虫体由原生质和染色质两部分组成。吉姆萨氏染色中原生质淡蓝色，染色质紫红色。虫体的大小、排列、在红细胞中的位置、染色质团块数目与位置、各种形态虫体的比例及典型虫体的形态等，为鉴定巴贝斯虫虫种的依据。

(1)牛双芽巴贝斯虫　寄生于黄牛、水牛、瘤牛红细胞内的大型虫体。典型虫体为尖端呈锐角相连的双梨形，长 2.8～6 μm，多位于红细胞中央。每个虫体有 2 团染色质，位于虫体两端。传播者为微小牛蜱、消色牛蜱、囊形扇头蜱、刻点血蜱等。微小牛蜱可经卵传递虫体，次代幼、若、成蜱均可传病。

(2)牛巴贝斯虫　寄生于牛红细胞内的小型虫体。典型虫体为尖端呈钝角相连的双梨形，长 5～2.4 μm，多位于红细胞边缘。每个虫体有一团染色质，立于钝端。传播者为蓖子硬蜱和全沟硬蜱，可经卵传递虫体；各发育阶段(幼、若、成蜱)均可传病；及微小牛蜱，可经卵传递病原，次代幼蜱可传病，但若、成蜱不能。

(3)驽巴贝斯虫　寄生于马、驴、骡红细胞内的大型虫体。典型虫体同牛双芽巴贝斯虫，长 2.8～4.8 μm。传播者为革蜱、璃眼蜱、扇头蜱的某些种。有些蜱可经卵传递虫体，次代蜱传病；在有些蜱中，病原由一个阶段转至另一个阶段而后传疾。

(4)马巴贝斯虫　寄生于马属动物红细胞内的小型虫体。通常有 4 个梨形或圆点状虫体排成十字形或四方形；如果一个红细胞内有 2 个虫体则不构成角度，多以相反或相同方向平行排列。每个虫体有一团染色质，常为半月形，位于虫体边缘，最大长度不超过红细胞半径。传播者为革蜱、璃眼蜱和扇头蜱，以革蜱为主。

2. 发育史

巴贝斯虫的传播媒介是蜱。通过蜱吸血，巴贝斯虫在蜱体内发育、繁殖，也可通过雌蜱的卵传给下一代幼蜱，带虫蜱叮咬健畜时造成健畜感染。

3. 流行病学

主要在夏秋季(5—9 月)发生本病。根据牛的种类的不同，病情、发病率不一样。

4. 症状

病牛体温升到 40～42 ℃，精神差，食欲减退，腹泻、呼吸困难，伴有消瘦、贫血、黄疸。发病 2～3 d 后，可见血红蛋白尿，尿色由淡黄色变为暗红色。严重者可造成死亡。

5. 诊断

根据流行病学、临床症状、病原检查可确诊。

6. 防治

(1)治疗　在强心、健胃整肠、补液等对症治疗的基础上，使用台盼蓝(锥蓝素)、黄色素(锥黄素)、三氮脒等治疗。

台盼蓝：5 mg/kg，用生理盐水配成 1%溶液，加温溶解，用棉花纱布滤过，在水浴锅内煮沸灭菌 30 min 后静脉注射。

黄色素：按每千克体重 3～4 mg(每头不超过 2g)，用生理盐水稀释成 1%溶液，过滤后，煮沸消毒 30 min，降温至 30 ℃静脉注射。

三氮脒：按每千克体重 3～4 mg，用生理盐水配成 5%溶液，过滤后灭菌，肌内注射。

(2)预防　应做好牛体灭蜱，放牧应避开蜱滋生地，也可用贝尼尔预防注射。

二、泰勒虫病

泰勒虫病的病原主要是环形泰勒虫，分布较广，主要寄生于牛的网状内皮细胞和红细胞内。

1. 病原

我国已报道的泰勒虫有四种，分别为寄生于牛的环形泰勒虫和瑟氏泰勒虫，寄生于羊的山羊泰勒虫和绵羊泰勒虫。其中以环形泰勒虫对牛危害最严重。

泰勒虫为小型虫体。在中间宿主牛、羊体内，有位于有核细胞内或游离于细胞外处于裂殖生殖阶段的裂殖体和裂殖子；及位于红细胞内的多形性配子体，呈圆点状、环状、卵圆形、不规则形或杆状等。红细胞内的虫体不分裂。顶复合器缺类锥体。

牛环形泰勒虫的虫体小于红细胞半径，形态多样。用吉姆萨液染色后，细胞质染成淡蓝色，细胞核常居于虫体一端染成红色。

2. 流行病学

泰勒虫病在流行的牧区，以 1～3 岁的牛发病为多，尤以 1～2 岁牛最多。本病有明显的季节性，发病季节与蜱的活动季节有关。

3. 症状

病初体温升高，呈稽留热型，保持在 39.5～41.8 ℃。病牛精神不振，食欲减退。此时血液中很少发现虫体。以后当虫体大量侵入红细胞时，病情加剧。体温升高到 40～42 ℃。食欲废绝，反刍停止，弓腰缩腹。初便秘后腹泻，或两者交替，粪中带黏液或血丝。

4. 诊断

根据流行情况、症状和病理剖检变化可以怀疑本病。确诊要找到病原。病的早期可在淋巴结穿刺液涂片中找到石榴体。

5. 治疗

(1)三氮脒　按 7～10 mg/kg，以灭菌蒸馏水配成 7%溶液，1 次/d，连续 3～4 d 为一疗程。

(2)阿卡普林(硫酸喹啉脲)　0.25 mL/kg，皮下或肌内注射。

(3)黄色素　如与阿卡普林交替使用效果更佳。

(4)输血疗法　有明显疗效。

恢复期的牛，体弱贫血，要特别加强护理，增加营养，维持对症治疗，不然可能长期不愈甚至死亡。

6. 预防

中国农业科学院兰州兽医研究所已研制成疫苗，免疫期为 80 余天。

三氮脒也可作为预防药，2 mg/kg，肌内注射，有蜱季节每 15 d 1 次。

璃眼蜱是传播者，它生活于畜舍，故须着重牛舍灭蜱。具体措施：①4 月份和 9—10 月份分别用水泥堵死离地 1 m 以下的牛舍所有缝隙，以憋死其中的蜱。②5—7 月份和 10—12 月份用敌百虫等有机磷制剂喷洒牛体，以便杀死牛体上所有的蜱。③4 月下旬离舍放牧，10 月末返回牛舍，这样就避开了成蜱吸血时间，放牧应在远离牛舍 2.5 km 以外。同时把牛舍封闭，不许任何动物进入。④调入调出牛只时，要做灭蜱工作。

任务四　主要动物孢子虫病的诊断与防治技术

一、球虫病

球虫病是由孢子虫纲球虫目艾美耳科的原虫引起的分布很广的一种原虫病，主要寄生在肝脏和消化道，均为细胞内寄生。各种动物均有其专性寄生的球虫，不相互感染。

（一）病原

病原体包括艾美耳属和等孢属的原虫。前者寄生于家畜、家禽，后者寄生于猫、犬、人及其他肉食兽。牛球虫病原有 9 种艾美耳球虫和 1 种等孢球虫。其中邱氏艾美耳球虫致病力最强，以出血性肠炎为特征。

（二）发育史

球虫的发育史为直接发育型，不需要中间宿主，但须经过以下阶段。

1. 在外界环境进行外生性发育

孢子生殖阶段：通过卵囊及孢子化卵囊生殖。

2. 在宿主体内进行内生性发育

（1）裂殖生殖（无性生殖阶段）　子孢子→裂殖子。

（2）配子生殖（有性生殖阶段）　裂殖子↗大配子↘ / ↘小配子↗ 合子→卵囊。

（三）流行病学

各种畜禽球虫病的流行病学基本相似。以鸡球虫病为例：病鸡、带虫鸡、耐过鸡都是感染来源。粪便是重要的传播媒介，以 13～50 日龄的雏鸡最容易发病，成年鸡不发病，是带虫者。南方一年四季均可发病，饲养管理条件差可促使球虫病发生。其流行状况与卫生条件密切相关，发病季节多在春暖多雨时期。

各品种家兔均易感，断奶后至 3 月龄的幼兔感染最为严重；成年兔为重要传染源。经口感染。

2 岁以内犊牛发病率高，且容易造成死亡；感染来源是成年带虫牛及临床治愈牛；多发于较温暖季节。

(四)症状

1. 鸡球虫病

该病临床上分急性型和慢性型。

(1)急性型　表现为精神差、食欲减退、剧烈血痢、共济失调、消瘦,严重者昏迷、痉挛,几天时间内衰竭死亡。

(2)慢性型　多见 3～6 月龄的鸡,表现为发育缓慢、逐渐消瘦、产蛋下降、间歇性下痢、翅和足轻瘫,死亡率极低。

2. 兔球虫病

该病多见于 4 月龄以内幼兔,死亡率高达 50%～60%。病兔精神沉郁,动作迟缓,体温略升高,腹泻与便秘交替发生;常卧地不起,可视黏膜有炎症或黄疸;食欲减退或废绝,贫血,消瘦但腹围增大。尿频,后肢和肛门周围被粪便污染。后期出现神经症状。病愈后生长发育不良。

3. 犊牛球虫病

该病多发于潮湿阴雨季节,犊牛发病率、死亡率高,表现为下痢,初期粪中混血,后期全血;排粪失禁,严重贫血,体温下降,极度衰竭死亡。

症状和病变:消瘦,喜躺卧,排带血的稀粪,其中混有纤维素样薄膜,有恶臭。后期,粪便呈黑色,几乎全为血液。在极度贫血和衰弱的情况下发生死亡。

(五)剖检

(1)鸡球虫病　主要可见盲肠肿大,内含有暗红色或黄白色豆腐样混有血液的内容物,盲肠壁增厚、腐烂。

(2)兔球虫病　可见肝脏有粟粒至豌豆大的黄色结节,肠黏膜有斑点。肝脏表面和实质有白色粟粒至豌豆大结节;肝硬化、萎缩;胆囊炎。肠道扩张、肥厚,黏膜充血,有溢血点;慢性病例肠黏膜淡灰色,其上有许多白色小结节,并有脓性、坏死性病灶。

(3)犊牛球虫病　直肠黏膜出血,内容物恶臭、呈褐色。以出血性肠炎和溃疡为特征。

所有患病的畜禽可见小肠卡他性炎症,水肿,肠空,充气;肠黏膜增厚、溃疡,有脱落。

(六)诊断

根据临床症状、剖检变化、流行病学情况、漂浮法粪检可确诊。查粪便中卵囊或查病灶中内生发育阶段虫体。

(七)防治

预防球虫病日常在饲料中加抗球虫药物;加强饲养管理,搞好栏舍卫生、及时处理粪便;饲喂全价饲料。治疗可选用地克珠利、氨丙啉、氯苯胍、莫能菌素、氯羟吡啶、盐霉素、敌菌净磺胺二甲基嘧啶合剂、磺胺二甲氧嘧啶等药物,并结合对症治疗。磺胺六甲氧嘧啶(SMM),按 0.1%浓度混入饲料中;磺胺二甲氧嘧啶与增效剂按 5∶1 混合,以 0.02%浓度混入饲料中;托曲珠利(百球清),25 mg/kg,连用 3 d,可以彻底控制。

预防:清洁卫生;分开饲养;干燥通风;消毒;药物预防。

二、隐孢子虫病

1. 病原及生活史

哺乳动物隐孢子虫主要为小球隐孢子虫、小鼠隐孢子虫和安氏隐孢子虫。生活史包括裂殖生殖、配子生殖和孢子生殖三个阶段，均在同一宿主体内完成。

2. 流行病学

卵囊对外界抵抗力强；感染方式是粪-口途径；宿主范围广泛；发病率很高但死亡率差别很大。羊病程 1～2 周，死亡率达 40%；牛病程 2～14 d，死亡率 16%～40%。100 日龄以内幼畜，尤其是 4～30 日龄犊牛和 3～14 日龄羔羊最易受害。

3. 症状

犊牛和羔羊症状最为严重，主要表现为精神沉郁，厌食，腹泻，粪便带血和含大量纤维素；发育迟缓，进行性消瘦和减重甚至死亡。

4. 病变

失水，消瘦。肛周及尾部粪便污染。主要变化在肠道，卡他性及纤维素性肠炎，有出血点。肠绒毛变短、萎缩，甚至崩解、脱落。肠系膜淋巴结水肿。

5. 诊断

根据临床症状、剖检变化、流行病学情况，饱和糖液漂浮法检查可确诊。也可用改良酸性染色法、荧光抗体染色法、微分干涉检查法、PCR 法等。

6. 治疗和预防

目前尚无特效药物。

任务五　主要动物纤毛虫病的诊断与防治技术

以猪结肠小袋纤毛虫病为例进行介绍。

1. 病原

结肠小袋纤毛虫在发育过程中形成滋养体和包囊两期虫体。滋养体呈椭圆形，大小变异很大，一般长 50～200 μm，宽 30～100 μm。体表有许多纤毛沿斜线排列成行，纤毛做规律性运动而使虫体以较快速度旋转向前运动。包囊呈圆形或椭圆形，直径 40～60 μm，囊壁较厚且透明。包囊内有核、伸缩泡、食物泡等。

2. 生活史

该虫寄生于猪、人大结肠及盲肠和直肠，以横向二分裂法或接合生殖法繁殖。传播形式以包囊为主，因滋养体在外界环境中易死亡，故很快形成包囊以保护自身；滋养体也可传播。包囊或滋养体污染环境、饲料、饮水，被猪、人吃入而感染。

3. 流行病学

结肠小袋纤毛虫包囊对外界的抵抗力很强，在潮湿的环境中能生存 2 个月。猪摄食了被包囊污染的饮水或饲料而感染。

4. 症状和剖检变化

猪结肠小袋纤毛虫是一种常见的条件性致病寄生虫。在一般情况下为共生者，以肠内容物为食，对肠黏膜并无损害，猪只无任何临床表现，生长发育正常。但是，如果猪的消化功能紊乱或因种种原因肠黏膜有损伤时，结肠小袋纤毛虫可趁机侵入肠壁，破坏肠壁组织，形成溃疡。溃疡主要发生在结肠，其次是直肠和盲肠，并且常与肠道微生物协同致病。病猪表现为食欲不振，渴欲增加，喜欢饮水，粪稀如水，恶臭，消瘦，被毛粗乱无光。

5. 诊断

在粪便中找到滋养体或包囊即可确诊。滋养体能运动，呈卵圆形或梨形，大小为(30～150)μm×(25～120)μm。包囊不能运动，呈球形或卵圆形，直径约 40 μm，外被两层囊膜，内含一个虫体。

死后剖检可在肠黏膜涂片上查找虫体，观察直肠和结肠黏膜上有无溃疡。

6. 防治

如果猪只腹泻，同时粪检中查到大量的能运动的滋养体，此时结肠小袋纤毛虫处在致病时期，需要投药进行治疗；如果猪只粪便正常，粪检中只查到包囊期虫体，此时结肠小袋纤毛虫处在非致病的共生时期，不需要投药治疗。

治疗可选用灭滴灵、呋喃唑酮等。预防应以搞好猪场内的环境卫生和粪便的发酵处理为重点。

复习思考题

简答题

1. 简述各种主要原虫的中间宿主、终末宿主及其寄生部位。
2. 简述鸡球虫病与禽组织滴虫病在主要临床症状与剖检变化上的区别。
3. 简述兔球虫病的临床症状、病理变化、诊断和防治措施。
4. 伊氏锥虫病有何症状？
5. 鸡、兔球虫病的临床表现有哪些？采用哪些药物治疗？
6. 猪弓形虫病的临床表现和剖检变化有哪些？如何防治？
7. 梨形虫病的临床表现和剖检变化有哪些？如何防治？

项目十一　课堂实验

实验一　吸虫一般形态构造观察

[实验内容]

观察不同种类吸虫的形态图片，掌握它们的形态共性和各自特点。在显微镜下观察各种吸虫卵，学习吸虫卵的基本构造特征并进行鉴别。

[目的要求]

①以肝片吸虫成虫为代表进行详细观察，掌握吸虫一般构造。

②分别观察不同种类吸虫的形态图片，掌握它们的形态共性和各自特点。

③观察和学习吸虫卵的基本构造特征并进行鉴别。

④观察患病器官病理变化。

[实验条件]

(1)形态构造图　吸虫构造模式图，肝片吸虫、华支睾吸虫、歧腔吸虫、阔盘吸虫、同盘吸虫、东毕吸虫以及其他吸虫的形态构造图。

(2)标本　上述吸虫以及其他主要吸虫的浸渍标本和染色标本；严重感染肝片吸虫的动物肝脏，以及其他吸虫病理标本。

(3)仪器设备　多媒体投影仪、显微镜、放大镜、毛笔、尺子、培养皿。

[实验步骤与方法]

1. 教师讲解

用投影仪带领学生观察肝片吸虫的图片和染色标本，描述形态和内部器官的形状和位置；再观察其他吸虫的形态图，说明各种吸虫的形态构造特点。

2. 分组观察

①首先用毛笔挑取胰阔盘吸虫的浸渍标本，置于培养皿中，在放大镜下观察其一般形态，用尺测量大小。

②取染色标本用肉眼和显微镜观察，注意观察：口腹吸盘的位置和大小；口咽食道和肠管的形态；睾丸数目形状和位置；雄茎囊的构造和位置；卵巢、卵模、卵黄腺和子宫的形态与位置；生殖孔、排泄孔的位置。

③观察肝片吸虫的病理标本，认识主要病变。

［作业］

①绘制肝片吸虫的形态构造图，并标出各个器官名称。

②记录各种标本所见特征，做出鉴定，并绘制该吸虫的简图。

实验二　吸虫的中间宿主的识别

［实验内容］

观察以椎实螺为代表的吸虫中间宿主，观察螺蛳的一般构造。

［目的要求］

①以椎实螺为代表进行详细观察，掌握吸虫中间宿主螺蛳的一般构造。

②分别观察不同种类吸虫中间宿主、补充宿主的形态图，掌握它们的基本形态特征。

［实验条件］

(1)形态构造图　各种吸虫中间宿主、补充宿主的形态图。

(2)标本　各种吸虫中间宿主的标本，如锥实螺、扁卷螺、陆地蜗牛等。

(3)仪器设备　多媒体投影仪、显微镜、放大镜、毛笔、尺子、培养皿。

［实验步骤与方法］

1. 教师讲解

用投影仪带领学生观察各种吸虫中间宿主和补充宿主的图片，描述其基本形态特征和分布情况。

2. 分组观察

①观察螺蛳的基本结构，区别多种螺蛳的异同点，在培养皿中观察其形态特征，测量其大小。

②观察其他吸虫中间宿主和补充宿主的浸渍标本。

［作业］

填写表 11-1。

表 11-1　吸虫中间宿主和补充宿主

虫名	中间宿主	补充宿主
肝片吸虫		
矛形双腔吸虫		
前后盘吸虫		
东毕吸虫		
华支睾吸虫		
胰阔盘吸虫		

实验三　绦虫一般形态构造观察

[实验内容]

①观察反刍兽莫尼茨绦虫的整体标本、头节、成节、孕节及卵。
②观察禽赖利属绦虫的整体标本及头节、成节、孕节。
③观察其他家畜绦虫病病原体的浸渍标本及制片标本。

[目的要求]

①用肉眼及显微镜观察畜禽常见绦虫病的病原形态特征。
②识别中间宿主地螨，了解其形态特征。

[实验条件]

(1)挂图　绦虫构造模式图，反刍兽莫尼茨绦虫、曲子宫绦虫、无卵黄腺绦虫、鸡绦虫、马绦虫等的头节、成节、卵的形态图。

(2)标本　上述各种绦虫的浸渍标本及制片标本。中间宿主如地螨、金龟子、蚯蚓、蚂蚁等的标本。

(3)仪器设备　显微镜、放大镜、解剖针等常用器械。

[实验步骤与方法]

先肉眼观察浸渍标本，再用显微镜观察玻片标本。先看头节标本，注意头节的形状、构造(吸盘的有无及数量、形状)，再观察成熟体节，主要看生殖系统如睾丸的数目、分布，输卵管、卵巢的形状与位置，卵黄腺及梅氏腺的位置，阴道的开口部位及孕节内子宫的形状、位置，节间腺的形状位置。其中重点观察莫尼茨绦虫，主要注意成节内生殖器官的组别、生殖孔开口位置、睾丸的位置、节间腺的形状位置及孕节内子宫的形状、位置。最后观察虫卵。

[作业]

①绘莫氏绦虫头节、成节、孕节及卵图，并标明各部位名称。
②记录观察到的各种绦虫特征并比较。

实验四　绦虫（蚴）形态构造观察

[实验内容]

①观察猪囊尾蚴、有钩绦虫成虫及卵。
②观察牛囊尾蚴、无钩绦虫成虫及卵。
③观察棘球蚴、细粒棘球绦虫成虫及卵。
④观察多头蚴、多头绦虫。
⑤观察细颈囊尾蚴、犬泡状带绦虫。

[目的要求]

通过对常见的几种绦虫蚴及其成虫的观察，认识各种类型绦虫幼虫及其成虫的形态特征，了解其幼虫致病的病理变化，从而帮助我们正确诊断绦虫蚴病。

[实验条件]

(1)挂图　各种绦虫蚴构造模式图及成虫成节形态图。
(2)标本　各种绦虫蚴及其成虫的浸渍标本及病理标本、制片标本、虫卵标本。
(3)仪器设备　囊虫病猪肉，50%胆汁生理盐水，刀、剪子、镊子等。

[实验步骤与方法]

①教师用幻灯机及显微镜投影仪，带领学生共同观察棘球蚴、多头蚴、细颈囊尾蚴、猪囊尾蚴和牛囊尾蚴的头节的染色标本，以及细粒棘球绦虫、多头绦虫、泡状带绦虫、有钩绦虫、无钩绦虫的孕节的染色标本，并明确指出各种绦虫蚴及其成虫的形态特征。

②学生分组独立进行绦虫蚴及其成虫的形态观察，并观察主要绦虫蚴的病理标本。

③做猪囊尾蚴活力试验。本实验可以确定处理后的猪囊尾蚴是否还具有生活力，在肉品检验上具有重要意义，其方法如下。

将肌肉中的囊尾蚴取出，去掉包围在外面的结缔组织膜，然后放入盛有 15 mL 50%胆汁生理盐水的平皿中，置 37～40 ℃温箱中，分别于 1 h、3 h、12 h、24 h 观察之(最多不超过 24 h)。活的囊尾蚴受到胆汁和温度作用后就慢慢伸出头节并进行活动，死亡的囊尾蚴则久置 24 h 也无此现象，若 24 h 不再活动者即为死亡。

切取孵出头节的囊尾蚴头部，从顶端与其纵轴垂直压片，置显微镜下，观察吸盘的数目和形状，顶突上小钩的数目、大小、形状和排列方式。

[作业]

①填写表 11-2。

表 11-2　几种蚴的比较

名称	头节数	侵袭动物及寄生部位	成虫名称及鉴别要点
棘球蚴			
多头蚴			
细颈囊尾蚴			
猪囊尾蚴			
牛囊尾蚴			

②报告猪囊尾蚴活力实验情况和结果(肉量、囊虫数、胆汁浓度、孵化温度及不同时间孵出数)。

实验五　线虫一般形态构造观察

[实验内容]

各种类型线虫幼虫及其成虫的形态特征观察。

[目的要求]

掌握线虫外形及内部器官主要形态特征;了解常见动物线虫病原。

[实验条件]

(1)标本　各种线虫的浸制标本、装片标本、切片标本、中间宿主标本。

(2)仪器设备　显微镜、擦镜纸等。

[实验步骤与方法]

1. 观察内容

(1)观察虫体及病料　猪蛔虫、犊新蛔虫、鸡蛔虫、捻转血矛线虫、食道口线虫(结节虫)及病料、后圆线虫、毛首线虫(鞭虫)、猪肾虫及病料、腹腔丝虫、刚棘颚口线虫及病料、胎生网尾线虫、旋毛虫、华首线虫、四棱线虫及病料、鸟龙线虫、猪棘头虫等。

(2)观察中间宿主　鼠妇、剑水蚤等。

2. 观察步骤

(1)肉眼观察　观察线虫浸制标本、装片标本和中间宿主标本;了解不同线虫的头部构造、头囊、侧翼膜，尾部的交合伞构造等。

(2)用显微镜观察　观察虫体内、外部器官结构：外部器官主要有头部器官结构、尾部结构。内部器官包括：体壁与假体腔；消化器官，如口、食道(食道是线虫重要的分类依据之一)、肠管；生殖系统为雌雄异体，雄性生殖器官包括精巢(睾丸)、输精管、贮精囊、射精管，雌性生殖器官包括卵巢、输卵管、子宫、阴道、雌性生殖孔。注意观察这些重要器官的大小、位置、排列。

在观察的基础上，认识上述重要的线虫病原。

[作业]

绘一虫体结构图(用 HB 铅笔，用线条和点绘图，不能涂抹，标线要直)。

实验六　蛔虫的解剖及观察

[实验内容]

①蛔虫的一般解剖构造。
②常见蛔虫的形态构造。

[目的要求]

通过猪蛔虫的解剖，了解线虫的一般结构特点。

[实验条件]

(1)形态构造图　蛔虫构造模式图；猪蛔虫、牛弓首蛔虫、犬弓首蛔虫、鸡蛔虫形态构造图。

(2)标本　上述蛔虫的浸渍标本及猪蛔虫解剖标本。

(3)仪器及器材　除实验三的仪器及器材外，另备蜡盘、解剖针、大头针、尖头镊子、刀片和乳酸-石炭酸。

[实验步骤与方法]

教师示范猪蛔虫的解剖，利用蛔虫的解剖标本带领学生共同观察线虫的一般解剖构造，并明确指出各种常见蛔虫的基本特点。然后学生分组独立进行猪蛔虫的解剖，最后分别将各种蛔虫的浸渍标本置于培养皿中观察其一般形态，用尺测量大小，然后在实体显微镜或放大镜下进行详细观察。

解剖猪蛔虫时，使虫体背侧向上，置于蜡盘内，加水少许，再用大头针将虫体的两端固定。然后用解剖针沿背线剥开体壁。剥开以后，用大头针固定剥离的边缘，用解剖针细心地分离其内部器官。

切取蛔虫的唇部时，可以将虫体的前部放置于载玻片上，用刀片沿与虫体垂直的方向，自唇基部稍后方切下，放载玻片上，滴加乳酸-石炭酸或甘油 1～2 滴，加盖玻片后，放于显微镜下或实体显微镜下观察。

[作业]

绘出雄、雌猪蛔虫解剖简图，标出各器官名称。

实验七　蜱螨形态观察

[实验内容]

①硬蜱科主要属成虫及疥螨、痒螨的形态构造观察。
②软蜱和蠕形螨的一般形态观察。

[目的要求]

①通过形态对比，识别硬蜱科主要属的特点，熟悉硬蜱的一般构造。
②掌握疥螨和痒螨的主要形态构造。
③认识软蜱、蠕形螨的特点。

[实验条件]

（1）标本　硬蜱科主要属成虫及疥螨、痒螨、软蜱和蠕形螨形态标本片；严重感染疥螨、痒螨和蠕形螨的病理标本。

（2）仪器设备　多媒体投影仪、显微投影仪、生物显微镜、解剖显微镜、放大镜、解剖针、平皿、尺子。

[实验步骤与方法]

1. 示教讲解

教师用显微镜投影仪或多媒体投影仪，讲解硬蜱科主要属的形态特征及鉴别要点；讲解疥螨、痒螨、蠕形螨的形态特征，指出疥螨和痒螨的鉴别要点。

2. 学生操作

（1）硬蜱观察　取硬蜱浸渍标本置于平皿中，在放大镜下观察其一般形态。然后在实体显微镜下观察制片标本，注意观察假头的长短、假头基的形状、眼的有无、盾板形状和大小及有无花斑、肛沟的位置，须肢的长短和形状等。

（2）软蜱观察　取软蜱浸渍标本，观察外部一般形态。

（3）螨类观察　取疥螨、痒螨制片标本，在实体显微镜观察其大小、形状、口器形状、肢的长短、肢端吸盘的有无、交合吸盘的有无等。取蠕形螨和皮刺螨的制片标本，观察一般形态。

[作业]

比较疥螨和痒螨的形态构造特点（表 11-3）。

表 11-3　疥螨和痒螨的形态比较

名称	形状	大小	口器	肢	肢吸盘		交合吸盘
					♂	♀	
疥螨							
痒螨							

知识链接

一、硬蜱科主要属的形态鉴别要点

硬蜱科主要属的特点见图 11-1。

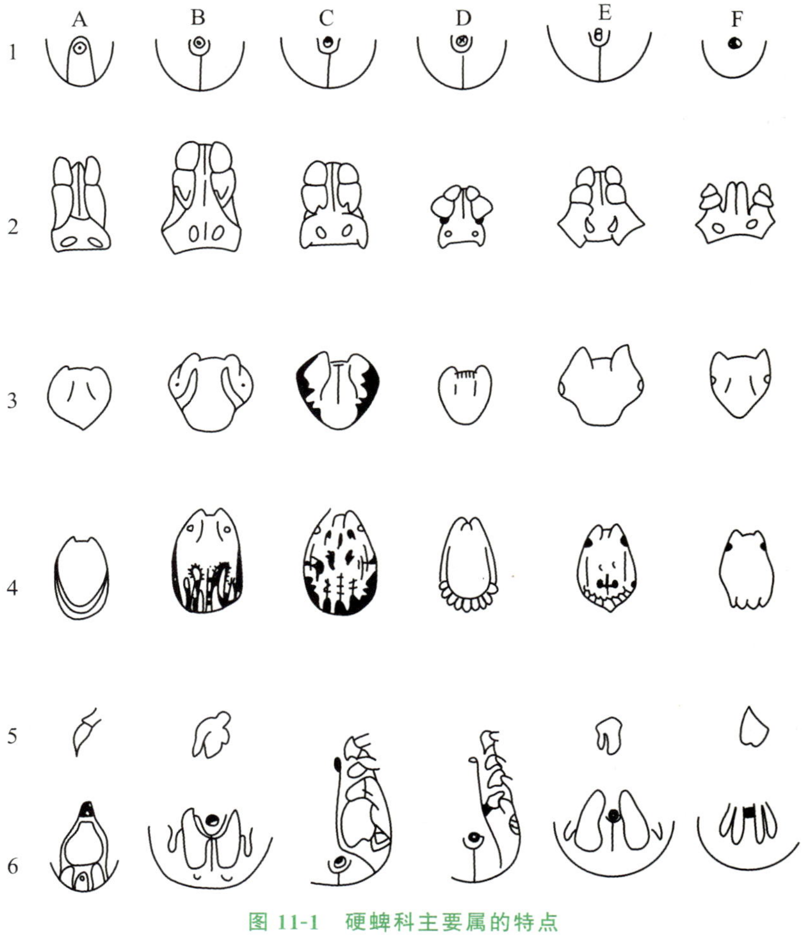

图 11-1　硬蜱科主要属的特点

A. 硬蜱　B. 璃眼蜱　C. 革蜱　D. 血蜱　E. 扇头蜱　F. 牛蜱

1. 雌性肛沟　2. 雄性假头　3. 雌性盾板　4. 雄性盾板　5. 第一基节　6. 雄性腹板

(1)硬蜱属　肛沟围绕在肛门前方;无眼;须肢及假头基形状不一;雄虫腹面盖有不外突的板,一个生殖前板,一个中板,两个肛侧板和两个后侧板。

(2)血蜱(盲蜱)属　肛沟围绕在肛门后方;无眼;须肢短,其第二节向后侧方突出;假头基呈矩形;雄虫无肛板。

(3)革蜱(矩头蜱)属　肛沟围绕在肛门后方;有眼;盾板上有珐琅质花纹;须肢短而宽,假头基呈矩形;各肢基节顺序增大,第四对基节最大;雄虫无肛板。

(4)璃眼蜱属　肛沟围绕在肛门后方;无眼;盾板上无珐琅质花纹;须肢长,假头基呈矩形;雄虫腹面有一对肛侧板,有或无副肛侧板,体后端有一对肛下板。

(5)扇头蜱属　肛沟围绕在肛门后方;有眼;须肢短,假头基呈六角形;雄虫有肛侧板,通常还有一对副肛侧板;雌虫盾板小。

(6)牛蜱(方头蜱)属　无肛沟;须肢短,假头基部呈六角形;雄虫有一对肛侧板和副肛侧板;雌虫盾板小。

二、硬蜱与软蜱鉴别

硬蜱与软蜱的区别见表 11-4。

表 11-4　硬蜱与软蜱鉴别要点

鉴别要点	硬蜱	软蜱
雌虫与雄虫	雌虫体大盾板小,雄虫体小盾板大	雌虫与雄虫的形状相似
假头	虫体前端,从背面可见	虫体腹面,从背面不可见
须肢	粗短,不能运动	灵活,能运动
盾板	有	无
缘垛	有	无
气孔	在第四对基节的后面	在第三对与第四对基节之间
基节	通常有分叉	不分叉

实验八　寄生性昆虫形态观察

[实验内容]

①观察主要寄生性昆虫的形态构造,包括寄生性昆虫的一般形态特征,特别是羊狂蝇蛆、牛皮蝇蛆、马胃蝇蛆的形态特征。

②认识禽羽虱、猪血虱等吸血昆虫。

③观察患病器官的病理变化。

[目的要求]

①通过对寄生性昆虫的详细观察,了解寄生性昆虫的一般形态构造特征。

②掌握牛皮蝇蛆、羊鼻蝇蛆、马胃蝇蛆第 3 期幼虫的形态特征。

③认识禽羽虱、猪血虱和其他吸血昆虫的形态。

[实验条件]

(1)形态构造图　昆虫构造模式图;羊狂蝇蛆、牛皮蝇蛆、马胃蝇蛆各发育阶段形态图;禽羽虱、猪血虱、蚊、虻、蠓、白蛉、蚋的形态图。

(2)标本　羊狂蝇、牛皮蝇成虫的针插标本及第三期幼虫的浸渍标本;禽羽虱、猪血虱等浸渍标本和制片标本;虻、蚊、白蛉、蠓和蚋的针插标本;严重感染羊狂蝇蛆病、牛皮蝇蛆病的病理标本。

(3)仪器设备　多媒体投影仪、显微投影仪、生物显微镜、解剖显微镜、放大镜、解剖针、平皿、尺子。

[实验步骤与方法]

1. 示教讲解

教师用显微镜投影仪或多媒体投影仪,讲解主要昆虫成虫的一般形态特征,如虻或蚊;牛皮蝇蛆、羊鼻蝇蛆、马胃蝇蛆第 3 期幼虫的形态特征和鉴别特点。

2. 学生操作

(1)蝇蛆观察　学生分组观察,取各种蝇蛆浸渍标本,在放大镜或解剖显微镜下对比观察其形态特征。

(2)昆虫观察　取虱、毛虱、蚊、蠓、蚋等昆虫的各类标本,在放大镜或实体显微镜下观察其形态特征,并观察其形态构造的特点。

(3)病理标本观察　观察羊狂蝇蛆病、牛皮蝇蛆病、马胃蝇蛆病的病理标本,认识其主要病理变化。

[作业]

将各种蝇蛆第 3 期幼虫形态特征填入表 11-5。

表 11-5　蝇蛆第 3 期幼虫的比较

蝇蛆名称	形态	大小	颜色	口钩	节棘刺	气孔板
羊狂蝇蛆						
牛皮蝇蛆						
马胃蝇蛆						

实验九　肌旋毛虫的检查

[实验内容]

①运用虫体检查法检查肌旋毛虫。

②运用间接血凝试验法检查肌旋毛虫。

注：本实验分为虫体检查法和间接血凝试验两部分，在课上选择其中的一个做即可。

[目的要求]

①掌握肌旋毛虫形态特征。
②能运用压片镜检法和消化法来检查肌旋毛虫。
③了解间接血凝试验原理，掌握旋毛虫间接血凝试验方法。

[实验条件]

(一)虫体检查法

(1)形态构造图 肌旋毛虫形态构造图。
(2)标本 肌旋毛虫玻片标本。
(3)仪器设备 显微镜、旋毛虫压片器、剪子、镊子、绞肉机、三角烧瓶、天平、带胶乳头移液管、载片、盖片、纱布、污物桶等。
(4)药品 胃蛋白酶消化液。
(5)检查材料 旋毛虫病肉，或旋毛虫人工感染的大鼠。

(二)间接血凝试验

1. 磷酸盐缓冲盐水(PBS)的配制

甲液	Na_2HPO_4	21.3g
	(或 $Na_2HPO_4 \cdot 12H_2O$)	53.72g
	NaCl	8.5 g
乙液	KH_2PO_4	20.42g
	NaCl	8.5 g

甲、乙液配方各加蒸馏水至 1 000 mL，溶解后，过滤，分别保存。使用时，按表 11-6 的比例将甲、乙液混合，再加等量的蒸馏水即配成 0.15 mol/L 不同 pH 的 PBS，摇匀灭菌备用。

表 11-6 pH6.4 及 pH7.2 的 PBS 的配制 mL

pH	甲液：0.15mol/L Na_2HPO_4	乙液：0.15mol/L KH_2PO_4
6.4	24	76
7.2	72	28

2. 1%兔血清缓冲盐水的配制

将新分离的兔血清于 56 ℃30 min 灭活后，取所需量(如 1.0 mL)加约半量(0.5 mL)的洗过的压积绵羊红细胞，并加兔血清量 4 倍(如 4 mL)的 pH7.2 的 PBS，置 37 ℃水浴箱中作用 10 min，以吸收兔血清中的异嗜性凝集素，1 500 r/min 离心 10 min，加 pH7.2 的 PBS 95 mL，即为 1%兔血清 PBS 液，置 4 ℃冰箱中，可保存 2 d。

3. 待检血清的处理

取待检血清 0.5 mL 置于试管中，加入 1%正常兔血清 1.5 mL，56 ℃灭活 30 min，加入未致敏的绵羊红细胞 2 mL,4 ℃过夜。次日 3 000 r/min 离心 10 min 取上清。

4. 旋毛虫肌幼虫抗原的制备

取人工感染旋毛虫 40 d 左右的大鼠或幼猪横纹肌,用绞肉机绞碎后,加入人工胃液(胃蛋白酶 0.1%,盐酸 0.7%,氯化钠 0.9%)于 40 ℃消化 12～15 h,40 目和 120 目双层筛过滤,用生理盐水洗下 120 目筛上的虫体于烧杯中,再用生理盐水反复沉淀洗涤获得纯净脱囊肌幼虫。

将虫体悬浮于适量 PBS(pH7.2、0.1mol/L)中,于低温冰箱内反复冻融 5 次,速冻速融,然后用玻璃匀浆器进行研磨。所得肌幼虫匀浆,置 4 ℃冷浸过夜,次日于 4 ℃ 10 000 r/min 离心沉淀 1 h,取其上清液即为旋毛虫肌幼虫可溶性抗原。

5. 绵羊(鸡)红细胞的鞣化

(1)绵羊(鸡)红细胞的采集和处理　以碘酒和 70%酒精消毒健康绵羊颈部皮肤,用 5 mL 的一次性灭菌注射器采集全血 2～3 mL,快速注入含有 0.2～0.3 mL 5%柠檬酸钠的试管内,轻轻摇匀。2 000 r/min 离心 10 min,加入 0.15 mol/L pH7.2 的 PBS 适量进行洗涤,2 000 r/min 离心 10 min,再加入适量 0.15 mol/L pH7.2 的 PBS 进行洗涤。如此反复洗涤 3 次,用 PBS 配成 2.5%的红细胞悬液。

(2)绵羊红细胞的鞣化　在 2.5%的红细胞悬液中加入含 1%鞣酸的 PBS,使鞣酸的终浓度为 1/10 000,37 ℃水浴 15 min,用 PBS 洗涤 3 次,再加 PBS 配成 2.5%鞣化红细胞。

6. 抗原致敏鞣化的绵羊红细胞

将 2.5%鞣化红细胞 1 份,抗原液 1 份,pH6.4 的 PBS 液 4 份混合,摇匀后室温下放置 15 min,加 1%兔血清缓冲盐水,2 000 r/min 离心洗涤 2 次,再用 PBS 配成 2.5%的红细胞悬液。4 ℃下保存备用。

[实验步骤与方法]

一、虫体检查法

教师示教肌肉旋毛虫压片镜检法和消化法的操作方法,指明操作时的注意事项;然后学生分组进行肌肉压片法检查,并用离心机分离已经消化的肉汤,检查肉汤中旋毛虫幼虫;观察肌旋毛虫的玻片标本。

1. 肉样采集

在动物死亡后或屠宰后采取一块膈肌供检。

2. 压片镜检法

将肉样剪成 24 个小粒(麦粒大),用旋毛虫检查压片器(两片厚玻片,两端用螺丝固定)或两块载玻片压薄,用显微镜检查。

3. 消化法

为提高旋毛虫的检验速度,可进行群体筛选,发现阳性动物后再进行个体检查。将肉样中的肌膜、肌筋及脂肪除去,用绞肉肌把肉磨碎后称量 100 g,放入 3000 mL 烧瓶内。将胃蛋白酶消化液 2 000 mL 倒入烧瓶内,放入磁力搅拌棒。将烧瓶置于磁力搅拌器上,设温于 44～46 ℃,搅拌 30 min 后,将消化液用 180 目的滤筛滤入 2 000 mL 的分离漏斗中,静置 30 min 后,放出 40 mL 于 50 mL 量筒内,静置 10 min,吸去上清液 30 mL,再加水 30 mL,摇匀后静置 10 min,再吸去上清液 30 mL。剩下的液体倒入带有格线的平皿内,用低倍显微镜观察。

二、间接血凝试验

1. 方法和步骤

取处理后的待检血清做倍比稀释(表 11-7)，于 96 孔"V"形反应板中每孔加入上述倍比稀释的待检血清 50 μL，然后加入致敏的绵羊红细胞悬液 50 μL，37 ℃作用 2 h 以上，观察结果。以 1∶64 的稀释度出现 50%凝集者判为阳性。同时设立阳性对照和阴性对照。

表 11-7　待检血清倍比稀释　　mL

反应板孔号	1	2	3	4	5	6	7	8
稀释液	0.075	0.075	0.075	0.075	0.075	0.075	0.075	0.075
待检血清	0.025	0.025	0.025	0.025	0.025	0.025	0.025	0.025 弃掉
诊断液	0.025	0.025	0.025	0.025	0.025	0.025	0.025	0.025
阳性血清	同上							
阴性血清	同上							
蒸馏水	同上							

2. 判定标准

＋＋＋＋：100%红细胞在孔底呈均质的膜样凝集，边缘整齐、致密。因动力关系，膜样凝集的红细胞有的出现下滑现象。

＋＋＋：75%的红细胞在孔底呈膜样凝集，不凝集的红细胞在孔底中央集中成很小的圆点。

＋＋：50%的红细胞在孔底呈稀疏凝集，不凝集红细胞在孔底中央集中成较大圆点。

＋：25%的红细胞在孔底凝集，其余不凝集的红细胞在孔底中央集中成较大的圆点。

－：所有的红细胞均不凝集，并集中于孔底中央呈规则的最大的圆点。

结果判定以出现"＋＋"孔的血清最高稀释倍数定为本间接血凝试验的凝集效价。小于或等于 1∶16 判为阴性；1∶32 判为可疑；等于或大于 1∶64 判为阳性。

[作业]

分析虫体检查法检查肌旋毛虫。

实验十　梨形虫形态观察

[实验内容]

①梨形虫的一般形态构造。

②重要梨形虫的形态特征。

③观察主要梨形虫病的病理标本。

[目的要求]

通过对牛巴贝斯虫的详细观察，熟悉梨形虫的一般形态构造；通过观察标本片，掌握重要梨形虫的形态特征；对病理标本做一般观察。

[材料准备]

(1)形态构造图　牛巴贝斯虫、羊巴贝斯虫、猪巴贝斯虫、泰勒虫的形态图。

(2)标本　上述梨形虫的染色标本；严重感染梨形虫病的病理标本。

(3)器材　显微投影仪、多媒体投影仪、载玻片、盖玻片、香柏油、拭镜纸、显微镜、二甲苯等。

[方法步骤]

①教师用投影仪带领学生共同观察巴贝斯虫和泰勒虫，观察其形态构造，明确指出它们的形态构造特点。

②学生分组观察。取当地常见梨形虫的染色标本，在显微镜下详细观察其形状、大小、典型虫体的特征，红细胞的染虫率等。

③观察梨形虫病的病理标本，认识其主要的病理变化。

[作业]

绘出当地常见梨形虫的形态图，用文字说明其形态特征。

实验十一　孢子虫形态观察

[实验内容]

①弓形虫的形态特征。

②几种主要球虫的形态特征。

③肉孢子虫、贝诺孢子虫的形态特征。

④观察弓形虫病和球虫病的病理标本。

[目的要求]

通过对几种重要球虫和弓形虫的详细观察，掌握其形态特征；对其他孢子虫标本及病理标本做一般观察。

[材料准备]

(1)形态构造图　鸡球虫、弓形虫、肉孢子虫、贝诺孢子虫的形态图。

（2）标本　弓形虫、肉孢子虫和贝诺孢子虫的染色标本和球虫的制片标本；严重感染弓形虫病和球虫病的病理标本。

（3）器材　显微投影仪、多媒体投影仪、显微镜、载玻片、盖玻片、香柏油、拭镜纸、二甲苯。

［方法步骤］

①教师用投影仪带领学生共同观察弓形虫等各种孢子虫图片，明确指出它们的特点。

②学生分组观察。取当地常见球虫的标本，在显微镜下详细观察下列情况：卵囊的外表形状、长宽、卵囊的色泽、卵囊壁的厚薄、微孔或极帽的有无及构造，以及孢子化卵囊中极粒、外残体、内残体的有无，孢子囊和子孢子的形状、数量等。

③在显微镜下观察弓形虫、肉孢子虫、贝诺孢子虫的染色标本。

④观察弓形虫病和球虫病的病理标本，认识其主要的病理变化。

［作业］

描绘出当地常见球虫和弓形虫简图，用文字说明其形态特征。

知识链接

吉姆萨原液的配制

1. 吉姆萨原液的配方

吉姆萨氏染色粉	1.0 g
中性甘油（化学纯）	66 mL
无水甲醇	66 mL

2. 吉姆萨原液的配制方法

把染色粉与甘油一起在研钵中磨研，混匀后在 55～60 ℃水浴锅上加热，使粉末溶解在甘油内，冷却后加甲醇，搁置 2～3 周，过滤备用。此液必须保存在有色的玻璃瓶内，加上瓶塞。

项目十二 综合实训

实训一 动物寄生虫病流行病学调查

【实训内容】

寄生虫病的流行病学调查与分析。

【目的要求】

选择发生寄生虫病的单位或动物种群，学习和掌握流行病学资料的调查、搜集和分析的方法。

【方法步骤】

教师讲解流行病学调查的方法和要求后，学生按下列程序进行实习。

1. 拟定调查提纲

包括以下内容：

①单位或畜主的名称和地址。

②单位概况：本单位所处的地理环境、地形地势、河流与水源、降水量及其季节分布耕地性质及数量、草原数量、土壤植被特性、野生动物种群及分布等。

③被检畜（或禽）群概况：总头数、品种、性别、年龄组成成分、动物补充来源等。

④被检畜（禽）群生产性能：产奶量、产肉量、产蛋量、产毛量、繁殖率等。

⑤畜（禽）饲养管理情况：饲养方式、饲料来源及质量、水源及卫生状况、畜舍卫生状况等。

⑥近 2～3 年来畜（禽）发病与死亡情况：发病数、死亡数、发病及死亡时间、发病与死亡原因、采取的措施及其效果等。

⑦畜（禽）当时发病与死亡情况：营养状况、发病数、临床表现、死亡数、发病与死亡时间、病死畜（禽）剖检病变、采取的措施及其效果等。

⑧中间宿主和传播媒介的存在和分布情况。

⑨居民情况：怀疑为人兽共患病时，要了解居民数量、饮食卫生习惯、发病人数及诊断结果等。

⑩犬、猫饲养情况：与犬、猫相关的疾病，应调查居民点和单位内犬、猫的饲养量、犬、猫的营养状况以及发病情况等。

2. 调查方法

根据调查提纲，采取询问、查阅各种记录（包括当地气象资料、畜禽生产、发病和治疗等情况）以及实地考察等方式进行调查了解。

3. 调查资料的整理和分析

对于获得的资料，应进行数据统计（如发病率、死亡率、病死率等）和情况分析，提炼出规律性资料（如对生产能力的影响，发病季节，与降水量及水源的关系，与中间宿主和传播媒介的关系，与人类、犬、猫等的关系）。

【作业】

写出寄生虫病的流行病学调查报告。

实训二　动物寄生虫病临床检查

【实训内容】

寄生虫病的临床诊断。

【目的要求】

学习和掌握临床检查的方法，采集寄生虫学检查的病料，为确诊奠定基础。

【方法步骤】

1. 检查范围

以动物群体为单位，动物种群数量较少时，应逐头检查，数量较多时，抽取其中部分进行检查。

2. 检查程序和方法

（1）整体检查　通过观察动物的精神状态、体格发育与营养情况、姿势与步态、被毛与皮肤等，可发现异常或病态动物。

（2）一般检查　观察体表被毛、皮肤、黏膜等，注意有无囊肿、脱毛、出血、皮肤异常变化、体表淋巴结肿胀，注意有无体表寄生虫（蜱、虱、蚤、蝇等），如有则做好记录，搜集虫体并计数。如怀疑为螨病时应刮取皮屑备检。

（3）系统检查　按一般临床诊断的方法测量其体温、心率、呼吸频率，检查呼吸、循环、消化、泌尿、神经等各系统，收集记录各种症状。根据怀疑的寄生虫种类，采取粪样、尿液、血液等备检。

（4）资料分析　归类、分析所收集的各种症状，提出可疑的寄生虫病范围。

【作业】

写出临床检查报告，并提出进一步确诊的建议。

实训三　驱虫方案设计与实施

【实训内容】

①驱虫药的选择与配制。
②给药方法。
③驱虫工作的组织实施。
④驱虫效果的评定。

【目的要求】

熟悉大群动物驱虫的准备和组织工作，掌握驱虫技术、驱虫注意事项以及驱虫效果的评定方法。

【方法步骤】

1. 驱虫药的选择

本着选择广谱、高效、低毒、使用方便和价廉物美的驱虫药的原则，根据当地畜禽的主要寄生虫种类选择高效驱虫药，按药物要求进行配制给药。如需配成混悬液的，先将淀粉、面粉或玉米粉加入少量水中，搅拌均匀后再加入药物继续搅匀，最后加足量水即成。使用时边用边搅拌，以防上清下稠，影响驱虫效果及安全。

2. 给药方法

家畜多为个体给药，根据所选药物的要求，选择相应的给药方法，具体投药技术与临床常用给药法相同。家禽多为群体给药(饮水和拌料给药)。拌料时先按群体体重计算好总药量，将总药量混于少量半湿料中，然后均匀与日粮混合进行饲喂。不论哪种给药方法，均需预先测量动物体重，精确计算药量。

3. 驱虫工作的组织及注意事项

①驱虫前药物的选择。拟定剂量、剂型、给药的方法和疗程。

②掌握好群体驱虫给药方法。采用混饲或混饮投药，进行大规模驱虫时，尤其是初次使用驱虫药时，首先选用数量较少的有代表性的少部分畜禽做试验，观察药物效果及安全性，证实安全可靠后，再全面进行。混饲给药一定要混合均匀；饮水给药时，药物要完全溶解并搅拌均匀。

③采用服药法驱除肠道寄生虫，应空腹服药，使药物直接与虫体接触，充分发挥触杀作用。同时禁止使用泻药，以免促进驱虫药的溶解吸收而使畜禽中毒。

④重复驱虫可以杀灭由幼虫发育而成的成虫，一般在第一次驱虫后 7 d 左右再重复驱虫一次。

⑤要了解驱虫药在体内的残留时间，以便在宰前适当时间停药。

⑥用药后，密切观察畜禽是否有毒性反应，尤其是大规模驱虫时要特别注意。出现毒性反应时，要及时采取有效措施消除毒性反应。

⑦使用药物驱虫时，应注意搞好环境卫生等综合性防治措施，同时注意饲料、饮水卫生，避免虫卵等污染饲料和饮水。放牧的家畜应留圈 3～5 d，将粪便集中堆积发酵处理。

4. 驱虫效果评定

主要通过驱虫前后以下各方面情况对比来确定。

(1)发病率和死亡率　对比驱虫前后的发病率和死亡率。

(2)营养状况　对比驱虫前后机体营养状况的变化。

(3)临床表现　观察驱虫前后临床症状减轻与消失情况。

(4)生产能力　对比驱虫前后的生产性能。

(5)寄生虫情况　通过虫卵减少率和虫卵转阴率来确定，必要时通过剖检计算粗计和精计驱虫效果。

【作业】

写出驱虫总结报告。

知识链接

驱虫效果评定的计算公式

虫卵减少率＝(驱虫前 EPG－驱虫后 EPG)/驱虫前 EPG×100%

注：EPG 为每克粪便中的虫卵数。

虫卵转阴率＝虫卵转阴动物数/实验动物数×100%

粗计驱虫率＝虫体转阴动物数/试验动物数×100%

精计驱虫率＝(对照组荷虫数－驱虫组荷虫数)/对照组荷虫数×100%

驱虫率＝驱净虫体的动物数/全部试验动物数×100%

实训四　猪蛔虫病的诊断及综合防治技术

【实训内容】

猪蛔虫病的诊断及综合防治技术。

【目的要求】

通过实训掌握猪蛔虫病的诊断及综合防治技术。

【方法步骤】

1. 猪蛔虫病的诊断

生前诊断主要靠粪便检查法。检查时所采用的粪便材料，一般尽可能取新排出的，这样可以使虫卵保存固有的状态。

2. 粪便采集

(1)工具　勺子、塑料链封袋、铅笔、小纸条、小桶等。

(2)方法　在畜场按动物头份用勺子采粪→装入链封袋→写好动物号、日期等标签内容→装入袋子→取回待检。有时可直接由动物直肠采粪，更可减少混杂污染，取得更好的效果。

3. 虫体检查法

粪便 10 g 置于盆(或桶、玻璃皿)内→加 5～10 倍的清水→搅拌均匀→静置沉淀→再加清水搅拌沉淀→反复操作→到上层液体清澈为止→将上层液倾去→取沉渣置于大玻璃皿内→分别置于白色背景和黑色背景→以肉眼或放大镜寻找虫体→用铁针或毛笔将虫体挑出供检查。

4. 虫卵检查法(漂浮法)

粪便 10 g→加饱和食盐水 100 mL→混匀→通过 60 目铜筛→滤液置于烧杯或玻管中→静置 30 min 待虫卵上浮→用一直径 5～10 mm 的铁丝圈在液面平行接触以蘸取表面液膜→抖落于载玻片上检查。此法又称费勒法。

或:粪便 1 g→加饱和食盐水 10 mL→混匀，筛滤→滤液注入试管中，补加饱和盐水溶液使试管充满→覆以盖玻片，不留气泡→静置 30 min→取下盖玻片，覆于载玻片上检查。

判断标准:每克粪便时虫卵数大于 1 000 个时，可以诊断为蛔虫病。如寄生的虫体不多，死后剖检时，必须在小肠中发现虫体和相应的病变;但蛔虫是否为直接的病死原因，还必须根据虫体的数量、病变的程度、生前症状和流行病学资料以及是否有其他原发或继发的疾病做综合判断。

哺乳仔猪(两个月龄内)患蛔虫病时，其小肠内通常没有发育至性成熟的蛔虫，故不能用粪便检查法做生前诊断，而应仔细观察其呼吸系统的症状和病变。剖检时，在肺部见有大量出血点，将肺组织剪碎，用幼虫分离法处理时，可以发现大量的蛔虫幼虫。

【作业】

分析猪蛔虫病的诊断及综合防治技术。

实训五　蠕虫病粪便检查法

【实训内容】

①粪便采集的方法。

②虫体肉眼检查法。

③尼龙筛淘洗法。

④粪便沉淀检查法。
⑤粪便漂浮检查法。

【目的要求】

掌握粪便采集的方法；掌握粪便检查操作技术。

【材料准备】

(1)仪器及器材　粗天平、粪盒(或塑料袋)、粪筛、尼龙筛、玻璃棒、镊子、塑料杯、100 mL烧杯、离心管、漏斗、离心机、平口试管、试管架、青霉素瓶、带胶乳头移液管、载片、盖片、污物桶、纱布等。
(2)粪检材料　动物粪便。
(3)药品　饱和盐水。

【方法步骤】

粪便的采集、保存和寄送方法：被检粪便应该是新鲜而未被污染，最好从直肠采集。大动物按直肠检查的方法采集。小动物可将食指套上塑料指套，伸入直肠直接钩取粪便。采取自然排出的粪便，要采取粪堆的上部未被污染的部分。将采取的粪便装入清洁的容器内。采集用品最好一次性使用，如无条件时每次都要清洗，相互不能有污染。采取的粪便应尽快检查，否则，应放在冷暗处或冰箱中保存。当地不能检查而需送(寄)出时，或保存时间较长时，可将粪便浸入加温至 50～60 ℃的 5%～10%的福尔马林液中，使粪便中的虫卵失去生活能力，起固定作用，又不改变形态，还可以防止微生物繁殖。

(一)虫体及虫卵简易检查法

1. 虫体肉眼检查法

该法多用于绦虫病的诊断，也可用于某些胃肠道寄生虫病的驱虫诊断，即用药物驱虫之后检查随粪便排出的虫体。

为了发现大型虫体和较大的绦虫节片，先检查粪便的表面，然后将粪便仔细捣碎，认真进行观察。

为了发现较小的虫体或节片，将粪便置于较大的容器中，加入 5～10 倍量的水(或生理盐水)，彻底搅拌后静置 10 min，然后倾去上面粪液，再重新加清水搅匀静置，如此反复数次，直至上层液体透明为止。最后倾去上层透明液，将少量沉淀物放在黑色浅盘(或衬以黑色纸或黑布的玻璃容器)中检查，必要时可用放大镜或实体显微镜检查，发现的虫体和节片用针或毛笔取出，以便进行鉴定。

2. 尼龙筛淘洗法

该法操作迅速、简便，适用于体积较大虫卵(如片形吸虫卵)的检查。需要特制的尼龙网兜，其制法是将尼龙筛绢剪成直径 30 cm 的圆片，沿圆周用尼龙线将其缝在 8 号粗的铁丝弯成带柄的圆圈(直径为 10 cm)即可。

操作方法如下：

取 5～10 g 粪便置于烧杯(塑料杯)中，加 10 倍量水后用金属筛滤入另一杯中，将粪液全部倒入尼龙筛网依次浸入2只盛水的器皿(桶或盆)内,并反复用光滑的圆头玻璃棒轻轻搅拌网内粪渣,直至粪渣中杂质全部洗净为止。最后用少量清水淋洗筛壁四周与玻璃棒,使粪渣集中于网底,用吸管吸取粪渣,滴于载玻片上,加盖片镜检。

(二)沉淀检查法

该法的原理是虫卵密度大于水,可自然沉于水底,便于集中检查。沉淀法多用于吸虫病和棘头虫病的诊断。

1. 彻底洗净法

取粪便5～10 g置于烧杯(或塑料杯)中,加10～20倍量水充分搅和,再用金属筛或纱布滤过于另一杯中,滤液静置20 min后倾去上层液,再加水与沉淀物重新搅拌混合、静置,如此反复水洗沉淀物多次,直至上层液透明为止,最后倾去上清液,吸管吸取沉淀物滴于载玻片上,加盖片镜检。

2. 离心机沉淀法

取粪便3 g置于小杯中,加10～15倍水搅拌混合,然后将粪液用金属筛或纱布滤入离心管中,在电动离心机以2 000～2 500 r/min的速度离心沉淀1～2 min,取出后倾去上层液,再加水搅和,离心沉淀。如此离心沉淀2～3次,最后倾去上层液,用吸管吸取沉淀物滴于载片上,加盖片镜检。

(三)漂浮检查法

该法的原理是应用密度较虫卵大的溶液作为检查用的漂浮液,使寄生虫卵、球虫卵囊等浮于液体表面,进行集中检查。漂浮法对大多数较小的寄生虫卵,如某些线虫卵、绦虫卵和球虫卵囊等有很好的检出效果,对吸虫卵和棘头虫卵效果较差。最常用的漂浮液是饱和盐水溶液,其制法是将食盐加入沸水中,直至不再溶解生成沉淀为止(1 000 mL水中约加食盐400 g),用4层纱布或脱脂棉滤过后,冷却备用。为了提高漂浮法的检出效果,还可改用如下漂浮液:硫代硫酸钠饱和液(1 000 mL水中溶入1 750 g硫代硫酸钠)、硝酸钠饱和液(1 000 mL水中溶入1 000g硝酸钠)、硫酸镁饱和液(1 000 mL水中溶入920 g硫酸镁)等。最近国外用硝酸铵溶液(1 000 mL水中溶解1 500g硝酸铵)和硝酸铅溶液(1 000 mL水中溶解650 g硝酸铅)作为漂浮液,大大提高了检出效果,甚至可用于吸虫病的诊断。但是,用高比重溶液时易使虫卵和卵囊变形,检查必须迅速,制片时补加1滴水也可。

1. 饱和盐水漂浮法

取5～10 g粪便置于100～200 mL烧杯(或塑料杯)中,加入少量漂浮液搅拌混合后,继续加入约20倍的漂浮液。然后将粪液用金属筛或纱布滤入另一杯中,舍去粪渣。静置滤液。经40 min左右,用直径0.5～1 cm的金属圈平行接触滤液面,提起后将黏着在金属圈上的液膜抖落于载玻片上,如此多次蘸取不同部位的液面后,加盖片镜检。

2. 试管浮聚法

取2 g粪便置于烧杯中或塑料杯中,加入10～20倍漂浮液进行搅拌混合,然后将粪液倒入青霉素瓶至凸出瓶口为止。静置30 min后,用清洁盖片轻轻接触液面,提起后放入载片上镜检。

实训六　蠕虫卵形态观察

【实训内容】

识别常见吸虫、绦虫、线虫和棘头虫卵。

【目的要求】

识别主要吸虫、绦虫、线虫和棘头虫卵，并指出主要形态构造特点。

【材料准备】

(1)形态构造图　牛、羊常见蠕虫卵形态图；猪常见蠕虫卵形态图；肉食动物常见蠕虫卵形态图；禽常见蠕虫卵形态图；粪便中易与虫卵混淆的物质图。

(2)标本　牛、羊、猪、犬、鸡等常见吸虫、绦虫、线虫和棘头虫卵的浸渍标本或标本片。

(3)仪器及器材　显微镜、显微投影仪、载片、盖片、玻璃棒、纱布、污物桶等。

【方法步骤】

①教师带领学生用显微投影仪观察所备标本，指出蠕虫卵鉴别要领。

②学生分组观察。用玻璃棒蘸取所备虫卵浸渍标本于载片上，加盖片后镜检；也可直接用已备好的虫卵标本片观察。观察时注意先用低倍镜找到虫卵，然后再转换高倍镜详细观察其形态构造。尤其要注意用玻璃棒蘸取一种虫卵浸渍标本后，一定要冲洗干净，用纱布擦拭后再蘸取另一种标本，以免混淆虫卵。

【作业】

观察各种虫卵的特征，填入表 12-1，并绘出简图。

表 12-1　主要蠕虫卵鉴别

虫名	大小	形态	颜色	卵壳特征	卵内容物

【参考资料】

鉴别虫卵主要依据虫卵的大小、形状、颜色、卵壳和内容物的典型特征来加以鉴别。因此首先应了解各纲虫卵的基本特征，其次应注意区分那些易与虫卵混淆的物质(表 12-2、表 12-3)。

1. 各纲蠕虫卵的基本特征

(1)吸虫卵　多为卵圆形。卵壳数层，多数吸虫卵一端有小盖，被一个明显的沟围绕着，有的吸虫卵还有结节、小刺、丝等突出物。卵内含有卵黄细胞所围绕的卵细胞或发育成形的毛蚴。

表 12-2　畜禽的主要吸虫卵鉴别　μm

虫卵名称	长×宽	形状	颜色	卵壳特征	内容物	寄生动物
肝片吸虫卵	(120～150)×(70～80)	长椭圆形	金黄色	薄而光滑，一端有卵盖	卵黄细胞充满虫卵	牛、羊、马、骆驼、鹿、猪、兔等
大片形吸虫卵	(165～197)×(90～164)	长椭圆形	金黄色	薄而滑，一端有卵盖	卵黄细胞充满虫卵	牛
同盘吸虫卵	(110～160)×(69～82)	长椭圆形	无色或灰白色	薄而光滑，一端有卵盖	卵黄细胞不充满虫卵	牛、羊
日本分体吸虫卵	(70～100)×(50～80)	近圆形	浅黄色	一侧有一小刺	含毛蚴	牛、羊、猪、人等
东毕吸虫卵	(72～74)×(22～26)	长椭圆形	浅黄或无色	一端有一小刺，另一端纽状	含毛蚴	牛、羊
歧腔吸虫卵	(38～58)×(22～30)	长椭圆形不对称	黄褐色	卵盖明显，壳厚	含毛蚴	牛、羊、人等
阔盘吸虫卵	(44～48)×(32～36)	椭圆形，稍不对称	棕褐色	卵盖明显，壳厚	含毛蚴	牛、羊、人等
姜片吸虫卵	(130～140)×(80～90)	椭圆形	棕黄或浅黄色	卵壳不明显	卵黄细胞分布均匀	猪、人
并殖吸虫卵	(80～118)×(48～60)	椭圆形	金黄色	卵盖大，卵壳薄厚不均	卵黄细胞分布均匀	猪、犬、人
刺口吸虫卵	(114～126)×(64～72)	椭圆形	金黄色	卵盖较明显	卵黄细胞分布均匀	鸡、鸭、鹅、猪、犬、人

表 12-3　肉食动物主要绦虫卵和线虫卵鉴别　μm

虫卵名称	长×宽	形状	颜色	卵壳特征	内容物特征
带科绦虫卵	直径 20～39	圆形或近似圆形	黄褐色	壳厚，有辐射状花纹	含六钩蚴
犬复孔绦虫卵	直径 35～50	圆形	无色透明	2 层薄膜	六钩蚴以 2～40 个围于卵袋内
线中殖孔绦虫卵	(40～60)×(35～43)	长椭圆形		2 层薄膜	含六钩蚴

续表 12-3

虫卵名称	长×宽	形状	颜色	卵壳特征	内容物特征
曼氏迭宫绦虫卵	(52～68)×(32～43)	近椭圆形稍不对称	淡灰色	壳薄，有卵盖	一个卵细胞和多个卵黄细胞
犬弓首蛔虫卵	直径 68～75	圆形	灰白色不透明	壳厚，外有小泡状结构	圆形卵细胞
猫弓首蛔虫卵	直径 45～70	圆形	灰白色不透明	壳较厚，点状凹陷	圆形卵细胞
狮弓首蛔虫卵	(68～70)×(50～61)	钝椭圆形	无色透明	壳厚，光滑	圆形卵细胞
犬钩虫卵	(60～66)×(37～42)	钝椭圆形	无色	双层，薄而光滑	数个胚细胞
毛细线虫卵	(48～67)×(28～37)	椭圆形	无色	两端有塞状物	卵细胞
棘颚口线虫卵	(65～70)×(38～40)	椭圆形	黄褐色	较厚，前端有帽状突起，表面有颗粒	1～2 个卵细胞
犬毛首线虫卵	(70～89)×(37～41)	椭圆形腰鼓状	棕色	两端有塞状物	卵细胞
肾膨结线虫卵	(60～80)×(39～52)	椭圆形	棕黄色	壳厚，有许多凹陷，两端有塞状物	分裂为二的卵细胞

(2)线虫卵　多为椭圆形。卵壳多为四层，完整包围虫卵，但有的一端有缺口，被一个卵膜封盖着。卵壳光滑，或有结节、凹陷等。卵内含未分割的胚细胞，或分割的多细胞胚，或一个幼虫。

(3)绦虫卵　假叶目虫卵椭圆形，有卵盖，内含卵细胞及卵黄细胞。圆叶目虫卵形状不一，卵壳的厚度和构造也不同，内含一个具有三对胚钩的六钩蚴，六钩蚴被覆两层膜，内层膜紧贴六钩蚴，外层膜与内层膜有一定的距离，有的虫卵六钩蚴被包围在梨形器里，有的几个虫卵被包在卵袋中。

(4)棘头虫卵　多为椭圆形。内层薄，中间层厚，多数有压痕，外层变化较大，并有蜂窝状构造。内含长圆形棘头蚴，其一端有三对胚钩。

2. 易与虫卵混淆的物质

(1)气泡　圆形无色、大小不一，折光性强，内部无胚胎结构。

(2)花粉颗粒　无卵壳构造，表面常呈网状，内部无胚胎结构。

(3)植物细胞　有的为螺旋形，有的为小型双层环状物，有的为铺石状上皮，均有明显的细胞壁。

(4)豆类淀粉颗粒　形状不一,外被粗糙的植物纤维,颇似绦虫卵。可滴加鲁氏碘液染色加以区分,未消化前显蓝色,略经消化后呈红色。

(5)霉菌孢子　折光性强,内部无明显的胚胎构造。

实训七　蠕虫学剖检法

【实训内容】

①大动物剖检法。
②家禽剖检法。

【目的要求】

掌握大动物和家禽蠕虫学剖检法的操作技术。

【教学提示】

为了保证剖检效果,应特别注意剖检动物的选择。可用蠕虫病死亡动物和禽的尸体作为剖检动物;也可通过粪便检查,选择感染蠕虫种类多、感染强度大的动物;也可在屠宰场从屠宰动物中选择患寄生虫病的脏器作为实习材料。

【材料准备】

(1)器材　大动物解剖器(解剖刀、剥皮刀、解剖斧、解剖锯、骨剪子、肠剪子、剪子)、小动物解剖器(手术刀、剪子、镊子)、眼科镊子、分离针、大瓷盆、小瓷盆、成套粪桶、提水桶、黑色浅盘、手持放大镜、实体显微镜、平皿、酒精灯、毛笔、铅笔、玻璃铅笔、标本瓶、青霉素瓶、载片、压片用玻璃板等。

(2)药品　食盐。

(3)实习动物　绵羊和鸡。

【方法步骤】

教师概述畜禽的全身蠕虫学剖检法的操作规程以及动物各器官、部位寄生的常见蠕虫后,以1只绵羊进行剖检示教。然后学生分组进行绵羊和鸡的蠕虫学剖检的具体操作,对发现的蠕虫进行采集,根据寄生器官和初步鉴定的种类分类放置在平皿内。在整个训练中,教师要规范学生解剖术式,帮助学生识别各器官发现的虫体,强调做到完全收集虫体,防止遗失,并指出收集各种虫体的具体方法。

(一)家畜的剖检法

1.宰杀与剥皮

放血宰杀动物。动物放血前应采血涂片,剥皮前检查体表、眼睑和创伤等,发现体外寄生虫随时采集，遇有皮肤可疑病变则刮取材料备检。

剥皮时应随时注意检查各部皮下组织，及时发现并采集病变和虫体。剥皮后切开四肢各关节的关节腔，吸取滑液立即检查，切开浅在淋巴结进行观察，或切取小块供以后详细检查。

2. 采取脏器

切开腹壁后注意观察内脏器官的位置和特殊病变，吸取腹腔液体，用生理盐水稀释以防凝固，随后用实体显微镜检查，或沉淀后检查沉淀物。腹腔脏器是在结扎食管末端和直肠后，切断食管、各部韧带、肠系膜根和直肠末端后一次采出。然后切取腹腔大血管，采出肾脏。应注意观察和收集各脏器表面虫体，最后收集腹腔内的血液混合物，并观察腹膜上有无病变和虫体。盆腔脏器以同样方式全部取出。

切开胸腔以后，除注意观察脏器的自然位置和状态外，也要收集胸腔液体进行检查，然后连同食管和气管把胸腔器官全部摘出，再收集遗留在胸腔内的液体，留待详细检查。

3. 各脏器的检查

（1）食管　沿纵轴剪开，仔细观察浆膜和黏膜表层，压在两块载片之间镜检，当发现虫体时，揭开载片，用分离针将虫体挑出。

（2）胃　剪开后将内容物倒入大盆内，检出较大的虫体。在桶内将胃壁用生理盐水洗净，取出胃壁，使液体自然沉淀。将洗净的胃壁平铺在搪瓷盘内，刮取黏膜表层，将刮下物浸入另一容器的生理盐水中搅拌，使之自然沉淀。以上两种材料都应在沉淀若干时间后，倒出上层液体，加入生理盐水，重新静置，如此反复进行，直到上层液体透明无色为止。然后收集沉淀物，放在培养皿或黑色浅盘内逐步观察，取出虫体。刮下的黏膜块应夹在两块载片之间镜检。处理反刍动物的胃时，应把前胃和真胃分别处理。真胃处理方法同前，瘤胃剪开后倒掉内容物，检查胃壁。

（3）小肠　分离以后放在大盆内，由一端灌入清水，使全部肠内容物随水流到桶内，取出肠管和大型虫体（如绦虫等），在桶内加多量生理盐水，按上述方法反复沉淀，检查沉淀物。肠壁用玻璃棒翻转，在水中洗下黏液，也用水反复洗涤沉淀。最后刮取黏膜表层，压薄镜检。肠内容物和黏液在沉淀过程中往往出现上浮部分，其中也含有虫体，所以在换水时应收集上浮的粪渣，单独进行水洗沉淀后检查。羊的小肠前部线虫数量较多，可以把前部小肠单独处理。

（4）大肠　分离以后在肠系膜附着部沿纵轴剪开，倾出内容物。加少量水稀释后检查虫体，按上述方法进行肠内容物和黏液的水洗沉淀，黏膜刮下物也按上述方法压薄镜检。羊大肠后部自形成粪球处起，可剪开肠壁，观察与挑取粪球表面及肠壁上的虫体。

（5）肠系膜　分离以后将肠系膜淋巴结剖开，切成小片压薄镜检，然后提起肠系膜，迎着光线检查血管内有无虫体。最后在生理盐水内剪开肠系膜血管，洗净后取出肠系膜，加水进行反复沉淀后检查沉淀物。

（6）肝脏　分离胆囊，把胆汁压出盛在烧杯中，用生理盐水稀释，待自然沉淀检查沉淀物；将胆囊黏膜刮下、压薄、镜检；发现坏死灶剪下，压片检查。沿胆管将肝脏剪开，检查虫体，然后将肝脏撕成小块，浸在多量水内，洗净后取出肝块，加水进行反复沉淀，检查沉淀物。

（7）胰脏　检查方法与肝脏相同。

（8）肺脏　沿气管、支气管剪开，检查虫体，用载片刮取黏液，加水稀释后镜检。将肺组织撕成小块按肝脏检查法处理。

（9）脾和肾脏　检查表面后切开进行眼观检查，然后切成小片、压薄、镜检。

(10)膀胱　检查方法与胆囊相同,并按检查肠黏膜的方法检查输尿管。

(11)生殖器官　检查其内腔,并刮取黏膜、压薄、镜检。

(12)脑与脊髓　眼观检查后切成薄片,压薄、镜检。

(13)眼　将眼睑黏膜及结膜在水中刮取表层,沉淀后检查。剖开眼球,将眼房液收集在培养皿内镜检。

(14)鼻腔及额窦　由鼻孔后方,向后沿水平线锯开,再由两眼内角连接线向下垂直锯开后,检查虫体,然后在水中冲洗,沉淀后检查沉淀物。

(15)心脏及大血管　剪开后观察内膜,再将内容物洗在水内,沉淀后检查。将心肌切成薄片,压薄后镜检。

(16)肌肉　切开猪咬肌、腰肌和臀肌检查囊尾蚴;采取猪、犬膈肌检查旋毛虫,采取猪膈肌和牛、羊食道等肌肉检查肉孢子虫。

各器官内容物不能立即检查完毕,可以反复洗涤沉淀后,在沉淀物中加福尔马林溶液保存,待以后再进行详细检查。

4. 登记

寄生虫病学的剖检结果,要记录在寄生虫病学剖检登记表中,对于发现的虫体,应按种分别计算,最后统计寄生虫的总数、各种(属、科)寄生虫的感染率和感染强度。

(二)家禽的剖检法

1. 宰杀与剥皮

用舌动脉放血或颈动脉放血的方法宰杀。在死亡或宰杀后 6～8 h 内进行检查。首先拔掉羽毛,检查皮肤,发现虫体及时采集。同时对新生物、肿胀和结节要刮取下来,压片镜检。然后剥皮,随时采集皮下组织中的虫体。

2. 摘出脏器

剥皮后除去胸骨。使内脏完全暴露,并检查气囊内有无虫体,然后分离各脏器,以待检查。分离脏器时,首先分离消化系统(包括肝、胰),其次分离心脏和呼吸器官,最后摘出肾。器官摘出后,用生理盐水冲洗体腔,反复进行沉淀洗涤。最后在扩大镜下检查沉淀物。

3. 各脏器的检查

(1)食道和气管　剪开后,仔细检查其黏膜面。

(2)肌胃　沿狭小部位剪开,倾去内容物,在生理盐水中剥离角质膜,检查两剥离面,然后将角质膜撕成小片,压片镜检。

(3)腺胃　在小瓷盘内剪开,倾去内容物,检查黏膜面。如有紫红色斑点和肿胀时,则剪下做压片检查。洗下的内容物,在反复洗涤沉淀后,检查沉淀物。

(4)肠管　按十二指肠、小肠、盲肠和直肠几部分分别处理。肠管剪开后,将内容物和黏膜刮下物一起倾入玻璃杯内,用生理盐水反复进行洗涤沉淀,最后检查沉淀物。对有结节等病变的肠管,应刮取黏膜,压片镜检。

(5)法氏囊和输卵管　按处理肠管方法检查。

(6)肝、肾、心、胰、肺　在盛生理盐水的盘中分别剪碎洗净。捞出大组织块,反复沉淀,然后检查沉淀物。对于病变部位,要压片镜检。

(7)鼻腔　剪开后观察表面,然后用水冲洗,检查沉淀物。

(8)眼　用镊子掀起眼睑，取下眼球，用水冲洗后检查沉淀物。

4. 登记

要记录寄生虫学剖检的结果。对于发现的虫体，要按种类分别计数，统计其感染率和感染强度。

【作业】

将剖检结果填入蠕虫学剖检记录表(表 12-4)。

表 12-4　蠕虫学剖检记录

<table>
<tr><td>日期</td><td colspan="2"></td><td>编号</td><td></td><td>畜种</td><td></td></tr>
<tr><td>品种</td><td colspan="2"></td><td>性别</td><td></td><td>年龄</td><td></td></tr>
<tr><td>动物来源</td><td colspan="2"></td><td>动物死因</td><td></td><td>剖检地点</td><td></td></tr>
<tr><td rowspan="6">主要病理剖检变化</td><td colspan="3" rowspan="6"></td><td rowspan="6">寄生虫总数</td><td>吸虫</td><td></td></tr>
<tr><td>绦虫</td><td></td></tr>
<tr><td>线虫</td><td></td></tr>
<tr><td>棘头虫</td><td></td></tr>
<tr><td>昆虫</td><td></td></tr>
<tr><td>蜱螨</td><td></td></tr>
<tr><td rowspan="8">寄生虫的种类和数量</td><td>寄生部位</td><td>虫名</td><td>数量</td><td>寄生部位</td><td>虫名</td><td>数量</td></tr>
<tr><td></td><td></td><td></td><td></td><td></td><td></td></tr>
<tr><td></td><td></td><td></td><td></td><td></td><td></td></tr>
<tr><td></td><td></td><td></td><td></td><td></td><td></td></tr>
<tr><td></td><td></td><td></td><td></td><td></td><td></td></tr>
<tr><td></td><td></td><td></td><td></td><td></td><td></td></tr>
<tr><td></td><td></td><td></td><td></td><td></td><td></td></tr>
<tr><td></td><td></td><td></td><td></td><td></td><td></td></tr>
<tr><td>备注</td><td colspan="3"></td><td colspan="3">剖检者：</td></tr>
</table>

参考文献

[1]汪明.兽医寄生虫学[M].北京:中国农业出版社,2003.
[2]聂奎.动物寄生虫病学[M].重庆:重庆大学出版社,2007.
[3]赵辉元.畜禽寄生虫与防制学[M].长春:吉林科学技术出版社,1996.
[4]蒋金书.动物原虫病学[M].北京:中国农业大学出版社,2000.
[5]张宏伟.动物疫病[M].2版.北京:中国农业出版社,2004.
[6]张宏伟,杨廷桂.动物寄生虫病[M].北京:中国农业出版社,2005.
[7]农业部畜牧兽医司.中国动物疫病志[M].北京:科学出版社,1993.
[8]于思庶等.中国人兽共患病学[M].2版.福州:福建科技出版社,1996.
[9]李国清.兽医寄生虫学[M].广州:广东高等教育出版社,1999.
[10]杨锡林.家畜寄生虫病学[M].2版.北京:中国农业出版社,1999.
[11]张宏伟,武瑞.动物疾病防治[M].哈尔滨:黑龙江人民出版社,2005.
[12]张西臣.动物寄生虫病学[M].长春:吉林人民出版社,2001.
[13]王世若.现代动物免疫学[M].长春:吉林科学技术出版社,2001.
[14]孔繁瑶.家畜寄生虫学[M].2版.北京:中国农业出版社,2000.
[15]陈佩惠.人体寄生虫学[M].2版.北京:人民卫生出版社,1999.
[16]陈淑玉,汪溥钦.禽类寄生虫学[M].广州:广东科技出版社,1994.
[17]孔繁瑶.我国动物寄生虫病防治技术发展回顾与展望[J].中国兽医学报,2002,5:425-427.
[18]张宏伟.动物疫病[M].北京:中国农业出版社,2003.
[19]孔繁瑶.家畜寄生虫学[M].11版.北京:中国农业出版社,2000.
[20]孔繁瑶.家畜寄生虫学[M].北京:中国农业大学出版社,1997.
[21]陈心陶.中国动物志.扁形动物门,吸虫纲,复殖目(一)[M].北京:科学出版社,1985.
[22]唐仲璋,唐崇惕.人畜线虫学[M].北京:科学出版社,1987.
[23]赵慰先.人体寄生虫学[M].北京:人民卫生出版社,1983.
[24]沈杰.家畜锥虫和锥虫病[M].北京:中国农业科学技术出版社,1993.
[25]陆宝麟.中国重要医学动物鉴定手册[M].北京:人民卫生出版社,1982.
[26]朱兴金.小动物寄生虫病学[M].北京:中国农业科学技术出版社,2006.
[27]索勋,杨晓野.高级寄生虫实验指导[M].北京:中国农业科学技术出版社,2005.
[28]秦建华,李国清.动物寄生虫病学实验教程[M].北京:中国农业大学出版社,2005.

参考的动物寄生虫病防治技术主要相关网站：

1. 中国农业大学《兽医寄生虫学》教学网站(http://www.cau.edu.cn/jwc/jpkc.htm)

2. 南京农业大学兽医寄生虫学精品课程(http://jpkc.njau.edu.cn/parasitologynew/default.asp)

3. 广西大学家畜寄生虫学精品课程(http://taihang.hebau.edu.cn/jingpinke/shengji/qinjianhua/)